普通高等教育“十二五”规划教材

环境材料

张震斌 杜慧玲 唐立丹 编著

北 京
冶 金 工 业 出 版 社
2012

内容提要

随着资源、能源、环境问题的日益突出，环境材料这门学科在新的世纪引起了人们的高度重视。该门学科的研究，有利于人类社会的可持续发展，有利于新材料的设计与开发。

本书共分5章，第1章主要介绍了环境材料的内涵与定义、环境材料的研究进展；第2章、第3章阐述了环境协调性评价方法、材料的生命周期评价、材料的环境协调性评价研究进展。同时，依据材料的生态设计、环境协调性设计的原则，对环境材料的设计、材料流理论和材料生产的资源效率、材料的环境友好加工及制备、清洁生产和技术进行了介绍；第4章论述了金属环境材料的设计与加工、无机非金属材料的设计与加工、高分子环境材料的设计与加工、复合材料的设计与加工；第5章探讨了环境污染治理材料、环境污染修复材料、环境替代材料等内容。

本书可作为高等院校材料专业、环境专业、生态专业的教科书，也可供相关科研人员、工程技术人员借鉴和参考。

图书在版编目（CIP）数据

环境材料/张震斌，杜慧玲，唐立丹编著．—北京：冶金工业出版社，2012.1

普通高等教育“十二五”规划教材

ISBN 978-7-5024-5658-0

Ⅰ.①环…　Ⅱ.①张…　②杜…　③唐…　Ⅲ.①环境科学：材料科学　Ⅳ.①TB39

中国版本图书馆CIP数据核字（2011）第220276号

出 版 人　曹胜利

地　　址　北京北河沿大街嵩祝院北巷39号，邮编100009

电　　话　（010）64027926　电子信箱　yjcbs@cnmip.com.cn

责任编辑　李　梅　于昕蕾　美术编辑　李　新　版式设计　孙跃红

责任校对　郑　娟　责任印制　张祺鑫

ISBN 978-7-5024-5658-0

北京虎彩文化传播有限公司印刷；冶金工业出版社发行；各地新华书店经销

2012年1月第1版，2012年1月第1次印刷

787mm×1092mm　1/16；13.5印张；324千字；206页

30.00元

冶金工业出版社投稿电话：(010)64027932　投稿信箱：tougao@cnmip.com.cn

冶金工业出版社发行部　电话：(010)64044283　传真：(010)64027893

冶金书店　地址：北京东四西大街46号(100010)　电话：(010)65289081(兼传真)

（本书如有印装质量问题，本社发行部负责退换）

前　言

20 世纪 80 年代，环境材料这门学科由于其在国民经济、日常生产生活、环境保护等方面的重要作用及意义，引起了国内外学者的广泛关注。至今，环境材料这门学科的发展已逾 30 年，但到目前为止，学术界对其定义还没有取得完全的共识。另外，环境材料的评价非常复杂，系统因素较多，主观性强，因此，对这门学科的研究争论性也比较大，但是，由于其重要作用，并没有影响人们的关注程度。

环境材料是指具有优异的使用性能、与生态环境相协调并且具有良好的舒适性的材料，其本质是在不降低人类对物质文明追求层次的前提下，尽量降低污染，尽可能做到材料的循环使用，减少对自然资源、能源的依赖，促进可持续发展。而如何评价材料的环境协调性，客观公正地认识材料，就是环境协调性评价研究的重要内容，材料环境协调性的评价有利于对产品生产技术的改进，有利于生产出具有国际竞争力的产品，因此受到许多国际大型企业的关注。清洁生产、循环经济是实现环境协调性的重要途径，根据以上原则，目前人类生产出了一系列环境协调性材料。

作者在辽宁工业大学主讲“环境材料”这门专业基础课，是面向研究生层次学生的一门基础课程。开课至今，受到了广大学生的欢迎，材料专业的学生可以更好地把环境、能源、资源要求融合到材料的设计当中，以满足新时代对材料更高的要求。

本书涵盖了环境材料的内涵与外延、环境材料的研究方法、研究进展以及材料结构与性能；环境材料协调性评价理论与环境材料的设计与加工；清洁生产、循环经济等内容，并对目前发展较为成熟的环保功能材料进行了介绍，主要包含 5 章内容：第 1 章绪论（由杜慧玲教授撰写）。主要介绍了环境材料的概念、环境材料的研究方法、环境材料的研究进展。第 2 章材料的环境协调性评价（由张震斌副教授撰写）。主要介绍了材料的环境协调性评价方法、材料的生命周期评价。第 3 章环境材料的设计与加工（由张震斌副教授撰写）。主要介绍环境材料的生态设计、材料流理论和材料生产的资源效率、材料的环境友好加工与制备、清洁生产工艺和技术。第 4 章循环经济材料的设计与加工

（由唐立丹讲师撰写）。主要介绍了金属材料的设计与加工、无机非金属材料的设计与加工、高分子材料的设计与加工、复合材料的设计与加工等内容。第5章环保功能材料（由杜慧玲教授撰写）。主要介绍了环境污染治理材料，包括大气污染治理材料、水污染治理材料、其他污染控制材料；环境污染修复材料，包括微生物修复、化学药剂修复、植物修复、环境矿物材料修复；环境替代材料，包括高环境负荷原料的替代材料、有毒有害化学品的替代品、环境友好型能源材料等内容。

本书除可作为高等院校材料专业、环境专业、生态专业的教科书外，还可供相关科研人员、工程技术人员借鉴和参考。

由于作者水平有限，书中难免出现不妥之处，欢迎广大读者批评指正。

作　者
2011年8月于锦州

目　录

1 绪　　论

20 世纪 70 年代人们将信息、材料和能源誉为当代文明的三大支柱。80 年代以高技术群为代表的新技术革命，又把新材料、信息技术和生物技术并列为新技术革命的重要标志。这主要是因为材料与国民经济建设、国防建设和人民生活密切相关。材料是工业发展的基础，是人类生活和生产的物质基础，一个国家材料的品种和质量是直接衡量其科学技术、经济发展和人民生活水平的标志，也是一个时代的标志。从旧石器时代、新石器时代到青铜器时代、铁器时代，从人工合成塑料、合成纤维、合成橡胶等合成材料的出现到记忆合金、光致变色玻璃等智能材料的问世，人类的历史是材料逐渐更新进步的历史，是材料发展的历史。工具的使用反映了人类的文明，材料的制造与应用则反映了人类文明的进程。

20 世纪以来，物理、化学、力学、生物学等学科的研究和发展推动了对于物质结构、材料的物理化学和力学性能的深入认识和了解。同时，金属学、冶金学、工程陶瓷技术、高分子科学、半导体科学、复合材料科学以及纳米技术等学科的发展促进了各种新材料的产生。

材料的种类繁多，可以按照不同分类方法来划分。按物理化学属性来分，可分为无机物材料（金属材料、无机非金属材料）、有机物材料和不同类型材料所组成的复合材料。按用途来分，又分为电子材料、航空航天材料、核材料、建筑材料、能源材料、生物材料等。更常见的两种分类方法则是结构材料与功能材料；传统材料与新型材料。结构材料是以力学性能为基础，制造受力构件所用材料，当然，结构材料对物理或化学性能也有一定要求，如光泽、热导率、抗辐射、抗腐蚀、抗氧化等。功能材料则主要是利用物质的独特物理、化学性质或生物功能等而形成的一类材料。一种材料往往既是结构材料，又是功能材料，如铁、铜、铝等。传统材料是指那些已经成熟且在工业中已批量生产并大量应用的材料，如钢铁、水泥、塑料等。这类材料由于其量大、产值高、涉及面广泛，又是很多支柱产业的基础，所以又称为基础材料。新型材料（先进材料）是指那些正在发展，且具有优异性能和应用前景的一类材料。新型材料与传统材料之间并没有明显的界限，传统材料通过采用新技术，提高技术含量，提高性能，大幅度增加附加值而成为新型材料；新材料在经过长期生产与应用之后也就成为传统材料。传统材料是发展新材料和高技术的基础，而新型材料又往往能推动传统材料的进一步发展。

无论结构材料还是功能材料，无论传统材料还是新型材料，其均可统一定义为“可供制作成品的物质、原料”。既然是一种物质或原料，那么它就必然取自于环境，在其加工、制造和使用过程中也离不开环境；同时，高性能或高功能材料的出现又改变或改善或破坏了我们周围的环境。可见，材料和环境是相互依存、相互影响的，如何使其协调发展则是环境材料学这一新兴交叉学科要解决的问题。

1.1　环境材料的内涵与定义

1.1.1　环境材料的提出

进入20世纪80年代以来，随着经济的发展，具有全球性影响的环境问题日益突出。不仅发生了区域性的环境污染和大规模的生态破坏，而且出现了温室效应、臭氧层破坏、全球气候变化、酸雨、物种灭绝、土地沙漠化、森林锐减、越境污染、海洋污染、野生物种减少、热带雨林减少、土壤侵蚀等大范围的和全球性的环境危机，严重威胁着全人类的生存和发展。可见，人类在享受科学技术迅速发展而带来的物质文明的同时，也不断地受到因各种环境的污染而遭受的巨大伤害。

大量取自环境的原材料被制造加工成各种物品、器件和机器等其他产品，地球的资源短缺问题日益突出，同时，物品、器件和机器等其他产品不断转变为大量的垃圾，全球各大城市周围垃圾堆积如山，垃圾处理问题告急。正是在全球环境问题日益突出，可持续发展呼声日益高涨的背景下，“环境材料”这一名词应运而生。在1990年10月的一次关于服务于人类生活、行为的材料与环境关系的讨论会上，日本东京大学材料学科的山本良一教授首次提出了环境材料的概念及其英文名称ecomaterial，它是environment conscious material或者ecological material的缩写。它是人类主动考虑材料对生态环境的影响而提出的新理念，经过多年的积累正在逐步形成理论体系。环境材料不同于普通意义上的无机材料或有机材料、传统材料或新型材料，而是赋予这些材料以新的理念，也就是将环境意识贯穿于这些材料的设计、加工和使用过程中。从此，国际材料界出现了一个新的领域——环境材料，在这种材料的研究和开发的过程中，既要追求良好的使用性能，又要深刻认识到自然资源的有限性和尽可能降低废弃物排放量，并在材料的提取、制备、使用直到废弃与再生的整个过程中都尽可能地减少对环境的影响，使它在生产的过程中对资源和能源的消耗量比较少，废弃后能够回收再生利用的可能性比较大，其从生产使用到回收的全过程对周围的生态环境的影响也最小。因而它可以称为“绿色材料”或者“生态材料”。

此外，美国和欧洲学者也提出绿色材料（green materials）、生态友好材料（eco-friendly materials）、生态工艺（ecoprocessing）、生态产品（ecoproducts）、生态标记（ecomark）及有益于健康环境材料和工艺等概念。近年来，“eco-friendly”已成为既简洁明了、符合西方人表达习惯、令人感觉亲切，又体现当今社会重视生态、重视环保的流行用语；ecomaterial一词的出现，也展现出材料领域适应社会可持续发展的时代潮流，为世界所接受，目前已在世界范围内得到普及。

1.1.2　环境材料的内涵

1.1.2.1　环境材料的定义

到目前为止，关于环境材料尚没有一个为广大学者共同接受的定义。最初，一些学者认为环境材料是指那些不仅具有优异的使用性能，而且从材料的制造、使用、废弃直到再生的整个生命周期（life cycle）中必须具备与生态环境的协调共存性以及舒适性的材料。山本良一教授研究小组认为环境材料应具备以下三个特点：

（1）可扩展性（expandability of human's frontier）：能为人类开拓更广阔的活动范围和环境，发挥其优异性能。在发展新材料、新技术体系时，既要考虑到技术环境负担的大小，材料本身对环境的污染程度，又要顾及材料使用时的传统性能，在要求优异的使用性能这一点上，新材料与传统材料是相同的。

（2）环境协调性（coexistability with ecoshere）：使人类的活动范围同外部环境协调，减轻地球环境的负担，使枯竭性资源完全循环利用。在材料的生产环节中资源和能源的消耗少，工艺流程中采用减少温室效应气体的技术，废弃后易于再生循环。材料及技术本身要具备环境协调性，这是区别于传统材料观念而增加的概念。

（3）舒适性（optimizability for amenities）：使活动范围中的人类生活环境更加繁荣、舒适，人们很乐于接受和使用。

关于环境材料的可扩展性、舒适性，不同的人有不同的理解，在实践中难以判断与把握，它只是一个定性的标准。我国重庆大学刘江龙教授等曾建议将其修改为功能性、经济性和环境协调性三个方面。但这种修改必须扩大功能性的内涵，即功能性应包括满足人类物质需求的使用功能和精神需求的心理、生理、文化功能才能与山本良一教授所表达的整个环境材料内涵相符。尽管上述学者探讨了环境材料的概念并指出环境材料所具有的三个基本特性，但是分析山本良一先生所作的表述可以看到，这样对环境材料所作定义仍然不完善，需做进一步补充修正，其具体表现在：

（1）不确定性：任何工业生产都会造成一定的环境污染，不产生任何污染的材料是不存在的。所谓环境污染最小是一种不确定的、缺乏量的限制的说法。因此，环境材料的概念应是相对的，动态的，是与其他材料相比较而存在的。实际上，环境材料的概念反映的是人类更为理性的环境保护意识，而由于技术水平等客观条件的限制它必然以一定的地域、时间、技术水平等边界条件为基本前提，并在此确定的前提下，需要有对应的标准指标数据作为其评定的参照。

（2）外延：环境材料不应仅局限于新型材料，环境材料应是传统材料与新型材料的交集。所谓新型材料实际上是赋予新的使用功能的材料。而环境材料的本质在于在材料的整个生命周期中融入了环保意识，可以说是一个哲学概念，因此传统材料通过选择新的生命周期过程可向环境材料转化。

（3）环境协调性的内涵：环境协调性是指整个生命周期中的环境性能总体最优，以整个工业系统与环境的界面为研究对象，考察的是对环境的整体影响，不应片面强调单个子系统或单个环境影响方面或面面俱到，如现在的大量材料研究追求最高的再生循环率，但由于再生过程也会导致环境污染，最高的再生循环率并不一定能保证材料的整体环境性能最优。同时，材料的环境协调性应包括整个生命周期中的环境污染及对环境的修复两方面作用，必须以生命周期内材料的综合环境影响作定量描述。

（4）材料生产的目的：环境材料应兼顾环境协调性、经济性、功能性三个方面，各方面必须协调均衡。不能满足使用性能要求或不能带来生产利润的材料生产是毫无实际意义的。

因此，环境材料的特征改为功能性、经济性和环境协调性有利于环境材料的评判，也符合现实情况。考虑到实际应用的可能性，将环境材料具体定义为：在一定时间、技术水平、地域范围等边界条件下，在整个生命周期过程中，具有良好的使用性能，环境影响综合指标相对优异，资金成本耗费合理且三者综合指标能满足规定标准指标的材料。这种标准指标可根据现实的实际情况变化而确定。可见，环境材料的概念或定义应当是确定的或不变的，而判别环境材料的标准是随科学技术的进步而发展或变化的。当所有的材料都“环境材料化”了的时候，那么，环境材料这个术语也就完成了它的使命。

1.1.2.2 环境材料与传统材料的区别与联系

环境材料的主要特点就是在保证了它们具有良好的使用功能的前提下，在其生产、使用和回收处理过程中对资源的利用率很高并且在上面的三个过程中对生态环境无副作用。而传统材料在上面三个方面的效果往往是比较差的。

经过一段时间的发展，一些学者认为，环境材料是赋予传统结构材料和功能材料以优异的环境协调性的材料。环境材料是指考虑了资源和环境问题后研制出的一大类材料的总称。事实上，对目前已在服役的任何一种材料，只要从资源和环境角度出发加以改造，使之完全具备或至少基本具备上述三个基本特征，那么就可称之为“环境材料”。

环境材料的设计遵循了生态设计的思路，所谓生态设计是指利用生态学思想，在产品开发阶段综合考虑与产品相关的生态环境问题，将保护环境、人类健康和安全意识有机地融入其中的设计方法。即在传统材料研究所追求的优异使用性能的基础上，充分考虑资源的有限性和尽可能降低环境负担等因素，采取有效措施，使材料具有能够再生循环利用的特性，从材料的设计阶段开始，就把材料的使用性能同保护地球生态环境、保障生活环境的舒适性充分结合起来，这是对传统材料技术与工程的革新。环境材料的设计要点是：

（1）在尽可能满足用户对材料性能要求的同时，最大限度节约资源和能源，减少对环境的污染，改变片面追求性能的观点。

（2）在研究、设计、制备材料以及使用、废弃材料产品时，在材料及其产品整个生命周期中坚持以对环境的协调性作为重要评价指标，改变只管设计生产，而不顾使用和废弃后资源再生利用及环境污染的观点。

（3）学科的拓宽将涉及多学科的交叉，具有更宽的知识基础和更强的实践性，不仅讲科学技术效益、经济效益，还要讲社会效益，把材料科学技术的具体发展目标和全球、各国可持续发展的大目标结合起来。环境材料生态设计与传统材料设计的差异见表 1-1。

表 1-1 环境材料生态设计与传统材料设计的差异

指 标	传统材料设计	生态设计
成本关注	生产成本	生命周期成本
环境治理阶段	过程后	过程前、过程中
环境响应	被动型	主动型
经济效益	企业内部经济效益最大化	企业与用户经济效益最大化
环境效益	较少、不刻意追求	生命周期环境损害最小化
对原有技术规范适应性	高	低
可持续性	低	高

由表 1-1 可见，与传统材料的设计不同，环境材料的生态设计更关注生命周期成本，其目的是在可持续性下追求生命周期环境损害最小化，是一种主动型的环境响应。在环境

污染治理阶段上，生态设计以污染预防的方式为主，显然其企业未来的环境支出要比传统材料设计的先污染、后治理要少。生态设计的主要预防功能有：

（1）生态设计的预防费用远低于不采用生态设计的先污染、后治理的成本额。国外发达国家大量的实践证明，采用先污染、后治理模式的未来环境支出往往是几十倍甚至几百倍地高于污染前的预防费用。

（2）生态设计能避免政府对污染企业的经济处罚，能实现对治理企业的各种经济政策优惠。实施生态设计的产品，其可能的环境负债避免额包括：1）未来交纳的排污费、罚款和赔付的减少额；2）利用“三废”生产产品而享受的环境税费的减免；3）从国有银行或环保机关（周转金）取得的低息或无息贷款而节约的利息支出。

环境材料的使用一般均利用再生资源，可降低原有的资源、能源消耗量及废弃物处置量，从而可有效地节约成本。与此同时，环境材料在使用消耗过程中的再生回收利用，又降低了向环境排放的废弃物数额，减少各种排污费的上交额，即减少了未来环境负债支出。另外，使用环境材料还可提高企业环境形象，对消费者使用成本有一定程度的节约，提高经济效益。因此，企业可以通过选用环境材料来预防未来环境负荷的负担。一般来说，企业应依据环境原则、质量原则、效益原则，选择环境材料。

1.1.3 环境材料学的任务和研究内容

围绕环境材料这一主题，国际与国内开展了广泛的研究。日本和欧洲的一些国家相继成立了相关的研究学会，多次召开国际性的研讨会，探讨材料与地球资源、环境问题等的关系，推动环境材料的研究和开发工作。其中，已定期召开的学术会议有：（1）自1993年开始，每两年举行一次的生态环境材料（ecomaterial）国际会议；（2）自1994年开始，每两年举行一次的生态平衡（ecobalance）国际会议；（3）自1999年开始，每一年举行一次的生态化设计（ecodesign）国际会议；（4）自1999年开始，每两年举行一次的全国环境催化与环境材料学术会议等。

除环境材料外，国内一些学者还提出了“环境材料学”的概念。环境材料学是一门正在逐步形成的新兴交叉学科，它是介于自然科学、技术科学和社会科学之间的边缘学科，综合性很强，具有多学科和跨学科的体系，将成为本世纪材料科学与技术发展的主导方向。该学科主要致力于研究保持资源平衡、能量平衡和环境平衡，实现社会和经济的可持续发展，将环境性能研究融入所有的新材料开发，完善材料环境协调性评价的理论体系，开发各种环境相容性新材料及绿色产品，研究降低材料环境负荷的新工艺、新技术和新方法等。其任务是研究材料系统对生态环境的影响，研究材料与环境之间的协调关系；其研究对象主要有材料的环境协调性评价、材料的设计及加工中的环境协调性技术，包括零排放和零废弃技术；其目的是寻找在加工、制造、使用和再生过程中具有最低环境负担的人类所需材料，以满足人类生存和发展的需要；其特征在于从环境的角度重新考虑和评价过去的材料科学及其工程学，并指导未来的材料科学及其工程学的发展。环境材料学的核心思想是在材料的四大要素（即成分、结构、工艺和性能）的基础上，加上材料的环境指标或环境负荷，强调材料与环境的协调性。可见，环境材料学的目的是明确的，其发展将促进环境材料的进一步发展。但是，作为一门学科，它的研究内容在不断充实和发展，环境材料学在其基础理论、研究内容、研究对象和研究方法等许多方面还有待于进一步完善。

近年来，国内外生态环境材料的研究主要集中在环境材料的基础理论研究和应用研究两方面。

环境材料的基础理论研究的内容集中在评价材料的开发、应用、再生过程与生态环境间相互作用和相互制约的关系，其目的是使材料使用周期与环境相互协调与适应。目前，生命周期评价（life circle assessment，LCA）研究的热点集中在应用LCA对典型材料产业和产品进行材料生命周期评价（material LCA，MLCA）和环境影响评价（environmental impact assessment，EIA）。开展对材料、产品及其生产、制备、使用直到废弃整个生命周期或某个环节的LCA研究，是改造乃至淘汰该材料、产品或生产工艺的基础性工作，是世界各国研究的热点。例如，根据ISO14000标准中第五部分关于LCA的讨论稿，开展环境协调性评估的示范性研究，选择有代表性的一些材料，从其生产、制备工艺（包括原材料的采集、提取、材料的制备、制品的生产）、运输等方面进行资料收集、分析和跟踪；获取材料性能，工艺网络，材料流向，能源消耗，废弃物的产生、种类、数量和去向等基本数据；研究其环境负荷的表征及评价方法，给出各工艺和使用环节对环境的影响以及再生的资源核算体系。这对于加强生态环境材料的基础理论研究，开发新的生态环境材料具有重要指导意义。近年来，LCA的评价应用案例集中在与人们生活密切相关的家居建材以及全新的纳米材料和器件等方面，旨在揭示人类对材料的需求活动引起的生态环境变化及生态环境变化对人类生存所需材料的质量和数量的影响规律。

同时，根据LCA应用过程中存在的问题，不断完善和补充LCA的理论体系和进行评估案例的数据库建设，以此降低数据收集的难度并提高数据的可比性。因此，推动ISO14000标准化进程，也是我国材料科学工作者努力的目标。由于各国的地理、资源、工业结构、技术水平间存在很大差异，因而研究我国自己的基础数据库并开发相应软件成为我们的重要研究内容和主要研究方向之一。我国已建立金属材料、无机非金属材料、高分子材料中典型材料的环境负荷的基础数据库，并开发出了相应软件，通过国家材料环境协调性评价中心CCMLCA，对社会开放服务。

根据环境材料的性质和应用领域的不同，可以把环境材料的应用性研究分为三类：

（1）环保功能材料的设计与开发。环保功能材料的设计意图是为解决日益严峻的环境问题，包括治理大气污染、治理水污染、固体废弃物处理与处置等不同用途的各种材料，如各种混凝剂、吸附剂、膜分离材料等。

（2）低环境负荷材料的设计与开发。低环境负荷材料的设计目的是提高资源利用效率，降低生态环境负荷，如各种纯天然材料、清洁能源、仿生物材料、绿色包装、生态建材、生物降解塑料和可降解无机磷酸盐陶瓷等材料。同时采用新方法、新工艺或清洁生产技术以降低材料加工和使用过程中的环境负荷，提高材料各种性能的同时，减少对环境的影响。

（3）材料再生和循环利用技术的研发。这是在降低材料环境负荷的同时提高资源的利用效率的重要手段，其重点是研究各种先进的再生、再循环利用工艺及系统，如粉煤灰、煤矸石等产业废弃物的综合利用技术；废家电、废旧包装等社会废弃物的回收和再资源化技术；生态工业园区的资源再利用技术等。

此外，环境材料的研究内容还应该包括相关法律、法规以及标准和规范的制定，以提高人们对环境的认识，把生态环境理念应用于材料的开发和研究当中。我国政府对环境材料和替代技术十分重视，国家已颁布实行了一系列的禁令、回收管理政策、维修管理政策、产业调整政策、投资限制与鼓励政策，对产业的资源消耗和环境影响进行分析、评价，制定相应的产品质量标准、环境标准和安全标准，旨在对相关行业的可持续发展起到引导作用。相关主管部门在这方面亟待解决的问题就是如何营造有利于环境材料研发环境，通过绿色税收、绿色技术标准、绿色环境标志制度、绿色包装制度和绿色补贴制度，促使企业将环境材料和相关技术的采用作为提高自身竞争能力的要素。

生态环境材料学在我国已初步形成体系。目前，对于生态环境材料的认识已在世界各国达成共识，并已逐渐兴起了全球性生态环境材料的研究、开发和实施热潮。广大的材料工作者结合本职工作，以实现节能、降耗和治理污染为目的，对量大面广的材料产品进行生产技术改革，通过对现有传统工艺流程的改进和创新，实现材料生产、使用和回收的环境协调性，形成生态环境材料发展的重要内容，生态环境材料学的研究领域正在拓宽。

1.2 环境材料的研究进展

环境材料是材料科学中继天然材料、金属材料、合成材料、复合材料、智能材料之后的又一发展。就材料科学和技术本身的发展来看，它们也是随着历史发展的需要而诞生的。显然，与能源材料和信息材料的发展类似，环境材料也是适应时代的要求，社会的需要而产生和发展起来的。

随着自然资源的过度开发和消耗及全球性的环境污染和生态破坏，人类认识到保护环境和有效利用资源、实现社会和经济可持续发展的重要性和迫切性。对材料科学工作者来说，有效地利用有限的资源，减少材料对环境的负担是一项义不容辞的责任。因此，环境材料是材料科学发展的必然产物。

目前关于环境材料的应用研究，主要集中在开发具有环境协调性的新材料和材料的环境友好型加工工艺方面，如各种绿色材料及其制品的开发，现有材料的环境友好型改造。在生产工艺设计上采用清洁生产技术，在材料的制备过程中尽量减少对环境的污染。已有的研究表明，纯天然材料、仿生材料、绿色包装材料、生态建材等方面的开发和应用都有较大进展。对环境降解材料，包括生物降解塑料和可降解无机磷酸盐陶瓷材料的研究也是目前环境材料的研究热点。针对积累下来的污染问题，开发门类齐全的环境工程材料，对环境进行修复、净化或替代等处理，逐渐改善地球的生态环境，使之向可持续发展的方向前进，也是环境材料应用研究的一个重要方面。

在环境材料的理论研究方面，关于环境材料的性能指标及其表达方式，包括建立较为完善的环境影响数学物理模型，以及材料的环境性能数据库等方面的研究是目前专家学者正在努力的方向。为有效推进 LCA 方法在材料的环境影响评价中的应用，必须建立 LCA 的数据结构和相应的评价软件。通用的材料环境性能数据库必须包含不同材料、不同工艺、不同性能及不同的环境影响，如何制定合理的 LCA 数据库框架，编制数据库软件是环境材料理论研究领域的一个研究热点。

1.2.1 材料与可持续发展

1992 年联合国在巴西里约热内卢召开了“联合国环境与发展会议”。在这次会议召开之前，以挪威首相布伦特兰夫人为首的“世界环境与发展委员会”提出了在保护环境的同时发展经济的第三条途径。所谓“第三条途径”即不造成破坏的经济增长，也就是“可持续发展”。它既满足当代人的需求，又不损害子孙后代满足其需求能力的发展，这个定义强调了可持续发展的公平性、持续性和共同性原则。可持续发展与可持续增长不同，可持续增长在有限的地球上是不可能实现的。发展不是增长，其含义并非是量的增长而是质的发展。量不可能无限，而质则可以无限地发展。

1992年联合国环境与发展会议通过了《21世纪议程》，这是一个涉及内容广泛的实施可持续发展战略的行动计划。自此，世界各国都将可持续发展作为发展战略，并且付诸于科技发展中。材料工业是最重要的基础工业，同时又是消耗大量能源、矿产资源，产生大量废弃物的环境污染工业。因而材料与可持续发展问题已经引起世界各国的高度重视。1994年3月25日，国务院第10次常务会议讨论通过了《中国21世纪议程》。《中国21世纪议程》是从我国的具体国情和环境与发展的总体要求出发，提出的促进经济、社会、资源、环境以及人口、教育相互协调、可持续发展的总体战略和政策措施方案，是制定我国国民经济和社会发展中长期计划的一个指导性文件。该文件共20章、78个方案领域，主要内容分为四个部分。在《中国21世纪议程》的第三和第四部分中分别指出：在工业生产中积极推广清洁生产；尽快发展环保产业；提高能源效率和节能；推广少污染的煤开发技术和清洁煤技术；开发利用新能源和可再生能源；在自然资源管理决策中推行可持续发展影响评价制度；采用新技术和先进设备控制大气污染和防治酸雨；开发消耗臭氧层物质的替代产品和替代技术；建立有害物质处理利用的法规、技术标准等。我国“十二五”期间将大力发展新型功能与智能材料、先进结构与复合材料、纳米材料、新型电子功能材料、高温合金材料等关键基础材料；实施高性能纤维及复合材料、先进稀土材料等科技产业化工程；掌握新材料的设计、制备加工、高效利用、安全服役、低成本循环再利用等关键技术，提高关键材料的供给能力，抢占新材料应用技术和高端制造制高点；实现特殊钢产品生产高效化、减量化和绿色化，满足高速铁路、新能源、核电等国家重大工程需求，形成若干条特色专业化生产线；重点开发水处理膜、气体分离膜、特种分离膜等膜材料；推动膜技术在水处理、钢铁、石化、环保等领域的推广应用，造就一批膜材料领域的高素质研发和产业化团队，重点膜材料国内市场占有率提高30%以上；重点选择大型城市群、能源资源基地、老工业基地、重污染行业等区域或企业，开展大气污染治理、土壤修复、重金属污染防治、水污染治理、清洁生产等技术综合应用示范。

传统材料生产工业的生产活动是由“资源—产品—废物”所构成的物质单向流动的生产过程，这是一种线性经济发展模式。这种线性经济发展模式是以高物耗、高污染、低效率为其特征的发展模式，是一种不可持续的发展模式。长期以来，人们忽视了材料的开发和应用必然受到生态环境的影响和制约这一问题。环境材料将生态环境与经济发展联结为一个互为因果的有机整体，要求经济发展考虑自然生态环境的长期承载能力，它充分考虑了人类、社会、自然三者相互关系的和谐发展。即把若干工业生产活动按照自然生态系统的模式，组织成一个“资源—产品—再生资源—再生产品”的物质循环流动生产过程，这是一种循环经济发展模式。在这个经济发展模式中没有了废物的概念，每一个生产过程产生的废物都变成下一生产过程的原料，所有的物质都得到了循环往复的利用，从而实现材料乃至整个人类社会的可持续发展。可见，循环利用是环境材料学说的精髓，也是对可持续发展的最好诠释，要做到这点，必须从源头考虑再生。环境材料一经提出，就吸引了广泛的社会参与。国际社会首先从各类社会产品的标识做起，以促进再生循环概念的普及，进而在制造过程中积极探索再利用与再生循环的关系。欧洲各国对环境保护姿态积极，追求在设计及制造中的可分解性，并在非纯材料技术领域推广和扩大应用。Volvo 公司推出的产品设计环境优先战略（environment priority strategies for product design）对制造过程中材料和工艺对环境的影响用环境负荷值 ELU（environment load unit）来定量地表征，用一个明确的无量纲数值列入设计手册。奔驰公司很强调汽车的易解体、易分类及易再生循环性，对所有质量超过 100g 的部件都标明材料的构成；对各种类型的车配发解体手册，以便于再生循环时进行分类。环境材料学善于从社会影响大的主流产品、大宗产品着手，如电子产品和汽车，促使人们对发生在身边的熟识事物来思考问题的严重性和迫切性。通过十余年的努力，汽车轻型化以及降低油耗技术的开发已取得实质性进展。从环境优先和循环利用的角度看，我国材料热处理行业存在的问题突出：污染严重、能耗高和能效低、工件氧化烧损和脱碳严重，造成已开发材料的浪费和无法回收利用。

众所周知，材料作为社会进步的基础和先导，为社会带来了巨大的物质财富，并推动了人类文明的进程。在全球气候变暖、环境恶化与资源面临枯竭的大形势下，材料科技及其产业必须不断地增强环境意识，将材料研发、生产与生态平衡、环境保护密切结合起来，延长材料使用寿命、提高循环使用特性和再生利用率是今后的重要课题，而材料在制备、生产和使用全过程中的节能减排、环境友好与净化以及无毒无害、保障人类生存安全则是今后研发新材料时所要考虑的首要因素。

生态环境材料符合可持续发展的要求，是目前材料科学与工程领域的必然趋势，这已在世界各国达成共识，并已逐渐兴起了全球性的生态环境材料的研究、开发和实施热潮。改造传统材料产业，开发新型生态环境材料，推进生态环境材料学的发展是各国科学家需要深入研究并解决的重大问题。

1.2.2 材料与环境的关系

1.2.2.1 环境对材料的作用

材料的性能在很大程度上取决于环境的影响，环境包括“社会环境”和“自然环境”。其中人所组成的社会因素的总体成为社会环境。自然因素的总体成为自然环境，目前认为是以大气、水、土壤、地形、地质、矿产等一次要素为基础，以植物、动物、微生物等作为二次要素的系统的总体。

社会环境是推动材料科学发展的动力，正确的材料生产、加工和使用，体现了人们的认识过程。表 1-2 反映了我国社会认识材料判据的演变过程。以钢为例，1958 年“大跃进”时期，要求钢的产量翻一番，只有数量要求，并无质量及其他要求，结果把不是钢的材料也当做钢。这个教训使我们认识到材料必须要有一个“质量”或“性能”的判据。十一届三中全会以后，人们发现除了“质量”或“性能”外，还要考虑“效益”，即“经济”判据。1996 年我国宣布实施“可持续发展”战略，在社会上，才广泛地认识到“资源、能源、环境保护”第三个战略性判据。

表 1-2 我国社会认识材料判据的演变

时 间	判据数	判 据	时 间	判据数	判 据
20 世纪 50 年代	0	只考虑数量	1978 年后	2	性能、经济
20 世纪 60 年代	1	性能	1996 年后	3	性能、经济、资源、能源、环保

1979 年美国材料科学与工程调查委员会给“材料科学与工程”所下的定义：“材料科学与工程是关于材料成分、结构、工艺和它们性能与用途之间的有关知识的开发和应用的科学”。这一传统的四要素体系没有充分考虑材料的环境协调性问题，或者说环境协调性在当时还没那么尖锐突出。因此按照传统的材料评价方法不可能反映出材料的环境作用优劣，必须建立新的材料评价体系和完善材料评价内容。

自然环境对材料的作用包括各种材料的腐蚀、分解、风化或降解效应。这是材料科学与工程研究的一个重要领域，在此不详述。

1.2.2.2 材料对环境的影响

材料产业支撑着人类社会的发展，为人类带来了便利和好处，但材料在整个生命周期过程中对生态环境有重要的影响，这也是本学科的研究重点。材料对环境的影响包含正面影响和负面影响两个方面，正面影响是指用各种材料来不同程度地修复环境所受到的损伤、治理或减轻环境污染等。但是从长远的观点来看，这种修复作用、治理作用或减轻作用是暂时的、局部的和相对的。材料对环境的负面影响主要指在材料的开采、提取、加工、制备、生产以及使用和废弃的过程中对环境造成的直接的或间接的损伤和破坏。材料对环境的负面影响是我们讨论的重点内容。众所周知，在材料生产、制备、加工、使用和再生等过程中，一方面，过程需要消耗大量的资源和能源，以保证过程的顺利进行；另一方面，由于物理变化或化学变化过程排放出的大量废水、废气和废渣又会造成环境的污染与生态的破坏，威胁着人类的生存和健康。

在材料加工、生产和使用过程中，资源消耗一般可分为直接消耗和间接消耗两类。直接消耗是指将材料用于材料的加工和生产过程。间接消耗是指在材料的运输、贮藏、包装、管理、流通和使用等环节造成的资源消耗。如材料的运输需要运输工具；贮藏需要占地、建造仓库；产品包装、流通以及使用等需要的各种辅助设施等。

我国是一个材料生产和消耗大国，由于资金、技术、管理等原因造成资源的不合理开发和利用，使资源、能源、环保等结构性矛盾更加突出，每单位 GDP 的资源和能源消耗是发达国家的 10 倍左右，资源利用率过于低下，矿产资源保障程度低，资源短缺问题越来越突出。2008 年环境统计年报显示，全国工业固体废物产生量 190127 万吨，比上年增加 8.3%；工业固体废物排放量 782 万吨，比上年减少 34.7%。全国危险废物产生量 1357 万吨，比上年增加 25.8%；危险废物排放量 718 吨，比上年减少 30.0%，见表 1-3。工业固体废物综合利用量 123482 万吨，比上年增加 11.9%；工业固体废物贮存量 21883 万吨，比上年减少 9.3%。其中危险废物贮存量 196 万吨，比上年增加 27.3%；工业固体废物处置量 48291 万吨，比上年增加 16.8%，其中危险废物处置量 389 万吨，比上年增加 12.4%。工业固体废物产生量逐年上升，但由于工业固体废物处理量（包括综合利用量、贮存量和处置量）持续增加，使工业固体废物排放量逐年下降。

表1-3 全国工业固体废物产生及处理情况

年份	产生量/万吨		排放量/万吨		综合利用量/万吨		贮存量/万吨		处置量/万吨	
	合计	危险废物	合计	危险废物	合计	危险废物	合计	危险废物	合计	危险废物
2001	88746	952	1894	2.1	47290	442	30183	307	14491	229
2002	94509	1000	2635	1.7	50061	392	30040	383	16618	242
2003	100428	1170	1941	0.3	56040	427	27667	423	17751	375
2004	120030	995	1762	1.1	67796	403	26012	343	26635	275
2005	134449	1162	1655	0.6	76993	496	27876	337	31259	339
2006	151541	1084	1302	20.0	92601	566	22398	267	42883	289
2007	175632	1079	1197	0.1	110311	650	24119	154	41350	346
2008	190127	1357	782	0.07	123482	819	21883	196	48291	389
增长率/%	8.3	25.8	-34.7	-30.0	11.9	26.0	-9.3	27.3	16.8	12.4

注：“综合利用量”和“处置量”指标中含有综合利用和处置往年量。

2008年，工业固体废物排放量超过60万吨的行业依次为煤炭开采和洗选业、电力、热力的生产及供应业、有色金属矿采选业、黑色金属矿采选业。这4个行业工业固体废物排放量占统计工业行业固体废物排放总量的68.0%。

在材料的使用过程中，也会对环境造成难以弥补的损害。如人类在使用冷冻剂、消毒剂和灭火剂等化学制品时，向大气排放出大量的氟氯烃气体和哈龙（包括5种氟氯烃类物质和3种卤代烃物质），造成了臭氧层的破坏。电子信息产品的大量使用，使得电子类功能材料更新换代急剧加速，电子垃圾剧增，电磁污染日趋严重，各种“无形杀手”随着高速发展的电子信息步入了人们的日常生活环境当中。电子材料中，无论是无机类的电子陶瓷、电子玻璃、金属材料，还是有机或复合的电子材料，含有的铅、磷、氟、砷、镉、钴、钍等数量巨大，大多是经过高温熔融、烧结进入材料中，极难分离。回收再利用异常困难，而且大多集中在城市周围，废弃后造成极大的环境隐患。另外，方便人们生活的塑料包装、一次性餐盒等带来了“白色污染”问题；废弃混凝土再生利用率的低下造成其大量堆积在城市周围，占地并污染土壤和地下水，在材料使用过程中产生的类似的环境污染问题已成为世界性难题。

从理论上讲，材料的生产、制备、加工、使用和再生过程对环境造成的负面影响具有必然性、不可逆性、普遍性。由此而产生的环境问题是与人类的欲望、经济的发展、科技的进步同时产生和发展的，表现出相互依存的孪生关系。有人认为随着科学技术的进步，人类社会的环境问题将不再存在，这个观点是不全面的。

1.2.2.3 材料和环境的相互关系

材料与环境存在着十分密切的依存关系。材料的整个生命周期与环境共同组成一个包含路径a、b、c、d、e、f的完整的闭合系统，在这个系统内部还存在一个由路径b、g、h组成的循环，如图1-1所示。

由a→b→c→d→e→f组成的闭合系统是传统材料的整个生命周期，可以看出，传统材料的生产原料（资源和能源）来自于自然环境，包括可耗竭资源和可更新资源。可耗竭资

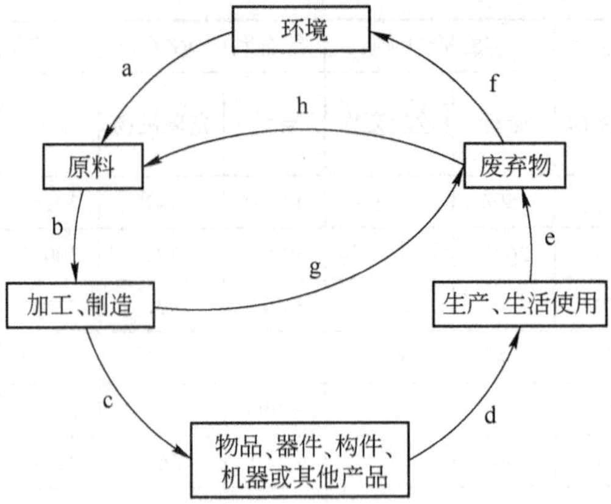

图 1-1 材料与环境的相互关系

源是指在任何对人类有意义的时间范围内，资源质量保持不变，资源蕴藏量不再增加的资源，如用于生产金属材料的金属矿产资源；用于生产无机非金属材料的矿物资源；煤、石油、天然气除了可用于生产高分子材料外，还为各种材料的生产和使用过程提供能源。可更新资源是指能够通过自然力以某一增长率保持或不断增加流量的自然资源，如用于生产木制品的森林资源、用于生产纺织材料的农牧业资源等。生产原料通过生产、加工制成物品、器件、构件、机器或其他产品，供生产、生活使用，在加工、生产以及使用、废弃过程中均产生了大量的废水、废气和固体废物等，它们不经过处理就直接返回环境。纵观传统材料的生命周期，通过路径 a 的物质流量越大，则通过路径 f 进入环境的污染物量也越大，资源不断被消耗，环境不断被破坏，这是一个恶性循环，这个恶性循环的最终受害者是人类。

由 a→b→c→d→e→f 组成的闭合系统和由 b→g→h 组成的循环系统共同构成环境材料的生命周期。可以看出，与传统材料不同，环境材料的生产过程注重废弃物的处理和循环利用，可耗竭资源中存在大量可回收的资源，它们的效用丧失后，大部分物质还能够回收利用，如金属等矿产资源。通过路径 h 的物质流量越大，则通过路径 a 和路径 f 的物质流量就越小。即废弃物的再资源化程度越高，地球的资源耗竭就会越慢，环境的污染程度就会越小，这是一个良性循环，这个良性循环的受益者是人类。

对环境恶化、资源匮乏的关注，使得一些学者和产业界开始思考改变资源流通模式，即如何从传统的资源—消费—垃圾场的线性流通模式，向资源—消费—再生利用的闭合循环流通模式转变。也就是说，在当前，资源库实际已经由传统意义上的一个资源库变成了两个资源库，即“天然资源库”和由各种废弃物构成的“再生资源库”。而且前者在不断地减少或贫化，后者正在迅速增加。当今人类社会所面临的挑战，就是如何将“天然资源库”与“再生资源库”通过产业有机地组合起来，形成和建立作为循环经济物质基础的新型循环产业。因此，循环经济是通过机制革新建立起来的以众多循环型产业（企业）为核心，并与社会有机结合起来的庞大的社会经济体系，是一个精密的社会系统工程。德国是世界上最早实施循环经济的国家之一，其循环经济法制建设也走在前列。自 1986 年始，相继颁布了《废弃物管理法》、《包装条例》、《限制废车条例》等，并于 1994 年 9 月，率先公布了《循环经济和废物处置法》，具体规定了建立循环经济的减量化、再利用、再制造与再生循环利用（4R 原则：Reduce，Reuse，Remanufacturing，Recycle）和 LCA，把资源闭路循环的循环经济思想从商品包装扩展到社会相关领域，达到经济、环境和社会效益的和谐统一。日本自 1991 年始，先后制定了《再生资源利用法》、《环境基本法》，并于 1994 年制定了环境基本计划，首次提出“实现以循环为基调的经济社会体制”，包含了循环经济的内容。1998 年日本制定“新千年计划”，把循环经济作为构建 21 世纪日本社会发展目标。2000 年日本国会通过了《建立循环型社会基本法》，先后修订颁布了《废弃物处理法》和《资源有效利用促进法》、《建筑材料循环法》、《绿色采购法》等十多部配套法律法规。日本的循环经济立法是世界上较为完备的，以此为依据，使其成为世界上第一个号称以建立“循环型社会”为目标的国家。此外，美国和欧洲的许多国家也都制定了有关循环经济的法律法规和计划。

1.2.3 环境材料与环境保护

1.2.3.1 环境材料与生态环境的关系

环境材料的另一概念基础是工业系统的思想，阐明工业系统概念的同时也将确定环境材料所涉及的环境定义。所谓系统指完成确定功能的所有相关操作的集合体。任何工业系统都可用包含所有相关操作的系统边界表示，边界外部区域称为系统环境。系统输入为取之于环境的物质与能量，输出为释放至环境的废弃物。因此人类从事的所有生产活动是与相互交错的工业系统群体相对应的。任何单一的生产过程都是某一或多个工业系统的组成部分，可称之为子系统，它通过物质或能量的输入输出关系与其他子系统相连并延伸至所属工业系统的边界。环境材料概念所说的环境即整个材料工业及相关系统边界外的区域。环境污染即指物质或能量从环境的输入与废弃物向环境中大气、水、土壤系统的输出。

由生命周期及工业系统的概念可知，在确定与产品相关的完整工业系统的同时也将构成其完整的生命周期过程。如果将人从环境中分离出来，考察人类、工业系统及其他生态环境之间的相互关系，可以用图 1-2 表示。

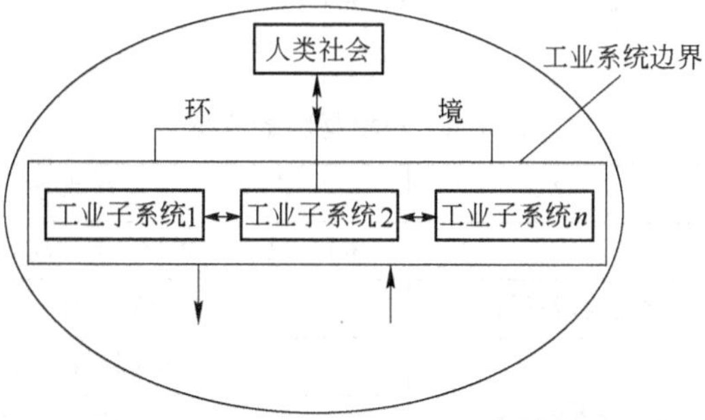

图 1-2 工业系统与环境的相互关系

可以看到，在图 1-2 中存在以下几个界面：工业系统与环境（包括人类社会、其他生态环境两部分）、工业子系统与环境、工业子系统与工业子系统、人类社会与其他生态环境。传统的环境保护及污染防治主要局限在单个工业子系统与环境这个界面，由于未考虑工业子系统与工业子系统及整个工业系统与环境之间的关系，因此单个工业子系统对环境污染的减少往往是通过工业子系统之间的转嫁实现的。而从整个工业系统与环境界面看，有时总体环境污染常常不但未能减少，反而增加了。综合分析工业系统与整个环境、人类社会与其他生态环境、工业子系统与工业子系统等其他三个界面可知，工业系统在为人类社会提供可满足物质、精神需求的产品同时，从环境输入能源、矿产资源并向环境排放出大量污染物。而生态环境受到破坏后，又会反作用于工业系统及人类社会，限制工业的进一步发展及人类的物质精神需求，迫使人类采取措施改善现有的工业系统。工业子系统之间是由工业系统内部物质能量的流动联系在一起的，任何子系统从环境摄入物质能量都将导致污染，一子系统的输入转移到其他子系统都会造成污染在整个工业系统中的转嫁。因此，未来工业解决环境问题的根本出路在于以人类社会为主体，在不断满足人类自身物质、精神需求的同时，协调好工业系统与环境、工业各子系统之间的关系。这种思想反映在材料工业领域即表现为环境材料概念的产生。

1.2.3.2 环境材料的种类

在20世纪90年代初，环境材料的概念刚提出的时候，由于环境材料的研究内容并不明确，所以分类也不明确。例如，在1993年8月的东京研讨会上，研究论文只是根据与会者论文的类型而分为循环再生和生命周期评估；再生和废弃物；二氧化碳、二氧化硫、氟氯烃；汽车用材料；生物工程用材料；新材料；以可持续发展为前提的未来材料技术等。经过多年的研究实践和广大学者的讨论，1999年日本物质材料研究机构元素战略材料中心学者原田幸明提出了生态材料的三种类型（后来成为广义的生态材料）。第一类为对生态环境改善有贡献的材料，也就是直接处理型材料，即对环境保护和净化环境有直接效果的环境工程材料，包括环境净化催化材料、环境替代材料等；第二类为系统单元型材料，即节省能源或新能源系统使用的材料；第三类为低环境负荷型材料，即一般所指的狭义的环境材料。

然而，原田幸明提出的广义的环境材料虽然概括了现阶段环境材料的全部内容，但由于分类过于笼统，不利于对环境材料的具体研究，所以华中科技大学的钱晓良教授等结合国内外相关研究成果，将环境材料划分为环境相容材料、环境降解材料和环境工程材料，具体分类见表1-4。

表1-4 环境材料的分类

环境材料	分 类	典 型 产 品
环境相容材料	天然材料	木材、石材、竹材、天然高分子材料（纤维素、淀粉等）
	仿生合成材料	结构仿生材料、功能仿生材料等
	低环境负荷材料	绿色包装材料（可食性包装材料等）
		生态建筑材料（生态水泥等）
		传统材料的环境化等
环境降解材料	生物降解材料	光降解塑料、生物降解塑料、光生物降解塑料
	生物陶瓷材料	羟基磷灰石等
环境工程材料	环境净化材料	吸收吸附材料、催化转化材料、沉淀中和材料等
	环境替代材料	无磷洗衣粉、氟利昂替代物等
	环境修复材料	防止土壤沙化的固沙植被材料等

1.2.3.3 环境材料在环境保护中的作用

环境保护是指运用现代环境科学理论和方法、技术，采取行政的、法律的、经济的、科学技术的等多方面措施对自然环境的保护工作。内容主要有合理利用资源、防止环境污染以及对污染后的环境进行综合治理等。目的是使自然环境能更适于人类劳动、生活和其他生物的生存。环境材料的生产、加工和使用过程就是运用环境科学理论和方法、技术实现环境保护的过程。

以铸造行业为例，铸造行业的能耗比例为：焦炭50%、电32%、油和天然气18%，70%的能耗主要集中在熔炼阶段。目前主要使用的熔炼设备为消耗电能的感应电炉和燃烧焦炭的冲天炉，世界铸铁总产量中冲天炉和电炉的比例约为7:3。此外，能耗还包括厂房机器运转、照明、供暖所需电能等。资源消耗方面，铸造的主要原料为各种单质金属，多为自冶炼厂购得的块状金属或回收重熔的废旧金属，及少量厂内次品和加工产生的金属残渣，消耗的金属资源基本上来自矿产资源开采。造型所需的石英砂及黏结剂，包括黏土、水玻璃以及树脂等，其中型砂可以除去粉尘和残余化学黏结剂后不断循环使用，但每次循环也需要补充约10%的新砂。铸造厂的水资源消耗包括旧砂回用湿法处理等工艺环节，及电炉、水冷冲天炉等设备的冷却用水。此外，还有热处理环节作冷却液的工业油、工业盐等；特殊工艺需要消耗特殊原料，如熔模铸造中的用蜡、消失模铸造工艺的聚苯乙烯原料、水玻璃砂法消耗纯二氧化碳等。铸造过程排放的废渣如果处理得当可以达到零排放，如旧砂再生产后的废砂由于同水泥厂所用原料成分相近可以作为水泥厂的原料，厂内布袋除尘产生的灰状废物可以作为砖厂原料，浇冒口、残次品和金属碎屑多数可回炉重新利用；但现状为相当部分企业并未对废渣进行妥善处理，仍有排放。铸造过程产生的废水方面主要是水力清砂、水爆清砂或电液压清砂等排出的废水，一般使用黏土砂时，其废水的悬浮物含量约3000mg/L，当使用水玻璃砂时，其废水的悬浮物含量可达4000～6000mg/L，pH值为9～10。铸造过程产生的废气主要是焦炭燃烧产生的烟气，其中含有可吸入颗粒物、二氧化硫、氮氧化物等多种大气污染物；燃烧过程产生的二氧化碳（我国铸造行业已经普遍推行使用电炉代替冲天炉，利用相对较为清洁的电能代替焦炭，减少了二氧化碳排放）；原料在粉碎、筛分、输运及加工过程中产生的粉尘，铸造合金熔炼及其处理过程、铸件清砂的粉尘，旧砂再生过程的粉尘，由于高温熔融和化学反应产生的浮游于气体中的烟尘；铸件涂装和喷涂工艺中及消失模工艺产生的含苯废气雾等。在铸件的使用过程中，由于金属单质的性质较为稳定，在使用过程中铸件的环境负荷很小。铸件使用过程中的损害主要可能有断裂和锈蚀，质量差、使用寿命过短的铸件产品潜在的环境负荷较高。铸件使用造成的直接环境问题可能有：由于其中的金属元素游离进入环境导致重金属污染或引起人体健康问题，例如含镍不锈钢制品造成佩戴者过敏等；铸件使用过程间接造成的环境负荷，例如由于汽车发动机缸体不够轻量化导致的高油耗，即高能源消耗和碳排放。在铸件的最终处置过程中，一般的铸件废弃以后都会被铸造厂购进，经除锈、清洁等处理直接作为原料与新炼的金属原料搭配使用。铸造行业最主要的循环物质是金属和砂，如前所述报废的金属制品和车间内产生的“回炉料”以及旧砂回用都是既成的工艺。此外，部分铸造原料还可以来自对其他行业的废弃物的利用。例如造纸业的亚硫酸纸浆废液、石油炼制产品的渣油、油脂化工厂肥皂残渣等作砂芯的黏结剂，用煤渣或废煤渣砖代替焦炭用于大型砂型中通气，用煤灰等制造半永久铸型等。而铸造厂的废物也可以供其他行业作为原料使用，如用铸造废砂制造硅酸盐基复合材料、聚合物基复合材料、高强度烧结材、轻型发泡材料或混合材水泥等；冲天炉渣通过加入铸造废砂等材料，可压制成各种形状的步道砖用于铺设人行路；废钢丸灰可与冲天炉水渣混合制成建筑用成形砖，或磁选出铁粉销售给化工厂制氢气。水资源方面，冷却水也普遍循环利用。新的循环想法也不断产生，例如在水玻璃砂硬化环节利用燃烧的废气取代购买的纯二氧化碳的新想法，就很值得尝试。安徽某铸造厂主要生产铸造磨球，生产规模居亚洲第一。其高级合金钢耐磨材料的原料中有90%的废钢铁。他们在本省、全国甚至俄罗斯建立了60多个废钢铁回收网点，每年回收7万多吨，生产6万多吨产品。砂再生和砂重复利用项目可使85%～90%的废砂再生利用。淘汰的废砂中3%的金属又被分离回收用于造铸件，最后的废砂卖给水泥厂。该厂的循环项目收获的不仅是经济效益，更有丰厚的环境效益。使用寿命是环境材料的另一项重要指标。就铸件而言，使用寿命长代表回收重熔的循环周期拉长，消耗的能源和资源也就相应减少。日本有研究表明，铁素体耐热钢高温长时间条件下的使用性能仅取决于Mo和微量C的固溶，而与所含的其他元素无关，证明低合金化的可能性。从铸件的生产、使用和最终处置全过程可以看出，铸造行业在无毒无害、回收循环等方面是很易于环境材料化的。实际上在我国铸造行业发展史中，节约、循环、可持续发展等理念早已渗透其中，加上新技术、新科技的使用，使当前的铸件生产已有部分具有环境材料的特征。此外，消失模铸造工艺是一项值得争议的新技术，问题在于其所用的EPS的“消失”过程。EPS即聚苯乙烯，热解过程产物为甲苯、苯、乙苯和其他小分子气体产物。目前国内对消失模废气的处理方面的研究少，应用更少。多数铸造厂的应对方法为完全不处理，在车间任意产生，或将这些气体收集起来高空排放。众所周知，苯系物对人体毒害作用极大，且一旦进入环境极难自然降解。由此看来，消失模铸造工艺是严重违背环境材料理念的材料生产方法，但事实上现在消失模铸造工艺正在铸造行业全面推广并大受欢迎，这一现象值得深思。

1.2.4 环境材料的发展趋势

1.2.4.1 国际环境材料的发展趋势

欧、美、日等发达国家和地区对生态环境材料、生态产品及相关领域的研究与开发投入了大量的人力物力。许多国家通过立法，以及税收政策的调整促使资源利用效率的提高，推动本国生态环境材料和生态产品产业的发展。金融界在贷款等问题上也关注资源的效率和产业的环境问题。

A 日本

日本的基本环境策略是通过推动环境兼容的产品最终实现以资源再利用为导向的社会(recycling-oriented society)，物质的循环模式从原料—产品—丢弃的模式向回收生产转变，在产品设计、采购原料、制造到分解、分类、回收的整个生命周期中都体现出环境友善的理念。图1-3反映了日本资源循环利用的模式，其中减量化的实例为：包装的简易化、产品的长寿命化和小型化；再使用的实例为：啤酒瓶和牛奶瓶等可退回的玻璃瓶、跳蚤市场；再生利用的实例为：废纸、废金属、废玻璃等的再资源化。图1-4为日本循环型社会建设模式示意图，它反映了与日本的循环型社会建设相匹配的法律体系。在进行材料加工、生产的同时伴随着强制性的法律规制和企业与消费者的自发合作。此外，近年来日本着手进行了大量的工业生态园区建设，大力发展静脉产业，建设了包含塑料瓶再生、办公设备再生、汽车再生、家电再生、荧光灯管再生、医疗器具再生、建筑混合废物再生、有色金属综合再生等项目的综合环保联合企业，通过各个企业的相互协作，推进零排放型环保产业联合企业化，成为资源循环基地。

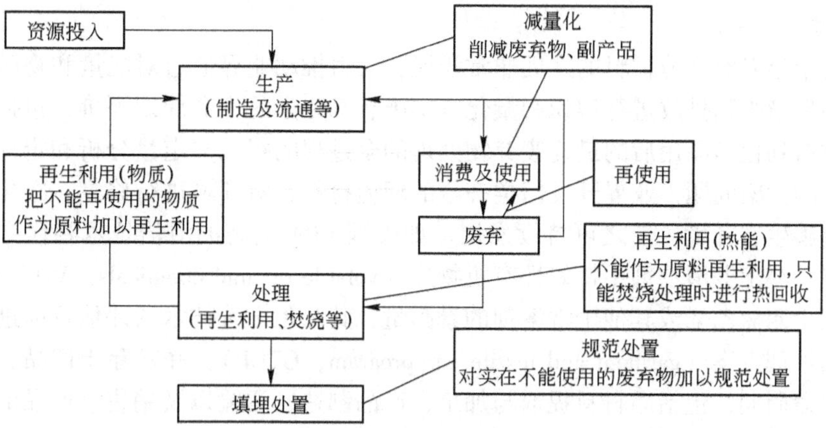

图 1-3　日本资源循环利用模式

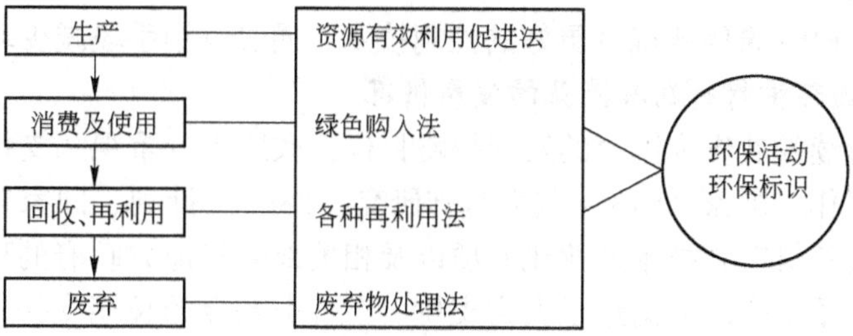

图 1-4　日本循环型社会建设模式

B　欧洲

在欧洲各国，相继颁布了对于生产者的责任和回收的立法。在德国、荷兰和瑞典三个国家，根据生产过程中能源物料消耗、资源转化，废物产生排放的信息，对电子电器产品设备的生命周期进行系统研究，提供了收集和处理方面定性的资料和成本的相关数据。德国对电子产品等相关产业的环境改善所使用的方法主要是基于物质毒性，尽量提高产品与技术的生物兼容性。人们发现，过去曾被认为是无公害的科技，如电子产品和可移动的能源载体（如电池），由于越来越短的产品循环与研发周期，以及研究深入和技术升级，在其生命周期会对环境产生不良的影响，即便采取依据《关于电气电子设备中禁止使用某些有害物质指令》（ROSH）这样的环保政策，也无法充分保证相关产品的资源再生与回收利用。因此，德国以非破坏性的方式对电子产品和零配件进行产品生命周期评估。对生产过程实施清洁生产的基础是以生产过程系统为对象，重点通过对构成生产过程的单元操作的功能、状态，包括废物流在内的物、能流现状的控制，最终从技术、法律与经济角度促进原材料或终端产品的生物可降解性。在瑞典，环境意识的设计已经成为产品发展相当重要的一个部分，一般消费大众对环境友善的要求日益增加，类似议题也被视为发展环境友好产品和工艺的重要策略。瑞典皇家科技协会特设了综合性产品的研发部门，专门实施生命周期评估及环境管理系统的研究，揭示生产过程系统存在的缺陷与问题，寻求资源/能源有效利用实施污染预防的途径和方法，从而提供清洁生产的方案，其前瞻性着重于产品的制造技术以及环境影响的考量。

C 美国

美国近十年来对环境材料的发展非常积极，大力推动业界通过对能量和物质利用以及由此造成的环境废物排放进行辨识和量化来实施有毒化学品生命周期评价，包括从化学品最初的原材料到化学品用后的最终废弃物处理的全过程的跟踪与定量分析和定性评价。针对积累下来的污染问题，业界开发门类齐全的环境材料，对环境进行修复、净化或替代处理，逐渐改善生态环境，使之可持续发展。如美国 EPA 实施的清洁技术替代方案的评估项目，重点关注工业清洁剂中挥发性有机物质（volatile organic chemicals，VOCs）的控制，目的在于减少四氯乙烯或其他干洗溶剂的暴露量，其绿色干洗技术的评估目前进一步扩展为纺织服饰护理方案（garment and textile careprogram，GTCP），并贯穿于产品、工艺和活动的整个生命周期，包括原材料提取与加工、产品制造、运输以及销售、产品的作用、再利用和维护、废物循环和最终废物处置，将纺织服饰的设计、制造、使用过程所隐藏的环境与健康风险提供给企业，使其能够进而寻求改善产品环境影响。类似清洁技术替代方案的评估在复合产品的制造行业也得到推行，其评估的项目着重于环境材料替代技术的效果、成本与风险。EPA 希望能确认更好的控制技术，通过营销手段减少环境风险暴露量。

1.2.4.2 我国环境材料及其产业的发展情况

我国已将可持续发展作为国家的发展战略目标，政府十分重视和支持生态环境材料的研究与应用开发工作。国家“973”重大基础研究、“863”计划、国家自然科学基金、国家发展改革委员会新材料高技术产业化专项以及相关部委和地方政府的科技计划等，都将生态环境材料作为重要资助方向给予大力支持。在各类基金的长期支持下，近年来，我国在生态环境材料及材料的环境协调性评价的研究方面取得了重要进展。

A 基础研究取得明显进展

在材料的环境协调性评价及其方法论的研究方面，比较系统地开展了钢铁、铝、水泥、建筑材料、塑料、陶瓷、涂料等典型材料的环境负荷评价研究，探索了符合我国国情的材料环境负荷指标表征和计算方法，对典型材料进行了基础数据调研、汇总，初步建立了我国自己的 MLCA 数据库并开发了材料环境协调性评估软件。在材料环境负荷评价的基础理论和方法研究方面，相关数学模型的建立和基础数据库的建立方面都取得了进展。在环境材料概念定位，新型环境材料，新兴环境净化材料和太阳能转化材料，有毒、有害和稀贵元素的替代，天然材料（木质陶瓷及木材表面陶瓷化、农作物秸秆等农业废弃物）的有效利用以及工业固体废弃物和再生利用等方面的研究开发也都取得了很大的进展。

尤其值得一提的是，我国在用于光解水制氢和环境净化的可见光活性的新型光催化材料研究开发方面取得了很有特色的研究成果。在世界上首次发现了可见光活性的 $In_{1-x}Ni_xTaO_4$ 催化剂并成功地应用于光解水制氢，在此基础上又成功开发出系列可见光活性的新型光催化材料，在环境净化和分解有毒有害物质方面取得了突破。也有学者首次定量地测定了降解中间体的成分，提出了光催化降解的机理；从结构与性能的关系出发科学阐明了同一分子内各种官能团之间的竞争分解机理。此外，在蓄能/光催化复合材料的研究方面也取得了进展，这种材料在夜晚等黑暗条件下仍具有相当好的环境净化和抗菌、杀菌作用。

再如，可降解生物材料方面，利用大豆榨油后的豆渣研制出从硬质塑料到弹性体的一系列可生物降解材料，可用于制备各种一次性绿色制品及医用生物材料等；采用稀土氧化物、纳米氧化物与层状结构无机材料进行纳米复合和有机、无机杂化，研究开发出具有空气净化、抗菌、产生负离子等多功能的新型空气净化纳米复合涂覆材料；利用气流粉碎分级技术对电厂粉煤灰进行回收利用，在对粉煤灰空心微珠精选的基础上掌握了空心微珠的表面改性、变色技术，并将空心微珠作为复合材料组分之一应用于塑料、铝基合金、涂料中取得了良好的效果，既治理了环境，又实现了粉煤灰的高附加值的利用，并已与企业相结合实现了产业化。

B 以提升材料产业和技术应用为目标

在“十五”国家“863”计划中，设立了生态环境材料专题。体现国家需求目标，围绕“西部大开发”发展战略和“科技、人文、绿色”奥运，重点突破固沙植被材料和应用技术，研制适应我国高效农业技术的环境友好、可完全降解的膜材料，在废弃物治理、可再生资源的综合利用及清洁制备新技术方面取得有自主知识产权的新技术，研究和建设材料环境协调性评价技术体系，发展设计方法，研制和开发几类环境协调材料，包括纳米环境材料与技术、生态建筑材料，促进传统材料产业的环境协调改造升级。在“十五”期间安排的固沙植被用新材料及其低成本制备技术，二氧化碳共聚物的工业化合成及其在医学领域的应用，光催化自洁净玻璃在线制造方法，环境功能型建筑材料，材料环境协调性评价技术及其应用，环境协调材料（无铅焊接、环境友好涂料）及清洁制备技术（高效清洁催化剂），低成本全降解农用地膜，以及降解废弃物排放及综合利用的新型功能材料与技术方面的20多个研究项目，绝大部分都已经产生了一批具有自主知识产权的新技术。

近年来，我国电子行业在欧盟“双绿指令”的“压力”和激发之下，企业与有关大学、研究院所相结合，围绕高端绿色与环保材料，在开展电子电气产品急需的替代有毒、有害元素的材料研究开发方面取得了明显进展，例如，环境友好的封装材料、涂料、阻燃剂及无铅焊料等，在国内有很多企业都已成功地研发出了具有自主知识产权的新品种。此外，如钙钛矿结构的钛酸铋钠钾系列和铋层状结构的钛酸铋锶钙系列的无铅压电陶瓷材料，复合稀土钨电极及钼阴极、金属载体/极板等系列新型环境材料等，都是替代有毒有害材料的新材料。这些新材料的研制成功和实现工业化应用，标志着我国在这些方面已达到了国际水平。

以循环经济思想为指导，以提升材料产业和技术的整体水平为目标，我国在“十一五”期间进一步加大了对材料及其产业可持续发展研究的支持和资助力度。例如，“十一五”国家科技支撑计划重大项目“环境友好型建筑材料与产品研究开发”课题比较集中地对生态建筑材料进行了资助；“十一五”、“863”计划新材料技术领域将环境友好型新材料作为重要的资助方向之一，其主要内容包括：天然资源的清洁加工与高效循环利用技术；环境友好涂料的清洁生产技术；环境友好催化材料技术；面向应用过程的膜分离技术；复合催化的抗菌抑菌环境净化材料；低成本高效固沙植被材料；电磁兼容（屏蔽）环境材料等；而固体废物处理处置与资源化技术则是“十一五”和“863”计划都重点支持的重要内容等。此外，在“十一五”国家科技支撑计划“清洁生产与循环经济的关键技术与示范工程”和“城镇人居环境改善与保障关键技术研究”等重大项目中，许多内容都与材料和产品及其制备工艺过程的生态设计或生态化改造直接相关。所有这些说明，我国在生态环境材料的研究开发，特别在材料产业的生态化改造方面，都得到了进一步的提升和发展。

C 企业是材料和产品生态化改造的主体

需要特别指出的是，近年来在我国有关环境政策的引导和国家有关部委新材料专项以及各地方政府的支持下，国内许多企业已开始重视并积极进行生态环境材料及生态产品的研究与开发。比如在生态建筑材料、冶金矿渣等各种废弃物的再资源化、粉煤灰的综合利用、吸波材料、环境净化材料及产品等方面，一些企业已实现产业化并形成了相当规模的生产。在加入 WTO 后，关于环境经营、绿色生产、绿色采购、绿色标识、材料和产品的环境特性以及生态设计等新概念正在被一些企业领导人思考或接受。尽管总体而言，我们的企业领导人与发达国家的相比，对于企业环境经营、循环产业等方面的认识在程度上和具体行动上，尤其在经费与人员的投入方面尚有较大差距，但近年来我国的材料产业在传统材料的生态化改造以及生态环境材料的研制方面取得的成绩是明显的。企业是材料和产品的生态化改造、实现循环型产业的主体，企业对于生态环境材料及生态设计产品的认知、支持和积极主动的实践与实施将对此领域今后的研究与开发起到极其重要的促进作用。

D 加强环境意识教育，培养研究队伍

通过这些年的生态环境材料的研究开发实践，培养了一批有特色的生态环境材料研究力量，也使广大材料科技人员的观念发生了明显变化，资源环境意识普遍得到了提高。在教育方面，国内的许多大学都面向大学生、研究生开设了生态环境材料和生态设计的专门课程。一批生态环境材料的专著在国内出版，对宣传生态环境材料新学科、推动生态环境材料在中国的应用发展及教育等方面起到了积极的作用。由于中国经济持续高速发展和加入 WTO 后经济全球化进程的加快，中国生态环境材料与制品的研究开发，如同中国经济对世界的影响一样，已引起全球的广泛关注，世界许多相关科技活动逐步吸纳中国有关方面的研究力量共同研究、发展全球环境事业。

我国已经有了自己的战略部署和时间表。但是，目前欧、美、日等工业发达国家和地区关于积极引导和鼓励企业普及生态设计、推行环境战略经营，使之逐步由传统的资源消耗、环境污染型产业，向资源节约和循环利用、清洁生产和零排放为特征的资源循环型产业转变。资料显示，德国、法国、英国、瑞典、丹麦等国已纷纷出台了一系列鼓励性的法律法规和标准，各类环境材料的测试方法也在建立中，一旦这些测试程序标准化，可能首先会通过市场准入的形式产生影响，与此类规定相抵触的产品在进入市场时将受到限制或处于不利的竞争地位。带有环境标志的产品正逐渐成为国际市场的主流，消费者在购物时也将愈来愈重视产品的安全性能与环境价值，对环境材料的研究有助于建立更为有效的产品安全评价和污染控制体系。这个发展趋势和动向是我们应该予以密切关注的。

思考题

1-1 简单阐述环境材料的内涵、特点和分类。

1-2 环境材料和传统材料的区别与联系是什么？

1-3 简单叙述环境材料指标化方法。

1-4 环境污染较大的传统材料如何环境材料化？举例说明。

1-5 环境材料的发展与其合成、加工技术的关系十分密切，试阐述当今较先进的材料合成与加工技术。

1-6 在材料的合成与加工技术工艺过程中，如何赋予其环境协调功能？

1-7 你认为当今社会中，使用了哪些环境材料？试从你身边找出一些例子。

1-8 材料是如何影响环境的，应如何评价这些影响？

参 考 文 献

[1] 山本良一．环境材料 [M]．王天民译．北京：化学工业出版社，1997.

[2] 山本良一．战略环境经营生态设计——范例100 [M]．王天民译．北京：化学工业出版社，2003.

[3] 李言荣，恽正中．材料物理学概论 [M]．北京：清华大学出版社，2001.

[4] 李静江．企业绿色经营可持续发展必由之路 [M]．北京：清华大学出版社，2006.

[5] 刘江龙．材料的环境影响评价 [M]．北京：科学出版社，2002.

[6] 王培铭，许乾慰．材料研究方法 [M]．北京：科学出版社，2005.

[7] 胡赓祥，蔡珣，戎咏华．材料科学基础 [M]．第2版．上海：上海交通大学出版社，2006.

[8] 周美玲，谢建新，朱宝泉．材料工程基础 [M]．北京：北京工业大学出版社，2004.

[9] 中国科学技术协会，中国材料研究会．2006～2007材料科学学科发展报告 [M]．北京：中国科学技术出版社，2007.

[10] 钱晓良，刘石明．环境材料 [M]．武汉：华中科技大学出版社，2006.

[11] 冯奇，马放，冯玉杰．环境材料概论 [M]．北京：化学工业出版社，2007.

[12] ZHIGANG ZOU，JINHUA YE，KAZUHIRO SAYAMA & HIRONORI ARAKAWA. Direct splitting of water under visible light irradiation with an oxide semiconductor photocatalyst [J]. Nature，2001，414：625～627.

[13] 罗新民．从环境材料学思考我国的材料热处理发展战略 [J]．热处理，2008，23（5）：19～23.

[14] 王天民，王莹．低碳经济及其对新材料研究开发的挑战 [J]．中国材料进展，2010，29（1）：60～64.

[15] 陈军，钱玉山．国际环境材料发展概况 [J]．能源环境保护，2009，23（1）：7～10.

[16] 宋安安．环境材料视野下的中国铸造业 [J]．铸造技术，2011，32（3）：394～396.

[17] 周志方，肖序．基于环境风险评估技术的企业环境负债确认、预防与控制研究 [J]．环境污染与防治，2011，33（3）：107～110.

[18] 聂祚仁．生态环境材料的研究与发展趋势（上）[J]．新材料产业，2001，(5)：12～15.

[19] Ross S，Evans D. Use of Life Cycle Assessment in Environmental Management [J]. Environmental Management，2002，29（1）：132～142.

[20] Agis Veroutis，Vital Aelion. Design for environment：An implementation framework [J]. Environmental Quality Management，1996，5（4）：55～68.

[21] 席德立，彭小燕．LCA中清单分析数据的获得 [J]．环境科学，1997，9（5）：84～89.

[22] 刘顺妮．水泥-混凝土体系环境影响评价及其应用研究 [D]．武汉：武汉理工大学，2002.

2 材料的环境协调性评价

据相关资料，截至2009年，石油、天然气剩余探明可采储量分别为1855.23亿吨和187.76 $\times 10^{12} m^3$，而该年度石油、天然气产量分别为35.25亿吨和2.87 $\times 10^{12} m^3$，据此估算可开采年限为53年和65年；截至2007年世界煤炭剩余探明可采储量8474.88亿吨，产量为63.96亿吨，据此可估算可采年限为132年；截至2008年，常规铀资源量为1620万吨，该年产量为4.38万吨，据此可估算开采年限为370年。可见，这些不可再生资源的总量是一定的，随着世界经济对资源的消耗，这些不可再生资源的枯竭是不可避免的。表2-1是《世界矿产资源年评（2007）》中提供的主要金属及非金属矿产资源储量和产量数据，据此可推断经济可开采年限。

表2-1 世界主要金属及非金属矿产资源储量、产量及可开采年限（2007年）

矿 产	单 位	储 量	储量基础	产 量	经济可开采年限
金属矿产					
铁矿石	亿吨	1500	3400	19	79
锰矿石	万吨	46000	52000	3136.4	15
铬铁矿	万吨	81000	180000	18890.4	4
镍	万吨	6700	15000	155.89	43
钴	万吨	700	1300	5.31	132
钨	万吨	290	630	9.03	32
钼	万吨	860	1900	21.06	41
铜	万吨	49000	94000	1530.23	32
铅	万吨	7900	17000	370.68	21
锌	万吨	18000	48000	1060.80	17
铝土矿	亿吨	250	320	1.90	132
菱镁矿	亿吨（Mg）	22	36	0.14	157
钛铁矿	亿吨（TiO_2）	68000	140000	670	101
锡	万吨	610	1100	32.22	19
锑	万吨	210	430	17	12
金	吨	42000	90000	2471.10	17
银	万吨	27	57	2	14
铂族金属	吨	71000	80000	1667.04	43
稀土	（REO）	8800	15000	12.30	715
锂	万吨	410	1100	33.30	12

续表 2-1

矿 产	单 位	储 量	储量基础	产 量	经济可开采年限
非金属矿产					
磷	亿吨	180	500	1.51	119
钾盐	亿吨	83	180	0.33	252
硼矿	万吨（B_2O_3）	17000	41000	426.00	40
天然碱	亿吨	240	400	0.42	571
重晶石	万吨	19000	88000	796	24
石墨	万吨	8600	21000	103	83

从以上数据可以看出，与人类生活息息相关的能源与矿产最终都有消失的一天，并且有的矿产资源的经济可开采年限非常低；而人类的发展应该是永恒的主题，我们这代人应该为下一代人留下什么，如何促进可持续发展，是摆在我们这一代人身上的责任。如何延长资源的使用寿命、尽量不破坏生态环境，减少资源、能源的消耗，也是环境材料产生的客观前提和时代的需要。

另外，随着世界范围内对材料环保要求的日益加强，研究作为环境材料基础的环境协调性评价方法和体系，对促进对外贸易顺利发展有着重要意义，现已成为世界各国参与国际市场竞争的重要研究课题，也是保证各国企业和产品取得 ISO14000 认证的重要途径之一。本章将主要探讨材料的环境协调性评价方法，把材料的环境协调性评价作为研究的主要内容，并对材料环境协调性评价的研究进展、发展前景以及其存在的主要问题进行论述。

2.1 材料的环境协调性评价方法

如何评价材料的环境协调性，进而指导材料的生产与设计是新时代对材料工作者提出的挑战与机遇。早期进行的材料环境协调性评价基本上关注的都是单因子评价，如测量材料生产过程中的废水排放量、废气排放量、废渣排放量以及材料制备过程中的噪声量，进而评价其废弃物对环境、对生态的影响。但是，单因子评价不能反映其对环境的综合影响，还有些指标是无法进行平行比较的。单因子评价的局限性会导致从不同角度分析同一问题，有时得出的结论是不同的，甚至是截然相反的。单因子评价的后期又出现了综合评价法，这是对单因子评价的一次提升，但是多因子的综合评价法，又有权重确定主观性大，缺少统一标准的矛盾，这就造成了评价结果的不可靠性，不同学者对同一问题的评价，有时结果却是矛盾或不统一的。

到了 20 世纪 90 年代初，专家们提出了一个综合的评价方法——生命周期影响评价法（life cycle assessment，LCA）。该方法目前已基本为科学工作者所接受，成为全世界通行的材料环境影响评价方法，并已在 ISO14000 国际环境认证标准中规范化，也是 ISO14000 的标准系列的核心；同时，生命周期评价法也已经纳入中国国家标准，标准号分别为 GB/T

24040—2008（环境管理—生命周期评价—原则与框架）、GB/T 24041—2008（环境管理—生命周期评价—目的与范围的确定和清单分析）、GB/T 24042—2002（环境管理—生命周期评价—生命周期影响评价）、GB/T 24043—2002（环境管理—生命周期评价—生命周期解释）、GB/T 24044—2008（环境管理—生命周期评价—要求与指南），这些标准为生命周期评价提供了技术指导和行动的指南。

目前，应用LCA的基本概念、原则和方法对材料或产品进行环境行为评估已成为学术界、企业界关注的热点之一，即通常所说的材料的生命周期评价（MLCA）。下面将对环境协调性评价中的常见环境指标及其表达方法做一简要论述。

2.1.1 常见的环境指标及其表达方法

在进行材料的环境影响评价过程之前，确定用何种指标来衡量材料的环境负担性显得尤为必要。衡量材料环境影响的定量指标，已提出的表达方法有能耗、环境影响因子、环境负荷单位、单位服务的材料消耗、生态指数、生态因子等，这些环境指标的建立对材料的环境协调性评价起到了很大的促进作用。

（1）能耗。能耗即为能源的消耗，其中的单位能耗是反映能源消费水平和节能降耗状况的主要指标，一次能源供应总量与国内生产总值（GDP）的比率，是一个能源利用效率指标。该指标说明一个国家经济活动中对能源的利用程度，反映经济结构和能源利用效率的变化。早在20世纪90年代初，欧洲的一些旅行社为了推行绿色旅游和满足环保人士的度假需求，曾用能耗来表达旅游过程的环境影响。例如，对某条旅游线路，坐飞机的能耗是多少，坐火车的能耗是多少，自驾车的能耗是多少。这是最早采用能量的消耗来表示某种过程对环境影响的方法。

在材料的生产和使用过程中，也有用能耗这项单一指标来表达其对环境的影响。一般都把不同形式的能量折成标准煤，进而进行横向的比较，现在我国基本确定了各个行业的能耗限定值，超过能耗限定值的项目环保局不予审批。表2-2是一些典型材料生产过程的能耗比较，可见水泥的环境影响要比钢和铝材的环境影响大。能耗标准由于仅采用一项指标难以综合表达对环境的复杂影响，故在全面的环境影响评价中，现已基本淘汰能耗表示法。

表2-2 一些材料生产过程的能耗比较

材　料	钢	铝	水泥
能耗/$MJ \cdot t^{-1}$	31.8	36.7	142.4

（2）环境影响因子。刘江龙、左铁镛等学者在考察金属元素分布的环境特征和生物效应的基础上，定义了环境影响因子EAF（environmental affect factor，EAF），用EAF来表达材料对环境的影响，EAF如式2-1所示：

$$EAF = \{资源、能源、排放物、生物效应、区域性\cdots\cdots\} \tag{2-1}$$

利用EAF值可以定量地对各种金属材料的环境作用进行相互比较，EAF值越大，该材料的环境负荷越重。相对于能耗表示法，环境影响因子考虑了资源、能源、污染物排放、生物影响和区域性的环境影响等因素，把材料的生产和使用过程中原料和能源的投入及废物的产出都考虑进去了，比能耗指标要全面综合一些。但是，EAF 的衡量首先要建立环境影响因子模型，模型的确定中关于权重的确定仍然是难点之一。

(3) 环境负荷单位。环境负荷单位（ELU）是指某一具体材料在其生产、使用、消费或再生产过程中耗用的自然资源数量，以及其向环境体系排放的各种废弃物（如气态、固态和液态废弃物）的总量。这一工作主要是由瑞典环境研究所完成的。现在，在欧美国家中，这一方法仍较流行。

表 2-3 是一些材料及元素的环境负荷单位比较，可见，贵金属元素的环境负荷单位特别大，这与实际情况基本一致。但是，从锡、铅、铬等金属的 ELU 看来，结果却与实际有着稍许偏颇，在这三种元素中，铬、铅、锡的生物毒性逐次减弱，而 ELU 值则逐渐增大。

表 2-3 一些材料及元素的环境负荷单位比较

元 素	ELU/kg	元 素	ELU/kg
铁	0.38	锡	4200
锰	21.0	钴	12300
铬	22.1	铂	42000000
钒	42	铑	42000000
铅	363	石油	0.168
镍	700	煤	0.1
钼	4200		

由于单位材料的质量环境负荷单位是一种无量纲单位，在实际应用中如何换算某种材料的环境负荷单位并与其他材料的环境影响进行比较，目前还没有完全为公众所了解和接受。

(4) 单位服务的材料消耗。德国渥泊塔研究所的斯密特教授（Schmidt）于 1994 年提出了一种表达材料环境影响的指标方法——单位服务的材料消耗量（materials intensity per unit of service，MIPS），MIPS 指在某一单位过程中的材料消耗量，这一单位过程可以是生产过程，也可以是消费过程。

(5) 生态指数。除上述表示材料的环境影响指标外，国外还有一种生态指数表示法（eco-point），即对某一过程或产品，根据其污染物的产生量及其他环境作用大小，综合计算出该产品或过程的生态指数，判断其环境影响程度。例如，根据计算，玻璃的生态指数为 148，而在同样条件下，聚乙烯的生态指数为 220，由此即认为玻璃的环境影响比聚乙烯小。由于同环境负荷单位、环境影响因子相同，指数表示法也是无量纲单位表示法。计算新产品或新工艺的环境影响的生态指数是一个很复杂的过程，故目前这些表达法都还不是很通用。

(6) 生态因子。以上环境影响的表达指标都只是计算了材料和产品对环境的影响，在这些影响中并未考虑其使用性能。由此，有些学者综合考虑材料的实用性能和环境性能，提出了材料的生态因子表示法（eco-indicator，ECOI），如式 2-2 所示。其主要思路是考虑两部分内容：一部分是材料的环境影响（environmental impact，EI），包括资源、能源的消耗以及排放的废水、废气、废渣等污染物，加上其他环境影响，如温室效应、区域毒性水平，甚至噪声等因素；另一部分是考虑材料的使用或服务性能（service performance，SP），如强度、韧性、线膨胀系数、电导率、电极电位等力学、物理和化学性能。

$$ECOI = EI/SP \tag{2-2}$$

式中，ECOI 是材料的生态因子；EI 是其环境影响；SP 是其使用性能。

因此，对某一材料或产品，用式 2-2 来表示其生态因子，再考虑材料的环境影响时，基本上扣除了其使用性能的影响，在较客观的基础上进行材料的环境性能比较。

（7）环境商值。环境商值（EQ）是综合考虑材料和产品生成过程中产生废弃物量的多少、物化性质及其在环境中的毒性行为等综合评价指标，用以衡量合成反应对环境造成影响的程度。也是环境效益的一个评价指标。可用式 2-3 来定义：

$$EQ = E \times Q \tag{2-3}$$

式中，E 为环境因子；Q 为根据废物在环境中的行为给出的废物对环境的不友好程度。

EQ 值的相对大小可以作为考虑材料和产品环境协调性的重要因素。

例如，可将无毒的氯化钠和硫酸铵的 Q 值定义为 1。对于有害重金属离子的盐类、有机中间体和含氟化合物等，根据其毒性的大小，Q 的取值为 100～1000。因此，可以用 EQ 的大小来衡量或选择合理的生成工艺路线，评估不同的生成方法。

（8）生命周期评价。20 世纪 90 年代初，一些专家提出了后来得到全世界认可的综合性评价方法——环境协调性评价，即通常所说的生命周期评价（life cycle assessment，简称 LCA）方法。LCA 是一种评价产品在整个寿命周期中所造成的环境影响的方法。这种方法已经广泛地为国际上的研究机构、企业和政府部门接受，并得到了大量的推广和应用，本文将在下文中进行详细的阐述。

2.1.2 环境材料与材料生命周期评价

前文已述及，环境材料也即具有环境意识、考虑环境、考虑生态学的材料。它在生产的过程中对资源和能源的消耗量比较少，废弃后能够回收再生利用的可能性比较大，其从生产使用到回收的全过程对周围的生态环境的影响也最小，因而经常被称为“绿色材料”或者“生态材料”。环境材料的主要特点就是在保证了它们具有良好的使用功能的前提下，在其生产、使用和回收处理过程中对资源的利用率很高并且在上面的三个过程中对生态环境无副作用。可见，环境材料的研究，对可持续发展、对保护生态和环境具有重要意义。

生命周期评价（LCA）是一种评价产品、工艺或活动，从原材料采集，到产品生产、运输、销售、使用、回用、维护和最终处置整个生命周期阶段有关的环境负荷的过程。它首先辨识和量化整个生命周期阶段中能量和物质的消耗以及环境释放，然后评价这些消耗和释放对环境的影响，最后辨识和评价减少这些影响的机会。把生命周期评价的方法与理论应用到材料领域，就是通常所说的材料生命周期评价（material life cycle assessment，简称 MLCA）。

因此，材料生命周期评价是生产环境材料的重要理论基础，只有通过材料生命周期评价的准确评价才能遴选出表现性能更优秀的环境材料。因此，开展材料生命周期评价的研究至关重要。

2.1.3 材料的环境协调性评价的特点

把生命周期评价应用到材料领域，通常称其为材料生命周期评价；而把生命周期评价的方法与理论应用到产品的生产、设计、使用与回收领域，就称为产品的生命周期评价（Product life cycle assessment，简称 PLCA）。两者有许多联系，但是又不完全相同。

在很多 LCA 的研究中，单从评估的对象来看，有时难以区分材料和产品之间的区别。从材料生产者的角度看，生产出来的材料就是产品。例如钢铁厂生产的钢材是一种典型的材料，但对钢铁厂而言是一种产品。另外，一些由单一材料构成的产品也与材料本身没有明显差别。例如，在研究塑料制品的环境表现时，也几乎就是在研究这种塑料材料的环境表现。

但这并不意味着 MLCA 等同于 PLCA。首先，从研究的范围来看，MLCA 侧重于产品寿命周期中与材料相关过程的研究，包括从自然资源中制备材料和材料加工成形过程，以及产品废弃后特定材料的处理过程，它与产品的制造、分发、使用和废弃过程共同构成产品的整个寿命周期。其次，从研究的目的来看，通过 MLCA 的研究希望能够改进材料的设计，这个过程通常比通过 PLCA 的研究改进产品设计要复杂得多。因为在产品设计中主要的改进方向是在满足性能要求的前提下，尽可能减少材料的使用（相应地也就能减少成本和环境负担），甚至是变更原材料，这个准则是比较具体和明确的。而在材料设计中，材料的改进方向涉及在满足材料性能要求的前提下，改进材料的制备和加工技术，这是一个材料科学的问题，无法从 MLCA 中直接得到答案，相对来讲就要复杂得多。可以看到 MLCA 研究与 PLCA 并不相同，它应该包括以下五个方面的内容：

（1）性能要求：要明确作为研究目标的材料所要求的特性及其允许的范围，还要明确为了达到上述性能指标，对加工、表面处理等技术操作的要求，以及使用状况对使用寿命的影响。

（2）技术系统：建立与材料对应的技术系统，包括材料的制备、加工成形和再生处理技术，以及相应的副产品、排放物等基本情况。

（3）材料流向：着眼于分析资源的使用和流向，特别是作为微量添加元素的使用，因为这些元素很难再被循环使用（大部分学者认为这是对材料的污染）。

（4）统计分析：对技术流程中各阶段的能源和资源的消耗，废弃物的产生和去向进行分析和跟踪。

（5）环境效应：材料的生产过程中，经常加入一些微量添加元素形成合金，而这些元素有些是有毒、有害的，环境不相容的。比如，合金元素铅的加入，往往导致合金耐磨性、耐腐性的提高，但铅合金的使用往往导致铅在人体内的积累。在进行材料的生命周期评价中，要关注材料的合金元素的加入导致的生态影响的差异。

为了建立包含上述四个要素的材料生命周期评价体系，需要建立相应的资料库，并研究相关的方法论，引入相应的指标体系。其中资料库大致可以分为有关材料性能的材料特性资料库和有关材料环境表现的资料库两大类。

环境表现资料库应包含相关材料的资源储量、探测采掘、制造技术、循环利用、废弃排放、环境效应等资料，并用计算机数据库的形式保存起来，便于数据的查询和获取。可以这样说，材料的生命周期评价较产品的生命周期评价更复杂。

2.2 材料的生命周期评价

材料生命周期评价（MLCA）概念提出以后迅速得到了国际材料科学界的认同。MLCA的研究范围不断扩大，从传统的包装材料、容器等产品领域转向各种金属、高分子、无机非金属和生物材料，从传统上侧重于结构材料的评价转向对功能材料的研究。本节将从材料生命周期评价的起源、概念与方法、分析方法、成果解释与评价等方面对材料的生命周期评价进行介绍。

2.2.1 生命周期评价方法的起源于发展

面对资源和能源枯竭的威胁以及日益严重的全球性环境污染问题，人类逐渐重视并开始加以控制。最初，人类只是对一些重要的有害废物进行单项治理，但往往出现“压下葫芦弹起瓢”的境地，很不利于管理。20世纪60年代后开始了研究采用综合治理措施，开展废弃物的综合治理利用，调整不合理的生产布局和结构，加大政府的管制力度。但由于末端治理的做法成本过高，常常成为企业的沉重负担，企业在环境问题上基本持消极、被动甚至对抗的态度。据美国EPA统计，美国用于空气、水和土壤等环境介质污染控制总费用（包括投资和运行费），1972年为260亿美元（占GNP的1%），1987年猛增至850亿美元，80年代末达到1200亿美元（占GNP的2.8%）。如杜邦公司每磅废物的处理费用以每年20%~30%的速率增加，焚烧一桶危险废物可能要花费300~1500美元。即使如此之高的经济代价仍未能达到预期的污染控制目标，末端治理在经济上已不堪重负；另外，末端治理往往不能从根本上消除污染，只是转移了污染，还可能造成二次污染，比如废水处理场的污泥堆放、焚烧。因此，这一方法无法克服的弊端使人们重新审视自己的生产活动，发现如果从源头上，从材料、产品的设计上考虑材料对环境的影响，发现可大大减少系统末端对环境的冲击作用。

生命周期评价最早起源可以追溯到20世纪60年代的“物质—能量流方法”。其基本理论根据是，利用能量守恒和物质不灭定律，对产品生产和使用过程中的物质或能量的使用和消耗进行计算。这些方法在着重能源特征分析的同时，也对环境排放情况进行了有限的评估，较具代表性的是美国能源署开展的数项诸如“燃料循环”之类的研究。

将LCA思想首先用于资源、能源和环境影响综合评价的是美国可口可乐公司。1969年，该公司考虑是否应该自行生产饮料罐，并对包装生产方面的总体环境影响进行考虑，把自己的整体构思和计划提供给美国中西研究所，委托他们完成了这项研究。在此基础上，又对使用塑料饮料容器的可行性进行考虑，并比较了复用式容器与一次性容器的整体环境影响，这种正式的分析方案是LCA方法的起源和基础。在此之后，英国、德国、日本都开展了相关领域的研究，但是由于研究和应用上的分散状态，尽管关于环境影响分析方法都采用了生命周期的概念，不同的研究机构和企业却使用了不同的名称，如资源和环境概貌分析、生态平衡、环境设计、环境意识设计与制造、绿色设计、寿命全程设计、产品责任意识、环境质量设计、产品完整性设计等。

进入20世纪90年代，环境问题渗透到国际政治、经济、贸易和文化各个领域，LCA也得到了显著发展。其中，国际环境毒理学和化学学会（SETAC）和国际标准化组织（ISO）起着至关重要的作用。SETAC是第一个认识到LCA潜在价值的国际组织，在90年代早期，SETAC就成立了一个LCA顾问组，专门负责LCA方法论和应用方面的工作。1990年8月在美国Vermont召开的SETAC研讨会中，与会者就LCA的概念和理论框架取得了广泛的一致，并通过使用life cycle assessment（LCA）这个术语，从而统一了国际上的LCA研究，同时，SETAC也发表了大量具有重要意义的文献。国际标准化组织（ISO）从1992年开始筹划包括LCA标准在内的ISO14000环境管理系列标准的制定，并于1993年6月正式成立了“环境管理标准技术委员会”，即TC-207，负责环境管理工具集体系的国际标准化工作，而其中SC5分委员会则专门负责LCA标准的制定。TC-207委员会在ISO14000系列标准中为LCA保留了10个标准号，即ISO14040~ISO14049，包括ISO14040（原则和框架）、ISO14041（清单分析）、ISO14042（影响评价）、ISO14043（结果解译）和ISO14048（指标格式）等，成为ISO14000系列标准中产品评价标准的核心和确定环境标志和产品环境标准的基础。1994年、1995年，国际标准化组织分别制定了《生命周期评价——一般原则与实践》和《生命周期评价—原则与准则（草案)》，并分别于1997年和1998年正式公布了ISO14040《生命周期评价—原则与框架》和ISO14041《生命周期评价—目的与范围的确定和清单分析》标准。2000年，ISO14042《生命周期评价—生命周期影响评价》和ISO14043《生命周期评价—生命周期解释》也已正式公布。由于ISO的国际影响，以及LCA在ISO14000标准中所占的地位，经过标准化的LCA方法将会成为评价材料环境影响的重要方法。事实上，由ISO的组织，由众多的学术组织、政府机构、企业和环境保护组织参与的LCA研究已成为国际上LCA研究和应用的主流。

与此同时，欧洲、美国、日本等国家和地区还制定了一些促进LCA的政策和法规，如“生态标志计划”、“生态管理与审计法规”、“包装及包装废物管理准则”等。1996年，国际上正式出版了有关LCA评价的专业刊物《international journal of life cycle assessment》，表明生命周期评价研究在国际上已占有很重要的位置。

2.2.2 生命周期评价的概念和方法

2.2.2.1 生命周期评价的基本概念

生命周期评价（life cycle assessment，LCA）方法，又成为环境协调性评价、生命周期评估、寿命周期评价等，已经成为对材料或产品进行环境表现分析的一种重要方法。其所谓生命周期（life cycle)，又称为生命循环或寿命周期，是指产品从自然中来再回到自然中去的全过程，即从“摇篮到坟墓”（from cradle to grave）的整个生命周期各阶段的总和，具体包括从自然中获取最初的资源、能源、经过开采、原材料加工、产品生产、包装运输、产品销售、产品使用、再使用以及产品废弃处置等过程，从而构成了一个完整的物质转化的生命周期。

由于LCA方法本身的复杂性和历史承袭的原因以及实施LCA的目的不尽相同，对LCA的概念和方法历来有着不同的理解。目前，对LCA方法有许多通俗的定义与理解，国际标准化组织（ISO）和国际环境毒物学和化学学会（SETAC）的定义最具权威性。

1993年，SETAC对LCA定义如下：通过确定和量化与评估对象相关的能源消耗、物质消耗和废弃物排放，来评估某一产品、过程或事件的环境负荷；定量评价由于这些能源、物质消耗和废弃物排放所造成的环境影响；辨别和评估改善环境（表现）的机会。评价过程中应包括该产品、过程或事件的寿命全过程，包括原材料的提取与加工、制造、运输和销售、使用、再使用、维持、循环回收，直到最终的废弃。在 1997 年 ISO 修订的 LCA（ISO14040）标准中也给出了 LCA 和一些相关概念和定义。其中所定义的 LCA 是对一个产品系统的生命周期中输入、输出及其潜在环境影响的汇编和评价。这里的产品系统是通过物质和能量联系起来的，具有一种或多种特定功能的单元过程的集合。在 LCA 标准中，“产品”既可以指（一般制造业的）产品系统，也可以指（服务业提供的）服务系统。生命周期是指产品系统中前后衔接的一系列阶段，从原材料的获取或自然资源的生成，直至最终处置。

从 SETAC 和 ISO 对 LCA 定义的阐述可以看到，在 LCA 发展过程中，其定义不断得到完善和充实，对定义的描述发生了明显的变化，但基本的思想和方法却都保留和固定下来。我们可以从 LCA 的评价对象、方法、应用目的、特点等各个方面去理解 LCA 的概念、定义以及该评价方法的内涵。

2.2.2.2 生命周期评价的方法

LCA 的方法学框架的发展大致可分为两个阶段。第一阶段习惯上以 1990 年 SETAC 研讨会上确定的三角形为基础。该研讨会上的一个主要决定是将 LCA 定义为一种分阶段的评价方法，主要包括生命周期清单分析、环境影响评价和环境改善评价。后来，又添加了一个部分：目的与范围的确定。这样，LCA 的四个主要实施阶段就包括目的与范围的确定、生命周期清单分析、环境影响评价和环境改善评价，如图 2-1 所示。从该图可知，从范围确定、数据收集和评价结果的描述都必须与实现预定的目的相一致。

随着 LCA 方法的进一步发展，整体技术框架又有了新的表达形式。图 2-2 所示为 2006 年 ISO14040 标准定义的技术框架，包括目的与范围的确定、清单分析、影响评价和结果解释等四个组成部分，这种技术框架体系一直延续至今。其中，目的与范围的确定和生命周期清单分析这两个部分发展相对比较完善。

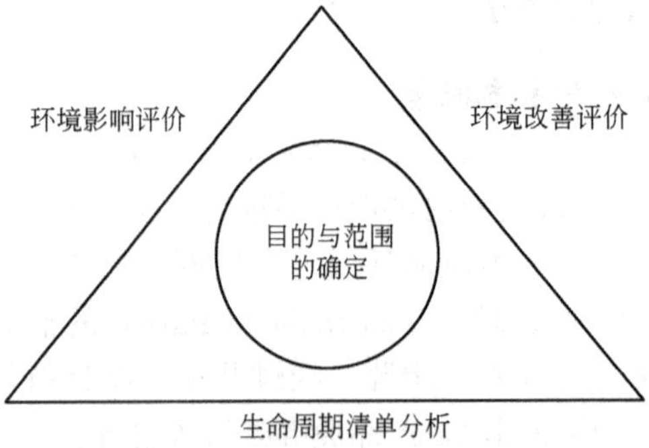

图 2-1 SETAC 三角形模型

参考 ISO 的精神与内容，环境协调性评价评估过程的四个步骤如下：

（1）目的与范围定义。评估目的与范围的定义是生命周期评价的第一阶段，评估目标的特异性决定了 LCA 评估的深度和广度存在较大差异。另外，评估范围，包括评估系统

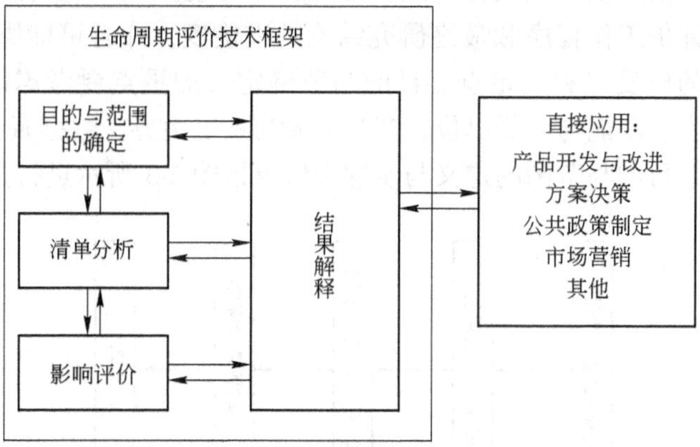

图 2-2　LCA 的评估过程与技术框架

的边界与评估的详细程度，也与评估项目与研究目的息息相关。因此，LCA 研究中必须明确陈述其应用意图，开展该项研究的理由及其使用对象，即研究结果的接收者或预期交流对象；LCA 的研究范围应该根据需要达到的既定目标来确定，应妥善规定研究范围，以保证研究的广度、深度和详尽程度之间相符，并足以适应所确定的研究目的。

（2）清单分析。生命周期清单分析是生命周期评价的第二阶段，它是研究系统输入与输出数据的详细清单，它是为了满足目标研究的需要而采集的必要数据。它是对一种产品、工艺和活动在其整个生命周期内的能量与原材料需要量，以及对环境的排放（包括废气、废水、固体废弃物及其他环境释放物）进行以数据为基础的环境材料客观量化过程，即收集产品系统中定量或定性的输入输出数据的过程。该分析评价贯穿于产品的整个生命周期，即原材料的提取、加工、制造和销售、使用和用后处理。应该注意的是，清单分析是一个反复的过程，当取得了一批数据，并对系统有进一步的认识后，可能会出现新的数据要求，或发现原有的局限性，因而要求对数据收集程序做出修改，以适应研究目的，有时也会要求对研究目的或范围加以修改。

（3）环境影响评估。环境影响评估是生命周期评价的第三个阶段。环境影响评估的目的是提供一些辅助的信息进以帮助对生命周期清单数据进行评估，进而更好地了解该材料对环境的冲击作用。即对清单阶段所识别的环境影响压力（环境负荷）进行定量或定性的表征评价，确定产品系统的物质交换、能量交换对其外部环境的影响，这种评价应考虑对生态系统、人体健康以及其他方面的影响。

（4）结果解释。结果解释是生命周期评价的最后一阶段程序，对生命周期清单数据和环境影响评估的结果进行归纳和总结，进而提出 LCA 结论，提出与 LCA 目标一致的决策与建议方案。在这一阶段中要系统地评估在产品、工艺或活动的整个生命周期内降低能源消耗、原材料使用以及环境释放的需求与机会。

2.2.3　生命周期评价的目的与范围

在开始实施环境协调性评价时，应首先明确表述研究的目的与范围，并注意界定的目的与范围应与研究结果的预期应用相一致，这是整个环境协调性评价最重要的一个环节，它直接影响到整个评价工作程序和最终研究结论的准确度，并有可能影响结论的正确性，是随后的评估过程的出发点和立足点。目的与范围定义的重点要考虑以下几个方面的问题：研究目的与范围、功能与功能单位、产品系统与系统边界、数据资料与范围质量要求和关键复核等过程。目的与范围的定义与步骤大致可依图 2-3 所示进行。

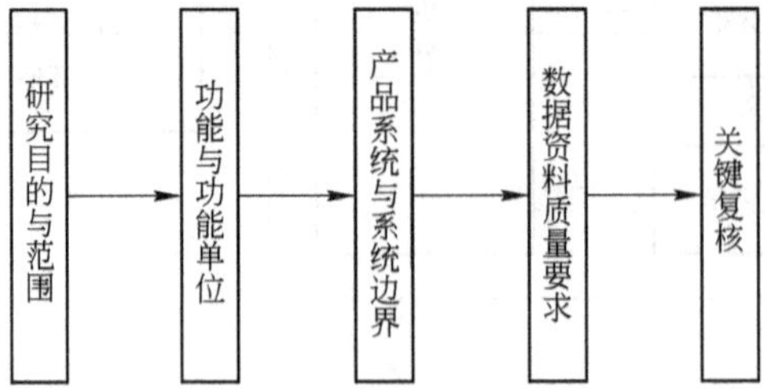

图 2-3 目的与范围的定义与步骤

2.2.3.1 研究目的

环境协调性评价的研究目的是对明确的材料（产品）或流程对环境造成的影响实施评价。定义目的必须说明开展此项评价的目的和原因以及研究结果的可能应用领域，在不同的条件下，评价的目的也不一样。另外，LCA 研究中须注明其应用意图，开展该项研究的理由以及它的使用对象，即研究结果的接收者或预期交流对象。这表现在：如果在设计阶段，完成这项工作，评价目的就是对可供选择的设计方案进行比较；如果设计已完成，产品已在制造或操作流程中，评价目的即为在此操作条件下对环境的最小破坏和最小影响。通常，评价目的不能仅仅只局限于评价单个的产品或流程，而往往是评价产品或流程的系统，比如对一个公司或政府机构的运转操作进行评价。在这种情况下，研究的目的极有可能是可供选择的方法，而非可供选择的系统。另外，由环境协调性评价观点产生的一个结构系统也许不只包括一个执行者，因此，必须要设定一个研究目的。

如果这个目的能被量化，比如“在总的环境影响上降低 20”，这样，评价的结果会更有用，更容易操作。然而，目的的量化需要对每一个评价步骤进行量化，并且仅当有确定足够的数据和评价工具可用时，定量的目的才能被采用。

GB/T24044—2008/ISO14044:2006 规定研究目的应明确说明以下问题：

（1）应用意图；

（2）开展该项研究的理由；

（3）沟通对象（即研究结果的接收者）；

（4）结果是否用于向公众发布的对比论断。

2.2.3.2 研究范围

根据评价所确定的目标，LCA 的研究范围可能非常综合，也可能非常粗略。LCA 的研究范围应根据需要达到的既定目标来确定，研究范围的确定应保证能满足研究目的，在界定一个环境协调性评价研究的范畴时，下列项目应予以考虑并进行清晰描述：所研究的产品系统；产品系统的功能，或在比较研究的情况下系统的功能；功能单位；系统边界；分配程序；LCIA 的方法学与影响类型；解释；数据要求；假设；价值选择和可选要素；局限性；数据质量要求；鉴定性评审的类型（如果有）；研究所要求的报告的类型和格式。目的与范围设定要适当，设定过小得出的结论不可靠；设定过大，则会增加后面三个步骤的工作量。在很多情况下，进行后面的步骤时，有时需要对已设定的目的和范围进行反复修改，这是允许的，往往也是必要的。总的来讲，环境协调性评价是一个需要重复的过程，且评价范围可能需要多次修改，认识到这一点对环境协调性评价是非常有用的，而且也是非常重要的。

在针对 LCA 的评价过程中，范围占主导地位。如果只局限于某个生命阶段或对局部造成影响，环境协调性评价范围的制定将更有意义。当然，如果一些重要因素被忽略了，报告结果就是片面的，就不能对现实情况有客观的说明。尽管如此，有些评价员经常为了提高易处理性而选择限定环境协调性评价的范围，他们认为意义重大的利益经常来自于限定的环境协调性评价。事实上，这样的做法并不能确定有更多的实质性利益将随着广泛的环境协调性评价而出现，广泛范围的环境协调性评价的成功实现是不确定的，也许结果是一点利益也产生不了。

（1）功能、功能单位和基准流。由于环境协调性评价是一种基于定量计算的评价方法，所以对产品系统各方面情况的描述就需要以一定的功能为基准。因此，一项环境协调性评价研究的范围，应该清楚地表述被研究产品系统的功能。功能单位是产品系统提供功能（使用价值）的度量单位。一旦确定了功能单位，就必须确定实现相对应功能所需的产品数量，此量化的结果就是基准流。所以，基准流是在给定产品系统中，为实现一个功能单位所需的过程输出量。

一个系统也可能有许多不同的功能，而选用来研究的功能体系与研究的目的与范围有关。如何选取功能单位是一个至关重要的问题，因为功能单位的基本作用是为有关输入与输出数据提供参照基准，以保证 LCA 结果的可比较性。对不同系统进行评估时，其重要性更是不可置疑、必不可少的，否则无法在同一基准上进行比较。显然，在不同的系统中功能和功能单位的意义是不一样的，其唯一共同点在于 LCA 评价都必须定义功能单位，并且它应该是可数的，因为这关系到环境清单数据的具体数值。

例如，对提供干手功能的纸巾和空气干手机两个系统的比较研究，首先要定义其功能单位和基准流。

洗手之后，通常有两种干手的办法：一是使用纸巾擦干；一是使用空气干手机。前者消耗纸巾，后者消耗能源，但最终的结果是擦干或烘干了手上的水分。所以在比较这两个系统时，可以相同的干手数量作为两个系统共同的功能单位。在这两种情况下，它们的基准流分别为擦干手所需纸巾的平均质量和烘干手所需热空气的平均体积，由此可编制出相应的输入与输出清单。

而对于行驶的家庭轿车而言，我们要事先明确对应的家庭轿车行驶的里程。比如，电动汽车，我们关注行驶一定里程（可以是 100km）所消耗的电量；而对于汽油轿车而言，也是在对应 100km 里程情况下所消耗的汽油升数。

（2）产品系统与系统边界。产品系统是拥有基本流和产品流，同时具有一种或多种特定功能，并能模拟产品生命周期的单元过程的集合。图 2-4 是一个产品系统示例。理论上讲，LCA 应分析对环境的所有影响方面，但这样的系统将是过于开放的，而通常没有充足的时间、数据或资源来进行这样全面的研究，因此，为了实现生产和产品系统环境负荷评价在实践中的可行性，必须要对实际研究的产品系统寿命周期做一定限制，假设不包括在研究范围内的生产过程或产品所产生的环境负荷对于研究目的来说可以忽略不计，即确定所研究系统的边界。也就是说，系统边界是通过准则确定哪些单元过程属于产品系统的一部分，即决定哪些单元过程应该包括到 LCA 评估中。因此，确定了系统边界也就确定了被评估的产品系统。

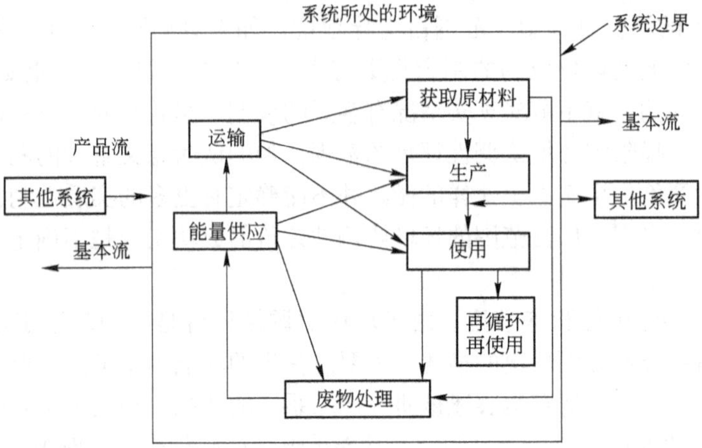

图 2-4　清单分析的一个产品系统示例

ISO 标准强调，对系统进行精确、清晰的定义是极其重要的，其范围不仅取决于实施者定义的评估目标，还取决于研究所做的假设、切断准则（cut-off criteria）、数据与成本限制等诸多因素。

LCA 评估研究应进行物料流分析，以决定包含何种物料才与研究目的相符。

产品系统可进一步细分为一组单元过程。单元过程之间通过中间产品流和/或待处理的废物相联系，与其他产品系统之间通过产品流相联系，与环境之间通过基本流相联系（见图 2-5）。例如，地下的原油和太阳辐射等属于单元过程的基本流输入，向空气的排放、向水体的排放及辐射等属于单元过程的基本流输出，基本材料、装配组件等属于中间产品流。将一个产品系统划分为单元过程，有助于识别产品系统的输入与输出。在许多情况下，有些输入参与输出产品的构成，而有些输入（辅助性输入）仅用于单元过程的内部而不参与输出产品的构成。作为单元过程活动的结果，还产生其他输出（基本流和/或产品）。单元过程边界的确定取决于为满足研究目的而建立的模型的详略程度。

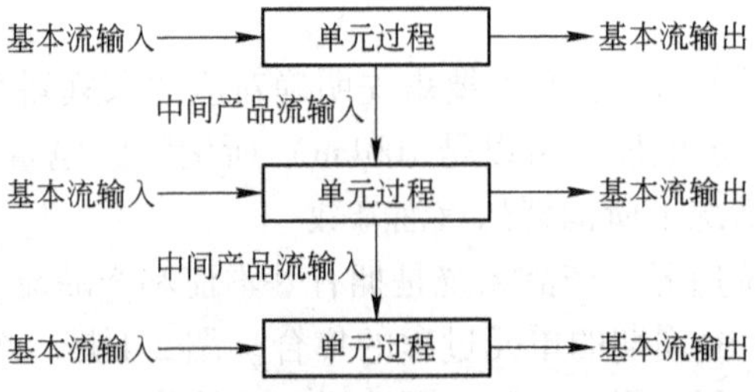

图 2-5　产品系统内的一组单元过程示例

由于产品系统是一个物理系统，每个单元过程都遵守物质和能量守恒定律。物质和能量平衡可用来验证对单元过程表述的有效性。

(3) 数据资料质量要求。数据资料质量要求是 LCA 评估可信度的保障。这里的数据资料是指在 LCA 评估中用到的所有定性和定量的数值或信息，这些数据资料可能来自测量到的环境清单数据，也可以是中间的处理结果。数据资料质量需要说明数据的来源、精度、完整性、代表性和不确定性等因素以及数据在时间上、地域上和适用技术方面的有效性。

LCA 评估中的数据可以从系统边界内与单元过程相关的生产场所中收集，或者可以通过其他渠道获取或计算得出。实际上，所有的数据可能是通过测量、计算或估计得出的。

输入可以包括但不局限于矿物资源的利用（例如原生或再生金属、运输或能源供给等服务以及辅助物质的应用如润滑剂或肥料等）。

作为大气排放物中的一部分，一氧化碳、二氧化碳、硫氧化物、氮氧化物等的排放可以单独确定。

向大气、水体和土壤中排放通常是指经过污染控制设施后从点源或面源中释放出来的排放物。如果无组织排放很重要，这数据中也宜包括它们。指标参数可以包括但不局限于下列：

生化需氧量（BOD）；

化学需氧量（COD）；

可吸收的有机卤素化合物（AOX）；

总卤素物质（TOX）；

挥发性有机化合物（VOC）。

另外，噪声和振动、土地利用、辐射、气味以及余热等数据也可收集。

数据资料质量要求宜注意如下问题：

1）时间跨度：数据的年份以及所收集数据的最小时间跨度；

2）地域范围：为实现研究目的所收集的单元过程数据的地域；

3）技术覆盖面：具体的技术或技术组合；

4）精度：对每一个数据值的变动的度量（例如方差）；

5）完整性：测量或测算的流所占的比例；

6）代表性：对数据集合反映实际关注群（如地理范围、时间跨度以及技术覆盖面等）的定性评价；

7）一致性：对该研究的方法学是否能统一应用到不同的分析内容中而进行的定性评价；

8）可再现性：对其他独立从业人员采用同一方法学和数据值信息获取相同研究结果的可能性的定性评价；

9）数据源；

10）信息的不确定性（例如数据、模型和假设）。

对缺失数据的处理应做出书面说明。对每个数据缺失的单元过程和报告地点应予以识别，并宜对缺失数据及其断档进行处理，代之为：

1）以“非零”数据表示；

2）以“零”表示；

3）以从采用类似技术的单元过程报送的数据计算得出的数值表示。

通过定量和定性因素以及收集和整合这些数据所使用的方法体现数据质量。那些对所研究的系统贡献大部分物质流和能量流的单元过程宜使用现场收集的数据或具有代表性的平均数据，这些数据是在敏感分析中确定的。如果可能，那些与环境相关的输入和输出单元过程也宜使用现场收集的数据。

在进行系统比较性研究时，应在进行结果阐释前先评估被比较系统的等同性。系统的比较应采用相同的功能单位与相同的方法，诸如绩效、系统边界、数据质量、分配方法，以及评估输入、输出与环境影响评价的决策规则。系统间有关这些参数的任何差异，均应予以鉴定性评审。

（4）关键复核。关键复核是用以查证一个 LCA 研究在方法、资料收集及报告方面是否达到 ISO14040 规定标准的一项技术，是否进行鉴定性评审，如何进行以及由谁来进行鉴定关键复核等事项，应在研究范围中予以确定。

鉴定性评审应确保用于进行 LCA 的方法符合标准；用于进行 LCA 的方法在科学上和技术上是有效的；就研究目的而言，所使用的数据是恰当和合理的；解释能反映所识别的局限性和研究目的；研究报告具有透明性和一致性。鉴定性评审的范围和类型应在确定 LCA 研究范围的阶段予以确定，并且鉴定性评审的类型的确定也应被记录；为减少外部相关方发生误解或受到负面影响的可能性，对结果用于支持向公众公布的对比论断的 LCA 研究，应由相关方评审组来开展鉴定性评审。

一般来说，一个 LCA 的关键复核是随意的，并可以选择运用 ISO14040 中述及的任何一种审核方式。

2.2.4 生命周期清单分析

生命周期清单分析包括数据的收集和计算程序，其目的是对产品系统的有关输入和输出进行量化。输入和输出可包括与该系统有关的对资源的使用和向空气、水体和土地的排放，进行清单分析是一个反复的过程，当取得了一批数据，并对系统有进一步的认识后，可能会对数据收集程序做出修改，以适应研究目的，有时也会要求对研究目的或范围加以修改。清单分析应收集系统边界内每一单元过程中要纳入清单中的数据，数据含定性和定量数据两类。收集数据的程序可因不同的单元过程、研究范围和应用目的而异。生命周期清单分析宜包括的步骤如图 2-6 所示。

生命周期清单分析是 LCA 四个组成部分中研究最成熟、理解最深入和应用最充分的一个，其主要步骤和基本原则简述如下：

（1）数据收集。

1）应在系统边界内的每一个单元过程中收集清单中的定性和定量数据。这些数据用来量化单元过程的输入输出，他们是通过测量、计算或估算得到的。

当数据是通过公开的来源收集到的，则应注明出处。对于那些可能对研究结论有重要影响的数据，则应注明相关的收集过程、收集时间以及关于数据质量指标的详细信息。如果这些数据不符合数据质量要求，对此也应做出说明。

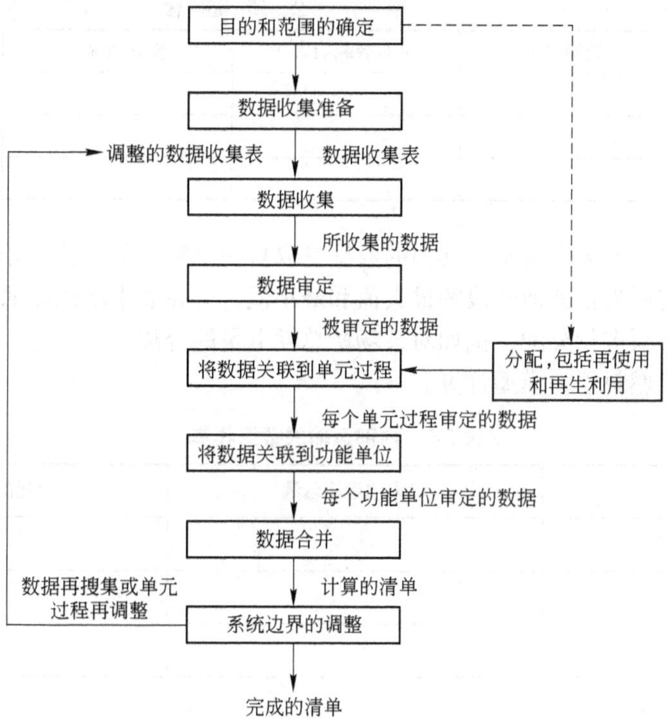

图 2-6 清单分析的简化流程

为减少误解的风险（例如在审定或再使用所收集的数据时所产生的反复计算），应对每个单元过程进行书面描述。

由于数据的收集可能源于多个报告地点和发表的文献，因此宜采取相应的措施以保证对所模拟的产品系统的理解是一致和统一的。

2）这些措施宜包括：

绘制流程简图，以描绘所有被模拟的单元过程和它们之间的关系；

详细描述每个单元过程中影响输入和输出的因子；

列出每个单元过程中与运行条件相关的流程和数据；

列出所研究的单元；

描述所有数据收集和计算所需的技术；

提出要求，将所报送数据的特殊情况、异常点和其他问题予以明确记录。

数据收集表的示例参见表 2-4 ~ 表 2-7。

用于上游运输的数据收集表示见表 2-4。

本例中需要收集数据的中间产品的名称和吨数已经记录在要研究的系统模型中。本示例假设每个有关单元过程之间的运输方式为公路运输。同样的收集表也适用于铁路和水路运输。

表 2-4 上游运输的数据收集

中间产品名称	公路运输			
	路程/km	卡车装载能力/t	实际负荷/t	空载返回（是/否）

本例为工厂内部的运输清单。其中的数据是取自一个特定的时段，给出燃料消耗的实际数量。如果还需要来自其他时段的最大值和最小值，可在表中增添新的栏目。

内部运输也必须进行分配，例如对某场所总耗电量的分配。

空气排放采用燃料消耗模型计算。

表 2-5 内部运输的数据收集

项　目	输入的运输总量	消耗的燃料总量
柴油		
汽油		
LPG①		

① LPG 指液化石油气。

表 2-6 用于单元过程的数据收集表示例

<table>
<tr><td colspan="2">制表人：</td><td colspan="3">制表日期：</td></tr>
<tr><td colspan="2">单元过程的标识：</td><td colspan="3">报送地点：</td></tr>
<tr><td colspan="2">时段：　年</td><td colspan="2">起始月：</td><td>终止月：</td></tr>
<tr><td colspan="5">单元过程表述（如需要可加附页）</td></tr>
<tr><td>材料输入</td><td>单位</td><td>数量</td><td>取样程序描述</td><td>来源</td></tr>
<tr><td></td><td></td><td></td><td></td><td></td></tr>
<tr><td></td><td></td><td></td><td></td><td></td></tr>
<tr><td>水消耗①</td><td>单位</td><td>数量</td><td></td><td></td></tr>
<tr><td></td><td></td><td></td><td></td><td></td></tr>
<tr><td></td><td></td><td></td><td></td><td></td></tr>
<tr><td>能量输入②</td><td>单位</td><td>数量</td><td>取样程序描述</td><td>来源</td></tr>
<tr><td></td><td></td><td></td><td></td><td></td></tr>
<tr><td></td><td></td><td></td><td></td><td></td></tr>
<tr><td>材料输出（包括产品）</td><td>单位</td><td>数量</td><td>取样程序描述</td><td>目的地</td></tr>
<tr><td></td><td></td><td></td><td></td><td></td></tr>
<tr><td></td><td></td><td></td><td></td><td></td></tr>
</table>

注：此数据收集表中的数据是指规定时段内所有未分配的输入和输出。

①例如地表水、饮用水。

②例如重燃料油、中燃料油、轻燃料油、煤油、汽油、天然气、丙烷、煤、生物质、网电。

表 2-7 生命周期清单分析数据收集表示示例

单元过程名称		报送地点	
向空气排放①	单 位	数 量	取样程序描述（如需要可加附页）
向水体排放②	单 位	数 量	取样程序描述（如需要可加附页）
向土壤排放③	单 位	数 量	取样程序描述（如需要可加附页）
其他排放④	单 位	数 量	取样程序描述（如需要可加附页）
对于单元过程功能描述不同的任何计算、数据收集、取样或变化加以说明（如需要可加附页）			

①例如无机物：Cl_2、CO、CO_2、粉尘/颗粒物、F_2、H_2S、H_2SO_4、HCl、HF、N_2O、NH_3、NO_x、SO_x；有机物：烃、多氯联苯（PCB）、二恶英、酚类；金属：Hg、Pb、Cr、Fe、Zn、Ni。

②例如：生化需氧量（BOD）、化学需氧量（COD）、酸、Cl_2、CN_2^-、洗涤剂/油脂、溶解性有机物、F^-、Fe^{2+}、Hg^+、烃、Na^+、NH_4^+、NO_3^-、有机氯、其他金属、其他氮化合物、酚类、磷酸盐、SO_4^{2-}、悬浮物。

③例如：矿物废物、工业混合废物、城市固体废物、有毒废物（列出属于本数据类型的化合物）。

④例如：噪声、辐射、振动、恶臭、余热。

3）数据可归入的类型包括：

能量输入、原材料输入、辅助型输入和其他实物输入；

产品、共生产品和废物；

向大气、水体和土壤中的排放物；

其他环境因素。

应进一步细化上述各类型数据以满足研究目的。

（2）计算程序。收集数据后，要根据计算程序对该产品系统由每一单元过程和功能单位求得清单分析结果。

1）数据的确认。在数据收集过程中必须检查数据的有效性，以确保数据的质量要求符合其应用意图，并可以提供相应的证据予以证实。有效性的确认可包括建立物质和能量平衡和（或）进行排放因子的比较分析。由于每个单元过程都遵循物质和能量守恒定律，因此物质和能量的平衡能为单元过程的有效性提供有用的检查，通过该程序发现的明显异常的数据，需用其他数据替换。

2）数据与单元过程的关联。必须对每一单元过程确定适宜的基准流，并据此计算出单元过程的定量输入和输出数据。

3）数据与功能单位的关联和数据的合并。根据流程图和系统边界可以将各单元过程相互关联，从而对整个系统进行计算。这一计算是以统一的功能单位作为该系统所有单元过程中物流、能量流的共同基础，求得系统中所有的输入和输出数据。

4）系统边界的修改。反复性是LCA的固有特性，必须根据由敏感性分析所判定的数据重要性来决定数据的取舍。初始产品系统边界依据确定范围时规定的边界准则进行适当的修改。这个调整的过程和敏感性分析应书面说明。敏感性分析可排除经敏感性分析判定为缺乏重要性的生命周期阶段或单元过程；排除对研究结果缺乏重要性的输入和输出；纳入经敏感性分析认为重要的新的单元过程、输入输出。

进行敏感性分析有助于把数据处理限制在被判定为对LCA研究目的具有重要性的输入输出数据范围内。

5）数据缺口的处理。在清单数据计算过程中，经常会遇到数据缺口（data gap），可能的发生原因不一而足，比较常见的有：清单资料不可得（对方无法提供或查无相关资料）；本土特有流程；某段期程不在国内发生；数据调研成本过高，无法实现。

对于数据缺口，最简单的处理方法就是在合理的情况下，将其假设为零，亦即忽略不计，但另一可能更为合理的方式，是找寻替代数据予以填补。替代数据的重要性可依据敏感性分析来判断，如果替代数据对输入输出最后结果的影响不大时，就不必要找寻更为准确的数据；反之，若替代数据对最后的结果具有显著影响时，则不应使用替代数据。

（3）物流、能量流和排放物的分配。生命周期清单分析有赖于将产品系统中的单元过程以简单的物流和能量流相联系。实际上，只产出单一产品或者其原材料输入与输出仅体现为一种线性关系的工业过程极为少见。大部分工业过程都是产出多种产品，并将中间产品和废弃的产品通过再循环用作原材料。当环境负荷要用其中一种或部分产品来表征时，就产生了输入输出数据如何在多个产品或多个系统之间分配的问题。因此，必须根据既定的方案将物流、能量流和环境排放分配到各个产品。

2.2.5 生命周期影响评价

生命周期影响评价（life cycle impact assessment，LCIA）是生命周期评价的第三个阶段，它有别于环境性能评估、环境影响评价和环境风险评价，但是分析中应用的某些数据却可以来自于这些技术。LCIA是理解和评价产品系统潜在环境影响的大小和重要性的阶段。其目的是评估产品系统的生命周期清单结果，将LCI结果转化为资源消耗、人类健康影响和生态影响等方面潜在环境影响，以更能了解该产品系统影响程度。LCIA阶段将所选择的环境问题模型化，并使用类型参数来精简与解释生命周期清单结果。类型参数用于表示每项影响类型的总污染排放或资源消耗量。

LCIA作为整体生命周期评价的一部分，可用于：

（1）识别改进产品生命周期各个阶段中环境绩效的机会；

（2）给产业、政府或非政府组织中的决策者提供信息（例如为战略规划、确定优先项、对产品或过程的设计或再设计的目的）；

（3）选择有关的环境绩效参数，包括测量技术；

(4) 营销(如实施生态标准制度、发表环境声明或发布产品声明)。

对于产品系统进行广泛评价是相当困难的,且可能需要使用数种不同的环境影响评价技术。迄今为止,生命周期评价被公认为是LCA中技术含量最高、难度最大,同时也是发展最不完善的一个技术环节。

对于一个生命周期评价,是由指标组成的,这些指标分为强制性指标和可选择性指标。如图2-7所示。

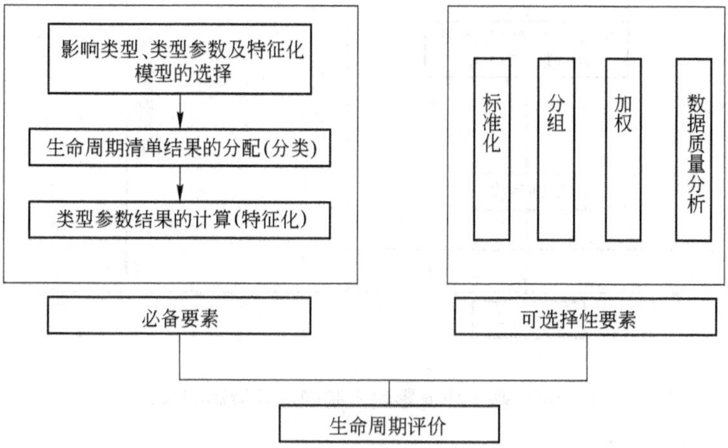

图2-7 生命周期评价指标体系

2.2.5.1 必备要素

生命周期评价必备要素分三个部分,分别为影响类型、类型参数及特征化模型的选择,生命周期清单结果的分配以及类型参数结果的计算。下面分别对其进行阐述。

A 影响类型、类型参数及特征化模型的选择

影响类型、类型参数及特征化模型的选择至关重要,其选择的恰当与否决定了生命周期评价的准确度和结果。因此,影响类型、类型参数及特征化模型的选择应该是公正的,并且其应该与事先确定好的生命周期评价的目标与范围是一致的;其次,选定的环境影响类型应该是综合考虑研究目标与范围之后的综合环境影响的反应;另外,选定的特征模型应该来源于特征因子的性质,并且被详细地描述出来。不同的环境影响分类具有不同的环境机制,图2-8是基于环境影响机制确定环境影响参数的典型案例。

环境影响类型的选择与定义过程中,通常遵循以下一些基本准则:

(1) 环境影响类型及其表征参数的确定尽可能地基于自然科学基础;

(2) 应该考虑环境影响类型及其表征参数覆盖面的全面性;

(3) 考虑各个影响类型之间的独立性,以避免影响作用的交叠及随后的重复计入;

(4) 考虑到实际决策过程的需要,环境影响类型总数不宜过大。

B 生命周期清单结果的分配

分类是一个将清单条目与环境影响类型相联系并分组排列的过程,它是一个定性的、基于自然科学知识的过程。当LCI结果分配至环境影响类型时,与LCI结果相关的环境问

题就能被更清晰地显现出来。生命周期清单的分配应该考虑到如下因素，除非生命周期评价的目的与范围要求有其他的需要，即：

（1）对于某一类环境影响，生命周期清单的分配应当是全面的；

（2）辨识出生命周期清单结果是与多个种类的环境影响是相关的。

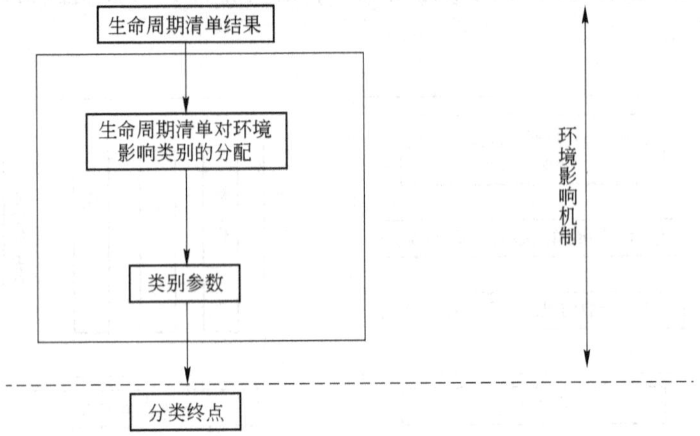

图 2-8 基于环境影响机制确定环境影响参数

C 类型参数结果的计算（特征化）

该步骤是利用不同影响类型的参数结果来共同展现产品系统的 LCIA 特征。其计算过程包括将利用特征化因子将 LCI 结果换算成通用单位，并把同一影响类型的换算结果累加，得到量化的指标结果。

不同清单种类造成同一种环境损害的效果不同，例如二氧化硫和二氧化氮都可能引起酸雨，但同样的量引起的酸雨的浓度并不相同。特征化就是对比分析和量化这种程度的过程，是一个定量的、基本上基于自然科学的过程。

在特征化阶段，清单数据被转化为各个环境影响类型的指标结果。其转化过程在原理上基于用环境问题因果关系体系中包含的环境影响机制来构建影响类型的特征模型，具体内容包括：用相关的物理、化学、生物和毒性数据来描述与清单参数相关的潜在影响，然后将这种信息与分类的清单数据联系起来描述每一影响种类潜在的或实际的影响。实际应用中，主要是建立特征数学模型，将生命周期清单分析提供的数据和其他辅助数据，转译成描述影响的具有可比性的叙述。

目前研究特征化的计算模型有很多种，美国国家环保局（EPA）1995 年推荐了几种计算模型，清华大学环境工程系的席德立、中国科学院生态研究所的杨建新等也进行了一些研究。目前国际上常用的特征化模型主要有如下五种。

a 负荷评估模型

在这类模型中，清单分析的相关资料只是简单地罗列出来，也可能根据它们的潜在影响加以分类，仅根据物理量大小来评价生命周期清单分析提供的数据。特征化的方式是认为各影响因子所造成的环境影响重要性相同，依据是否存在影响，环境影响相对大小或是

"越少越好"等方式来表达。如一个系统产生的二氧化碳为1kg，另一个系统生产等效量的产品时释放的二氧化碳为2kg，则认为前者对大气的影响更小。这种方法并不考虑各影响因子之间的替代效应，也无法完全反映各影响因子的浓度或排放量的差异。

b 当量评价模型

这类模型使用当量系数（如1kg甲烷相当于11kg二氧化碳产生的全球变暖潜力）来汇总生命周期清单分析提供的数据。前提是汇总的当量系数能度量潜在的环境影响。其原理是在质量相同的情况下，利用不同环境压力因子对同一种环境影响类型（如臭氧层的破坏）的贡献量差异，以其中某一种压力因子为基准，把其影响潜力看做1，然后将等量的其他污染物与其作比较，这样就可以得到各压力因子相对于基准物的影响潜力大小，即当量系数，最后可根据各压力因子间的当量关系，汇总得到以基准物质量为单位的影响潜力大小。比如，人们根据某种产品生命周期全过程所排放的二氧化碳和甲烷量，就可根据两种温室气体间的当量关系进行汇总，最后得到总的全球变暖潜力大小。这种方法的优势在于它是建立在科学研究基础上，同一种压力因子，无论其暴露途径、暴露地点等条件如何不同，它所能产生的潜在环境影响都认为是一样的，因此其结果不受时间和地理因素的影响。

临界体积法和生态稀缺值法都属于当量评价模型。

（1）临界体积法。所谓临界体积法，是指将清单分析中的各因子，稀释到符合相关法规标准（或阈值）时所需的排放介质体积（如水、空气、土壤等），并可将同一介质的临界体积加和起来，得到每单位输出所需的临界体积值，临界体积法的一个计算示例如表2-8所示。临界体积法的定义为：

$$临界体积 = \frac{污染物排放量}{法规标准(或排放阈值)}$$

表2-8 临界体积法的一个计算示例

排放物	单位产出排放量/g	法规标准/mg·L^{-1}	临界体积（水）/L
BOD	50	20	2500
COD	60	30	2000
SS	40	20	2000
临界体积总和			6500

临界体积法的优点包括：

1）已经应用于一些实际的案例中，有一定的国际知名度；

2）对制定有区域排放标准的污染物，数值计算简单明了；

3）可分别表示在不同介质中的数值。

其缺点则包括：

1）无法考虑一些非化学因素的环境影响因子，例如光线辐射、噪声等；

2）法定值的制定常基于政策及经济上的考虑，缺乏科学依据；

3）并非所有污染物都制定有法定值；

4）并未考虑污染物的沉积及扩散等现象。

临界体积值会随法规值改变或科学知识更新而需经常修正。

（2）生态稀缺值法。生态稀缺值法又可称为生态分数模型（ecopint model）。其定义如式 2-4 所示：

$$ecopint = \frac{1}{F_c} \times \frac{F}{F_c} \times C \tag{2-4}$$

式中，F_c 为临界流量，指不会引起生态系统负面效应的最大流量；F 为现有环境负荷流量；$\frac{F}{F_c}$ 为生态稀缺值，若环境负荷流量大于临界流量（$\frac{F}{F_c}>1$），表示生态系统或资源被过度利用；C 为无因次指数，避免有过大的负指数值出现。

依此模型所得的结果，可得到能量、空气和水等三类稀缺值，由于单位一致，此三类生态稀缺值可以加总起来，而得到总的稀缺值。

生态稀缺值的优点有：

1）对于空气、水、土壤的污染排放、资源的耗损，以及一些非化学性的影响因子，都能用单一的数值来表示；

2）这种生态分数方程式能够以非线性关系来度量生态值，例如可以对超过临界值的流量赋予更大权数，以突出显示其重要性；

3）无论是区域性、国家性或是国际性的空间尺度都适用。

应用生态稀缺值法的缺点有：

1）生态指数不容易确定，要得到不同团体的认同也有困难；

2）生态指数必须随着最新科学进展而修正；

3）虽然原则上可行，但实际上并未考虑污染物排放的扩散和降解；

4）累积加和的结果降低了透明度，而且会予人主观因素过强的印象；

5）卫生和职业安全并未在现行系统的考虑之内。

c　毒性、持续性及生物累积性评估模型

这类模型以释放物的化学特性，如毒性、可燃性、致癌性和生物富集性为基础来汇总生命周期清单分析数据。前提是这些标准能将生命周期清单分析数据归一化，以测度潜在的环境影响。危害排序法即属于此类评估方法。危害排序法是根据产品在生命周期中所排放出的污染物，考察其致癌性、生物累积性、生物降解速度及程度或是根据生物急性毒性、慢性毒性等试验数据，进行定性评估，以其危害性低、中、高的方式加以排序。此方法对尚未建立毒性资料的排放物并不适用，目前此方法主要用于人体健康影响评估。

d　总体暴露效应模型

这类模型中，排放物的加和总是针对某些特殊物质的排放所导致的暴露和效应作一般性（而非特定）的分析，来估计潜在的环境影响，有些时候也会加入对背景浓度的考察。荷兰莱顿大学环境科学中心所发展的面向效应法（effect-oriented method）即采用了此种模型。面向效应法是以面向问题的方式，将清单项目中的各影响因子，根据其可能有的环境影响赋予一单位排放量的影响指数，表 2-9 为每千克各种温室效应气体的全球变暖潜力（global warming potential，GWP），表中列出了不同时间尺度下各气体相对于二氧化碳的 GWP 值。

表 2-9 各种温室效应气体在不同时间尺度下的 GWP 值

痕量气体	20 年 GWP	50 年 GWP	100 年 GWP	200 年 GWP	500 年 GWP
CO_2	1	1	1	1	1
CH_4	35	19	11	7	4
N_2O	260	270	270	240	170
CFC-11	4500	4100	3400	2400	1400
CFC-12	7100	7400	7100	6200	4100
HCFC-22	4200	2600	1600	970	540
CFC-113	4600	4700	4500	3900	2500
CFC-114	6100	6700	7000	7000	5800
CFC-115	5500	6200	7000	7800	8500
HCFC-123	330	150	90	55	30
HCFC-124	1500	760	440	270	150
HFC-125	5200	4500	3400	2200	1200
HFC-134a	3100	1900	1200	730	400
HCFC-141b	1800	980	580	350	200
HCFC-142b	4000	2800	1800	1100	1600
HFC-143a	4700	4500	3800	2800	1600
HFC-152a	530	250	150	89	49
CCl_4	1800	1600	1300	860	480
CH_3CCl_3	360	170	100	62	34
CF_3Br	5600	5500	4900	3800	2300

除了衡量温室效应的全球变暖潜力之外，其他尚有衡量臭氧层破坏的臭氧层破坏潜力（ozone depletion potential，ODP）、衡量化学光化学烟雾的光化学臭氧形成潜力（photochemical ozone creation potential，POCP）、衡量酸化效应的酸沉降潜力（acidification potential，AP）等，都是被广泛接受的特征化指标。此外，在不同的环境影响 LCA 计算机软件中，也有的发展其特有的特征化指标。

应用此模型的优点有：

（1）对每类环境影响专题皆可得到总体性的效应值，简单明了；

（2）对于非专业背景的环境管理决策者而言，此模型所得的结果更容易让其了解产品或活动的环境影响情况。

应用此模型的缺点有：

（1）并非所有类别的环境影响都可得到一般性的暴露效应值；

（2）利用现有科学知识所确定的相应指标值，在准确性方面存在相当的困难；

（3）随着科学知识的累积和进步，模型中的环境影响效应值必须不断加以修正。

e 点源暴露效应模型

这类模型以点源相关区域或场所的影响信息为基础，针对某些特殊物质的排放所导致的暴露和效应作特定位置的分析，来确定产品系统实际的影响。在此模型中，排放物影响的加和必须考虑到特定的位置和背景浓度。

上述五种模型中，负荷评估方法只是应用了“小就是好”这样的原则，而不针对系统的输入和输出所造成的环境后果来加以分析，这样并不符合进行影响评估的目的，事实上只是汇总了清单分析中的数据，而不去做进一步的分析；至于点源暴露效应模型，在众多不同流程的LCA分析中并不实际，而更适合用在环境影响评估（EIA）中。当量评价模型，毒性、持续性和生物累积性评估模型，以及总体暴露模型较为可行。

2.2.5.2 可选择性要素

为了更进一步地从总体上概括系统对环境的影响，LCIA阶段还包括标准化过程、分组、加权、数据质量分析等四个步骤，其目的是在于试图比较和量化不同种类的环境损害。为实现量化，通常对生命周期清单分析和特征化结果数据采用加权或分级的方法进行处理。由于对不同环境影响类型之间相对重要性的主观判断的引入，影响评价结果就必然受到社会和舆论导向与价值判断的直接影响，因此成为LCA方法中最受争议的环节。

A 标准化过程

对于基准信息而言，根据基准信息计算类型参数结果的相对值的过程通常称为标准化，也有学者称其为归一化，是一个可选择性要素。指标标准化的目的在于增加对所研究产品系统中每一项指标结果相对值的了解，使来自于不同影响目录的影响值具有可比较性。该步骤是以类型参数计算结果除以选定的基准值加以转换。

B 分组

分组是把影响类别划分到一个或多个预先定义的目标与范围的系统中去，其中包括分类和（或）排序。分组是一个可选择要素，包括以下两个可能的步骤：

（1）根据性质对影响进行分组，例如属于排放还是资源消耗，是全球性、区域性还是局地性的。

（2）根据预定的顶级规则对影响类型进行分组，如属于高、中、低级。对于分组的方式，SETACA建议可分为以下4组：

1）生态健康，如生态系统的结构、功能、歧异度等；

2）人类健康，如急性后果和慢性后果；

3）资源消耗，如可再生资源和不可再生资源；

4）社会福利，如环境质量、自然资源生产力的降低等。

也有其他学者提到不同的分类方式，如以下三种类型：

1）耗竭性问题，系统输入方面有关的环境问题，如生物性资源和非生物性资源；

2）污染性问题，系统输出方面有关的环境问题，如臭氧层破坏、全球暖化、酸雨、光化学烟雾、富营养化、噪声、对人类毒性、对生态毒性等；

3）扰动性问题，与系统输入及输出方面无关的问题，如沙漠化、废弃物掩埋等。

分组过程中的排序则需要基于价值选择。由于不同的个人、组织与社会可能会有不同的优先选择，所以不同的当事者根据相同的指标结果或标准化指标结果，可能会得到不同的排序结果。

C 加权

加权是使用基于价值选择的数值系数，将不同的影响类型指标结果进行换算的过程，还可包括加权后参数结果的合并。加权是一个可选要素，包括以下两个可能的步骤：

（1）用选定的加权因子对参数结果或归一化的结果进行转换；

（2）可能对各个影响类型中转换后的参数结果或归一化的结果进行合并。

加权方法的应用应与生命周期评价中的目的与范围的确定保持一致，且应完全透明。不同的个人、组织与社会可能会有不同的优先选择，因此，不同当事者根据相同的指标结果或标准化指标结果，可能会产生不同的加权结果。在生命周期评价过程中，可能会需要使用数种不同的加权因子与加权方法，并进行敏感性分析以评估有不同价值选择与加权方法而对 LCIA 结果所造成的影响。权重因子反映了社会价值和偏好，可通过专家打分、危害的经济价值和相关的环境标准等给出，也可以结合多属性价值函数理论，结合具体的产品来确定。

D 数据质量分析

为了更了解 LCIA 结果的显著性、不确定性与敏感性，可能需要其他技术与信息，以利于：

（1）协助辨别是否存在显著性差异；

（2）辨别可以忽略的 LCI 结果；

（3）指导 LCIA 的反复性过程。

技术的需要与选择，应视达到 LCA 目的与范围确定所需的准确性与详尽程度而定。对于这些特定技术及其目的，可简述如下：

（1）重要性分析，是一个识别那些对指标结果有重要影响的数据的统计过程。这些条目可能会随着优先性的提高而被研究调查，以确保做出正确的决策。

（2）不确定性分析，是用来判定与量化由于输入的不确定性和数据变动的积累给 LCI 结果带来的不确定性的系统化步骤。该程序描述在数据组中的统计变异，以决定从相同影响类型所得到的指标结果彼此间是否存在显著差异。

（3）敏感性分析，是用来估计所选用方法和数据对研究结果影响的系统化步骤。该程序量度某些变化达何种程度时会影响指标结果。同样的，在计算过程中修正的程度对 LCIA 特征描述所产生的影响也可得到检查。

由于 LCA 的反复性，数据质量分析的结果可进一步指导 LCI 阶段，例如，修正取舍准则或收集曾被忽略或排除的数据。

总之，生命周期影响评价是生命周期评价的一个重要环节，起着承上启下的作用，主要包括两个大部分内容：一部分是必备要素的选择与应用；另一部分是选择性步骤的补充和完善。

2.2.6 生命周期评价结果的解释

生命周期解释的目的是根据 LCA 前几个阶段或 LCI 的研究发现，以透明的方式来分析结果、形成结论、解释局限性、提出建议并报告生命周期解释的结果。生命周期解释还根据研究目的与范围提供对 LCA 或 LCI 研究结果易于理解的、完整的和一致的说明。因此，生命周期解释是生命周期评价中根据规定的目的和范围的要求对清单分析和（或）影响评价的结果进行归纳以形成结论和建议的阶段。

生命周期解释具有系统性、重复性的特点：第一，它基于 LCA 或 LCI 的研究发现，运用系统化的程序进行识别、判定、检查、评价和提出结论，以满足研究目的与范围中所规定的应用要求；第二，在解释阶段内部和 LCA 的其他阶段或 LCI 研究中都应用一个反复的程序；第三，就确定的目的与范围，针对 LCA 或 LCI 研究的长处和局限来说明 LCA 与其他环境管理技术之间的联系。

根据 GB/T24043—2002 或 ISO14043—2000 的要求，LCA 或 LCI 研究中的生命周期解释阶段包括三个要素，即识别、评价和报告。LCA 和 LCI 研究中的生命周期解释阶段由以下几个要素组成，如图 2-9 所示。

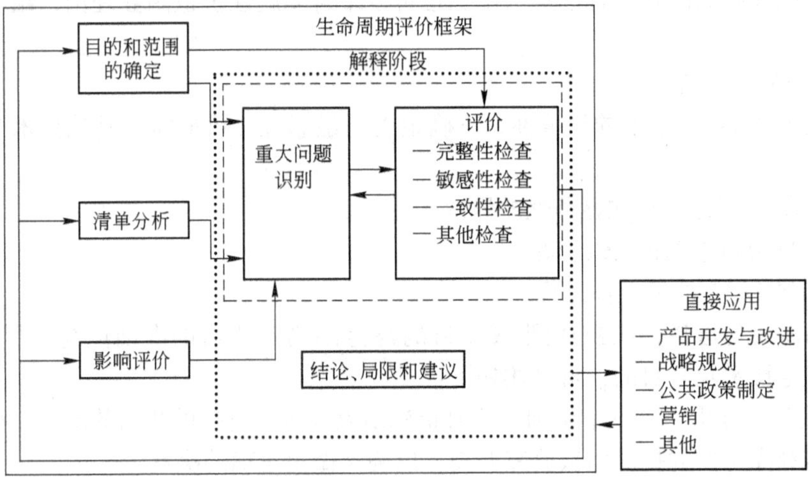

图 2-9 生命周期解释阶段的要素

其中，识别主要是基于 LCA 中 LCI 和 LCIA 阶段的结果识别重大问题；评估主要是对整个环境协调性评价过程中的完整性、敏感性和一致性进行检查；报告主要是形成结论，提出建议。

2.2.6.1 对重大问题的识别

对重大问题的识别，旨在根据所确定的目的与范围以及与评价要素的相互作用，对 LCI 和 LCIA 阶段得出的结果进行组织，以便确定重大问题。这种相互作用的目的将包括前面阶段所涉及的使用方法和所做的假定，如分配原则、取舍准则、影响类型、类型参数和模型的选择等。在实际工作中常常包括两个步骤：一是信息的识别和组织；二是重大问题的确定。

A 信息的识别和组织

LCA 前几个阶段或 LCI 的研究发现，主要包括以下四种类型的信息：

（1）LCI 和 LCIA 的发现。必须将这些发现与数据质量方面的信息一起加以汇总并组织，应以适当的形式对这些结果进行组织。例如，按照产品系统生命周期的各个阶段，或按照不同过程和运行单元，如运输、能量供给和废物管理，可采用数据清单、表格、柱状图或其他适当的输入、输出和（或）类型参数结果的表示形式。因此，应收集并综合所有有关的现有结果以便做进一步分析。

（2）方法的选择。诸如 LCI 所规定的分配原则和产品系统边界以及 LCIA 所使用的类型参数和模型。

（3）目的与范围中规定的 LCA 研究使用的价值选择。

（4）目的与范围所确定的与应用有关的不同相关方面的作用和职责，如果同时实施鉴定性评审过程，则还包括评审结果。

必须以适当的形式对 LCI 和 LCIA 阶段的具体结果（发现）进行组织。例如，可以按照产品系统生命周期的各个阶段进行组织，以发现不同阶段对总影响的相对贡献大小。在具体的结果组织上，也可以按照不同过程或运行单元（如运输、能量供给和废物管理等）进行组织。具体过程的选取依据具体研究对象、研究目标以及相应的环境来确定。在具体的表现形式上，除可采用数据清单所示的表格，也可采用统计图或其他适当的形式表示。

B 重大问题的确定

在清单分析和影响评价阶段取得的结果满足了研究目的与范围的要求后，就应确定这些结果的重要性。通常可能涉及的重大问题包括清单数据类型（如能源消耗、环境排放物、废物等）、环境影响类型（如资源利用、全球变暖潜值等）和生命期各阶段对结果的主要贡献等。在具体问题的确定上可以采用各种途径、方法和工具来识别环境总量，并确定其重要性。评估阶段的主要目的是保证和提高环境协调性评价结果的可信性和可靠性，从而以清晰的、易于理解的方式向委托方或任何其他相关方提交研究成果。问题确定可以采用如下各种统计分析或系统分析方法：

（1）贡献分析。检查生命周期阶段或单位过程组对总体结果的贡献，以百分比表示。

（2）优势分析。应用统计工具或其他技术进行定性或定量排列，以检查显著的或重大的贡献。

（3）影响分析。检查影响环境问题的可能性。

（4）异常分析。根据以前的经验，观察对预期或正常结果的反常偏离，从而可进行后续检查并指导改进评价。

2.2.6.2 评估

评估主要是对环境协调性评价的整个步骤进行检查，通常进行三个方面的检查：完整性检查，敏感性检查，一致性检查。

A 完整性检查

完整性检查主要是确保解释所需的所有信息和数据已经获得，并且是完整的。如果某些信息缺失或不完整，则必须考虑这些信息对满足 LCA 或 LCI 研究目的与范围的必要性，并应重新检查前面的阶段（清单分析阶段或影响评价阶段）或对目的与范围加以调整。表 2-10 是完整性检查的一个示例。

表 2-10 完整性检查一览表

过程单元	方案 A	是否完整	要求的措施	方案 B	是否完整	要求的措施
原材料生产	×	是		×	是	
能源供给	×	是		×	否	重新计算
运输	×	未知	检查清单	×	是	
加工	×	否	检查清单	×	是	
包装	×	是		—	否	与 A 比较
使用	×	未知	与 B 比较	×	是	
最终处置	×	未知	与 B 比较	×	未知	与 A 比较

注：×：数据可获得；—：当前无数据。

上表中得到的结果显示了一些需要做的工作。对原始清单进行再计算或再核查时需要一个反馈环。例如，当某项产品的废物管理为未知时，应对两种可能的选择进行比较。这种比较会导致对废物管理状态进行深入的研究，也可得出两种选择无明显不同或这种区别与规定的目的和范围无关的结论。

这种检查的基础是使用一份检查单，其中包含规定的清单参数（如排放物、能量和物质资源、废物等）、规定的生命周期阶段和过程以及规定的类型参数等。

B 敏感性检查

敏感性检查的目的是通过确定最终结果和结论是否受到数据、分配方法或类型参数结果的计算等不确定性的影响，来评价其可靠性。敏感性检查所要求的详细程度，主要取决于清单分析的发现，如果进行了影响评价，则还取决于影响评价的发现。

敏感性分析（敏感性检查）试图确定假定、方法和数据的变化对结果的影响。通常所确定的最重要因子的敏感性都要通过检查。敏感性分析的程度是将使用某些给定的假设、方法或数据获得的结果与使用改变了的假定、方法或数据所获得的结果进行比对。

在敏感性分析中，通常是在一定范围内改变假定和数据的范围，比如 ±25%，检查对结果的影响，然后对比两种结果。敏感性可以变化的百分比或以结果的绝对偏差来表示。在此基础上，结果的重大变化（比如大于 10%）即可被确定。

敏感性分析既可以在目的与范围的确定中提出要求，也可以基于经验或假定在研究过程中加以确定。敏感性分析通常针对以下假定、方法或数据进行：（1）分配规则；（2）取舍准则；（3）边界设定和系统定义；（4）数据的判断和假定；（5）影响类型的选择；（6）清单结果的分配（分类）；（7）类型参数结果的计算（特征化）；（8）归一化结果；（9）加权结果；（10）加权方法；（11）数据质量。

表 2-11 是一个如何在现有 LCI 和 LCIA 敏感性分析结果基础上进行敏感性检查的示例。

表 2-11 分配准则的敏感性检查

硬煤需求	方案 A	方案 B	差值
按质量［物］分配/MJ	1200	800	400
按经济价值分配/MJ	900	900	0
偏差量/MJ	−300	+100	400
偏差率/%	−25	+12.5	重大
敏感性/%	25	12.5	

从表 2-11 可见，分配具有显著影响，A 和 B 两种方案在此情况下没有真正的差值。表2-12是对数据不确定性的敏感性检查。

表 2-12 对数据不确定性的敏感性检查

硬煤需求	原材料生产	制造过程	使用阶段	合计
基础值/MJ	200	250	350	800
变化的假设/MJ	200	150	350	700
偏差量/MJ	0	−10	0	−100
偏差率/%	0	−40		−12.5
敏感性/%	0	40	0	12.5

从表 2-12 可以看到发生了重大变化，这些变化改变了结果。如果不确定性此时具有显著影响，则需要搜集更新后的数据。表 2-13 是对特征性数据的敏感性检查。

表 2-13 对特征性数据的敏感性检查

GWP 数据输入/影响	方案 A	方案 B	差值
GWP 得分 =100CO_2 当量	2800	3200	400
GWP 得分 =500CO_2 当量	3600	3400	−200
偏差量	+800	+200	600
偏差率/%	+28.6	+6.25	重大
敏感性/%	28.6	6.25	

从表 2-13 可以看到发生了重大变化，变化了的假设可以改变结论甚至得出相反的结论；同时，A 和 B 两种方案之间的区别比最初预想的要小。

C 一致性检查

一致性检查旨在确定假定、方法、模型和数据的产品在一生命周期进程中或几种方案之间是否始终一致。通常出现的不一致情况有：（1）数据来源不同，如方案 A 的数据来源于文献资料，而方案 B 的数据来源于原始数据；（2）数据的准确性不同，如方案 A 可以得到一个非常详细的过程和过程表述，而方案 B 则被表述为一个累积的黑箱系统；（3）技术覆盖面不同，如方案 A 的数据基于实验过程（比如中间实验阶段使用新型催化剂而使过程效率更高），而方案 B 的数据则是基于现有大规模使用的技术；（4）数据年限不同，如方案 A 的数据是已收集了 5 年之久的原始数据，而方案 B 的数据是最近刚收集的；（5）地域广度不同，如方案 A 的数据描述了一个典型的欧洲技术组合，而方案 B 则描述了具有高层环境保护政策的欧盟成员国家或一个单一的工厂。有些不一致可以按规定的目的与范围进行调整。在其他所有情况下，存在重大区别时还应在得出结论和提出建议之前考虑其有效性与影响。表 2-14 是提供了 LCI 研究中一致性检查结果的示例。

表 2-14 一致性检查的结果

检 查	方 案 A		方 案 B		A 与 B 比较	措 施
数据来源	文献资料	是	原始数据	OK	一致	无
数据精确性	良好	是	弱	不符合目的和范围	不一致	再访问 B
数据年限	2 年	是	3 年	OK	一致	无
技术覆盖面	现有技术	是	试点工厂	OK	不一致	满足研究目标时无
时间跨度	最近	是	现在	OK	一致	无
地域广度	欧洲	是	美国	OK	一致	无

2.2.6.3 结论和建议

结论和建议是环境协调性评价的最后步骤，也是研究结果的体现，即根据解释阶段的结果，提出符合研究目的与范围要求的初步结论以及合理建议，通常要形成研究报告。研究报告应具有完整性、公正性和透明性。报告中所提的建议通常主要是面向应用。

2.2.7 环境协调性评价的意义及其局限性

2.2.7.1 环境协调性评价的意义

归纳起来，生命周期评价的主要意义可以从以下几个方面论述。

（1）生命周期评价克服了传统环境评价片面性、局部化的弊病，有助于企业在产品开发、技术改造中选择更加有利于环境的最佳“绿色工艺”。

对给定经济单位或行为计算能源和原材料使用效率；据此测算可提高、改善的领域，对指定产品进行工艺流程有效性评估，选择有关的环境表现（行为）参数，包括测量技术、应用生命周期评价技术，可以对某一给定产品分析其整个生命周期内的环境影响并进行不同产品的比较分析，给出综合环境影响评价，能帮助决策者选择环境影响最小的产品或生产工艺，能够识别环境影响在不同的生命周期阶段和不同污染介质之间的转移，从而找出生命周期各个阶段中改善环境影响的机会。传统系统最佳化是以经济效益最大化为目的，在过去的 10 年里，提高环境特性已经开始同经济目标一起纳入到系统最佳化中，包括：种类多样的废物最小化方法和废物处理成本最小化等。尽管这些方法通过减少废物排放量和降低废物处理成本而具有环境效益和经济效益，但是却只考虑了工厂本身产生的污染，并没有从产品或工艺的整个生命周期考虑，所以最佳化结果有很多的缺陷。最近，很多研究已经开始把生命周期思想纳入到工艺设计和最优化过程中，这样就建立了环境影响、经济效益和具体工艺实践的链形关系。当然，这些新的发展仍然处于研究之中。一般来说，将 LCA 纳入到系统最优化过程包括三个主要的步骤：实施 LCA；根据 LCA 结果，将多目标最优化问题用公式表示；对多目标最优化问题求解，寻找最佳解决方案。LCA的最优化问题近似于传统最优化模型，不同之处在于LCA不仅考虑经济目标，同时也考虑环境目标，以环境影响值或环境负荷表示，这样，原来的一维最优化问题就变成了多维最优化问题，系统同时满足环境目标和经济目标最优化而得以最优化。

（2）应用生命周期评价有助于企业实施生态效益计划，促进企业的可持续发展。最近国际上新兴起的工业生态学研究认为，增强工业生态效益是企业追求可持续发展的必由之路，生态效益（eco-efficiency）的实现，是在提供具有竞争力价格的产品和服务、满足人们需求和提高生活品质的同时，在产品和服务的整个生命周期内逐步将其对环境的影响及自然资源的消耗减少到地球承载力所能负荷的程度。要实现生态效益，不能仅仅停留在概念上，企业推进可持续发展，更重要的是以一系列具体的技术、程序与管理策略来确保概念得以落实。企业向生态效益型转变，必须具备以下七个要素：1）降低产品与服务的原料消耗密度；2）降低产品与服务的能源消耗密度；3）减少毒性物质的扩散；4）增强原料的可回收性；5）将可再生资源的使用最大化；6）提高产品的耐久性；7）提高商品的服务强度。生命周期评价可以为企业向生态效益型转变提供全面的支持和帮助，通过生命周期清单分析和影响分析可以全面检测产品系统各阶段的物质、能量流的状况，提供实现以上七要素的重要参数和方法，为生态设计和企业的持续改进提供依据，增强环境综合竞争能力。

（3）生命周期评价能够帮助企业有步骤、有计划地实施清洁生产。1990年9月联合国环境规划署提出清洁生产的概念。1992年6月在巴西举行联合国环境与发展大会（UNCED）上，各国代表所提交的21世纪议程报告中，确认了清洁生产是一种协调环境和经济发展的重要方法。1997年初联合国环境规划署（UNEP）将其定义为：清洁生产是将整体预防的环境战略持续应用于生产过程、产品和服务中，以增加生态效益和减少人类及环境的风险。对生产过程，清洁生产要求节约原材料和能源，淘汰有毒原材料，减少所有废弃物的数量并降低其毒性；对产品，清洁生产要求减少从原材料提炼到产品最终处置的全生命周期的不利影响；对服务，清洁生产要求将环境因素纳入设计所提供的服务中。即利用清洁的生产工艺，将污染最大限度地控制在各个可能产生污染的生产环节中，以减轻末端治理的压力。清洁生产已经纳入我国的工业与环境保护发展政策法律体系当中，2002年6月全国人大通过了《中华人民共和国清洁生产促进法》，使清洁生产在我国全面推广。生命周期评价以其涵盖产品系统整个生命周期进行评测的固有特性，对支持清洁生产有着得天独厚的优越性，可以说是实施清洁生产计划的有力武器。

（4）生命周期评价可以比较不同地区同一环境行为的影响，为制定环境政策提供理论支持。

通过区域范围内宏观的生命周期评价，比较不同地区、不同国家的工业效率，寻求能源、资源的最低消耗，可以为国际环境政策协商提供技术支撑；可以通过分析不同情况下可能的替换政策的环境影响，评估政策变动所降低的环境影响后果；从中找到最佳政策方针，如战略规划、确定优先项、对产品或过程的设计或再设计等，又如包装品的限制政策、低能耗的照明灯具等许多方面。在环境政策与立法上，很多发达国家已经借助生命周期评价制定了“面向产品的环境政策”，如1995年荷兰国家环境部颁布了有关荷兰产品的环境政策，1996年丹麦也提出了以环境产品为导向的建议书，同时欧盟也规定了必须对包装品进行全过程的环境影响评价。

(5) 生命周期评价可以为授予“绿色”标签——产品的环境标志提供量化依据。

环境标志是产品的一种证明性商标，它表明商品不仅质量合格，而且从原材料的开采到最终废弃物的处置，整个生命周期均符合特定的环境保护要求。环境标志引导消费者在进行消费活动时，有目的地在同类商品中选择具有环境标志的商品，从而提高消费者的环境保护意识；另外，通过消费者有意识地选择和市场的竞争，促使企业自觉调整产业结构，采用清洁生产工艺，生产对环境有益的产品。环境标志制度已经在世界上许多国家得到了广泛的执行。“中国环境标志产品认证委员会”于1994年5月17日正式成立。中国环境标志产品认证委员会首次批准了6类11个厂家18种产品的环境标志申请。大多数实行环境标志制度的国家均要求采用生命周期评价方法对申请环境标志产品的环境性能进行评价。国际标准化组织（ISO）也大力推荐以产品生命周期评价所得到的参数作为认证环境标志产品的依据。目前发展的大多数产品标准仅仅涉及产品生命周期环境影响的有限内容，例如，纸类产品的某些标准仅包括可回收性。正在发展中的环境标志对不同产品的环境影响都有涉及，范围也更加广泛，如臭氧消耗、全球变暖、光化学烟雾的形成、生物毒性、噪声、能源使用和不可再生资源的消耗等。

(6) 生命周期评价可以对市场营销进行引导，指导“绿色营销”和“绿色消费”。许多企业已经意识到了消费者对环境问题的日益关注，并认为存在市场营销的机会。许多企业经常设立一些与环境组织相同的目标，这些企业已经贯彻了与环境相关的长期发展战略。还有一些企业也意识到作为一种市场营销机会，认为通过关注环境来促进销售量的快速增长是大势所趋。随着消费者对环境越来越关注，消费者对一些产品的环保宣传用语越来越抱有怀疑的态度，通过产品的生命周期评价可以让公众知道什么样的产品是真正有利于环境保护的产品，从而有利于推进绿色消费和绿色营销的健康发展。

2.2.7.2 环境协调性评价的局限性

产品的环境协调性评价只是风险评价、环境表现（行为）评价、环境审核、环境影响评价等环境管理技术中的一种，它并不是万能的。环境协调性评价中主要的局限性有范围、方法、数据三个方面。

A 环境影响评价在范围上的局限性

在范围上的局限性主要表现在两个方面：应用范围和评价范围。

(1) LCA应用范围上的局限性。正如前面所介绍的，环境协调性评价具有它本身的特性，它是针对产品系统的环境评价，因此，它只是对评价对象在生态环境、人体健康、资源和能源的消耗等方面反映该对象整个生命周期内的环境冲击或环境影响，不可能涉及经济、社会、文化方面的因素，也考虑不到企业生产的质量、经济成本、劳动力成本、利润、企业形象等。因此，不论是政府和企业都不可能仅仅依靠LCA评价的结论来解决所有的问题。

(2) LCA在评价范围上的局限性。环境协调性评价中所做的选择假定，如系统边界的确定可能具有主观性，可能不适用对全球性或区域性问题的环境协调性评价研究，即全球或区域性条件不能充分体现当地条件。同时，在某一时间所做的LCA结论存在时间上的局限性，还有可能存在地域上的局限性，用来进行影响评价的清单数据缺乏时空属性给评价结果带来不确定性，这种不确定性因具体影响类型的空间和时间特性而异。例如，20世纪80年代美国的一个州曾经就是否允许使用一次性尿布进行立法，由于当时的研究结果表明，这种尿布会增加资源的浪费和加重填埋场的压力，且公众舆论也倾向禁止使用一次性尿布。结果法令颁布执行后，当地居民大量使用多次可洗涤尿布，导致了用水量的大幅度增加，造成了水资源紧张，而该州恰恰是美国最干旱的地区之一，但地域宽广，填埋场并不会受到很大的压力。由此可见，在选择LCA分析系统边界的问题上对于特定环境问题的取舍一定要符合本地的实际情况，否则可能得到截然相反的结论，误导政策法令，造成严重后果。

B 环境影响评价在分析方法上的局限性

尽管ISO14000对LCA的方法进行了标准化，但是不可能覆盖LCA评价中每一环节的具体问题，LCA的实施既依赖于LCA标准，也依赖于具体执行者对方法的理解和对评价对象的认识程度，以及自身的经验和技术背景。在方法上的局限性主要有以下几个方面：

（1）量化模型的局限性。用来进行清单分析或评价环境影响的模型要受到所做假定的限制，另外，对于某些影响或应用，可能无法建立适当的模型。通常LCA希望尽量建立在客观的基础上，避免主观因素的影响，但实际上在很多环节上是不能实现客观量化的，也就是说需要引入一些主观参数去人为地量化其环境影响，其评价结果必然是因人而异的，使其客观性受到影响。

（2）权重因子的局限性。不同环境影响指标依赖于对权重因子进行归一化，而权重因子的选择和确定也存在不确定的因素，在归一化的过程中对不同类型的环境影响进行比较和叠加时，由于量纲上存在差异，必然导致引入一些无量纲的权重因子。而这些权重因子往往由LCA实施者来自由选择和定义，必然引入一些主观的因素。

（3）检测精度上的局限性。并不是每项LCA评价工作都能参考现成的数据，很多时候需要进行现场的检测和试验，由于仪器和方法上的局限性；同一污染源的检测结果其精确程度会有一些偏差。例如，同样是对煤燃烧的烟气成分进行检测，国内的检测指标只有CO_2、SO_2、NO_x、粉尘和TSS等几种到十几种，而美国EPA的检测结果多达上百种化合物，有许多对人体和生物有害的化合物赫然在列，其对LCA分析结果的影响可想而知。

C 环境影响评价在分析数据的局限性

具体如下：

（1）数据来源的局限性。由于无法取得或不具备有关数据，或是数据质量问题（如数据断档、数据类型、数据综合、数据平均、现场特性等）限制了生命周期研究的准确性。

（2）数据分配的局限性。生命周期清单分析针对产品系统所有单元过程的输入与输出（原材料、能源、环境排放）进行清查和计算。然而实际生产单元过程不可能总是只有一种原料（或产品）输入与输出，而且生产工艺常常通过原料或配料互相连接，因此，就需要对系统的输入与输出在各产品中进行分配。分配通常出现在多产品系统及开环再循环过程中。在有多个子系统时，各子系统或过程相互间的输入（输出）关系并不是绝对的，进行量化数据的分配是十分困难的。尽管ISO14041标准给出了一些指导性的建议，但没有一个通用的方法，只能取决于实施者的选择。

（3）数据库的标准化和适用性。尽管世界上许多国家和地区建立了LCA数据库，但是，由于这些数据并不一定能直接用于我国产品的LCA分析，因此，缺乏有针对性的、适用的数据库也是推广使用LCA的限制条件，尽快建立适合我国国情的LCA数据库是当务之急。因此，从生命周期研究所取得的信息只能作为一个全面决策过程的一部分加以应用，对于不同的LCA研究，只有当它们的假定和背景条件相同时，才有可能对其结果进行比较。

2.2.8 生命周期评价数据库与评估软件

LCA的整个评价过程，主要是对环境影响数据的处理过程。按应用系统的数据处理分类，可以分为LCI数据和评价软件分析（计算）数据。LCI数据是对环境负荷数据的采集、分析、建模等生成的基础数据；评价软件分析数据则是在LCI数据的基础上，应用评价方法生成的评价数据，可以是文本文字、数据表、图形、图像，也可以是一些中间过程数据。

对LCI数据、评价软件分析数据的管理，应用数据库技术是最有效的数据管理和处理方法。基于数据库基础的数据管理软件和评价的开发，是当今LCA的主要应用开发领域之一，这些LCA软件在促进LCA的发展和数据交流方面，起到了非常重要的作用。

A 生命周期评价数据库

LCA的研究与应用不仅依赖于标准的制定，也依赖于评估数据与结果的积累。在绝大多数的LCA个案研究中，都需要一些基本的生命周期清单分析数据，如能源、运输和基础材料相关的清单分析数据。对于一般的研究小组或中小型企业而言，如果LCA评估总是要从产品寿命周期的原材料开采阶段开始评估的话，其工作量将是非常巨大而难以承受的。所以，不断积累评估数据，并将这些数据组织为数据库的形式，在LCA研究中是非常重要的工作。这些数据库的功能在于将生命周期清单分析所获取的相关数据，如空气污染方面SO_2的排放、水污染方面重金属的排放、臭氧层破坏气体的排放量、温室效应方面CO_2的排放量及化石燃料的消耗等,进行冗长的计算,包括标准化、平均、总计等,再将计算结果换算成对各种环境的影响或针对某种特定环境负荷,为设计或决策人员提供参考。

LCA的研究基本上经历了从具体的LCA个案分析到建立环境影响数据库这样一个过程。以日本国家资源与环境研究所（NIRE）的LCA研究工作为例，在1993~1996年期间主要集中在家用电器的LCA评估以及基础数据的收集上，从1997年起则开始着手建立一个LCA公共数据库系统。从LCA的出现到今天的广泛开展，全世界围绕LCA研究建立的环境影响数据库已超过1000个，著名的也有十几个。到目前为止，材料类别及其用途等方面的LCA数据库，几乎都在不断建立和完善。不同国家和地区的资源、能源占有量各不相同，各自的科技水平也不平衡，这些体现在LCA数据上，表现为很强的地域性，几乎各个国家和地区都需要建立自己的环境影响数据库。目前，发达国家在LCA研究中占据了重要地位，著名的LCA数据库几乎都是发达国家建立的，并且这些数据库中的数据在不断地更新，并得到了很好的维护。而发展中国家，由于客观因素，对环境问题还存在认识上的不足，LCA研究还处于较低的水平，相应其建立的数据库也较少。

目前世界上有十多个著名的LCA数据库，由不同的国家、组织或研究机构建立。这些数据库在LCA研究中发挥着重要的作用。例如，Boustead Model（英国）、R. F. Weston（美国）、Chem Systems（美国）、EMPA（瑞士）、PIRA International（英国）、Charlimers Industriteknik（瑞典）、Environmental Conscious Design Support System（美国）、

SimaPro（荷兰）等都已经发展至某个程度的实用性。就上述数据库的计算方式而言，LCA数据库可分为面向数据库及面向电子表格两类，其中，R. F. Weston 就是用 Lotus 123 及 Microsoft Excel 的电子表格所架构的。就生命周期评估阶段的完整性而言 LCA 数据库可分为生命周期清单分析数据库及完整生命周期数据库（包含生命周期影响评价）两种。

B 生命周期评价评估软件

由于 LCA 评估中需要处理大量的数据，借助于计算机可以较好地完成 LCA 评估。近年来已经开发出数十个用于 LCA、LCI 的计算机软件，以及用于环境管理系统（EMS）的管理软件。其中最著名的有 SimaPro、GaBi、EcoPro 和 KCL-ECO 等。它们支持用户管理大量的数据，为产品系统建立模型，能够进行不同类型的计算，并帮助生成评估报告，但评估质量仍取决于用户。

大多数 LCA 评估软件的功能都符合 ISO14040 对 LCA 方法的定义。首先，在软件中用户可以定义评估的目的与范围，主要包括产品系统以及系统边界的定义。在 SPOLD 格式中，目的与范围的确定被细分为多个部分，一些评估软件也采用了这些格式，要求评估者输入各项的内容；在生命周期清单分析部分，评估者将整个产品系统分解为多个连续的处理过程，部分评估软件支持画出一个相应的流程图，这样更利于理解各处理过程之间的关系。然后，评估者收集相关的清单分析数据，并填入一个数据表中。通常如果评估软件自身带有常见的基本清单分析数据，例如有关能量、基础材料、运输等方面的清单分析数据，可以大大减少评估的工作量，并得出较完整的评估结果。像 SimaPro 和 GaBi 这些商业化的评估软件都带有这样的基础数据库。在收集的清单分析数据的基础上，可以计算并显示出系统及各部分的输入与输出，部分软件还支持用户进行环境影响评估。最后，评估者可以通过软件生成一个评估报告，打印出评估的主要内容和结果，表 2-15 列出了主要 LCA 评估软件与数据库。

表 2-15 主要 LCA 评估软件与数据库

软件或数据库名称	开发单位	备注
SPOLD	Society for Promotion of Life-cycle Assessment Development	http：//www. spold. org
TEAM	Ecobalance，Inc.	http：//www. ecobalance. com
SimaPro	Pre Consultants	http：//www. pre. nl
GaBi	University of Stuttgart	http：//www. ikp2. unistuttgart. de
KCL-ECO	Oy Kesuslaboratorio-Centrallaboratorium Ab	http：//st-online. ewindows. eu. org
CMLCA	CML at Leiden University	http：//www. leidenuniv. nl
ECLScan	Turtle Bay by TNO	http：//www. 3po. nl
EIOLCA	Carnegic Mellon University	http：//www. eiolca. net
IDEMAT	Delft University Clean Technology Institute	http：//www. io. tudelft. nl
LCAiT	CIT Ekologik	http：//www. leait. com
LCNetBase	Sylvatica	http：//www. sylvatica. com
Umberto	Institute for Umweltinformatik	http：//www. umberto. de

应该说明的是，在国内，SimaPro 软件、GaBi 软件、EcoPro 软件应用较为普遍。

2.3 材料的环境协调性评价研究进展

从20世纪60年代基于“物质—能量流方法”的环境协调性评价到现在，环境协调性评价的研究经过了50年的发展历史，其中遇到了一些LCA应用范围、分析方法、缺乏分析数据的局限性，但是，随着学者的共同努力和国际社会的支持，材料环境协调性评价也取得了许多阶段性进展。

2.3.1 材料的环境协调性评价的主要问题

目前，材料的环境协调性评价遇到的问题主要有两方面：一方面是理论上存在的困难；另一方面是实际应用中存在的困难。

（1）LCA理论上的困难。

1）客观性问题。LCA作为一种评价产品环境影响的方法，最重要的是保证结论的客观性。但LCA所处理的环境问题以及所采用的量化方法，都对LCA的客观性有极大的影响。

首先，LCA方法在许多环节的实施中，既依赖于LCA的标准，也依赖于实施者对LCA方法的理解和对评估系统的认识以及自身积累的评估经验和习惯，这些难以完全避免的非标准化的因素都有损于LCA的客观性。

第二,LCA中所做出的大量选择和假定,包括功能单元的定义、系统边界的设置、数据收集渠道和影响类型的选择等,在本质上无法脱离主观因素的影响,所以必然会存在误差。

第三，环境影响评估在量化过程必然要引入像权重因子这样的主观因素，其评价结果必然因人而异，没有重复性并且难以验证，使其客观性得到损害。

2）计算模型的局限性。用于生命周期清单分析或评价环境影响的模型实际上存在很大局限性。因为它们的假定条件可能对某些潜在影响或运用是不可行的。由于目前尚不存在一种在科学尚可接受的、对各种不同的污染物权重的方法。因此，对不同类型的污染进行比较还存在着困难，甚至在同一单元中的污染影响也没有测定过。所以，将清单数据转换为环境损害的计算方法通常非常复杂和不确定，其简化处理公式如“临界容量”等存在着根本上的缺陷，精确度很受影响。

3）数据采集及质量分析方法的标准化问题。虽然LCA的数据搜集标准化有了很大进展，但不同分析的结果差别仍然很大。差异源自于系统边界定义不同、产品系统间的输入输出分配不同、搜集的数据质量参差不齐等。例如不同国家的电力结构不同，在计算消耗电能对环境的影响时差异就较大。评价方法的标准化问题将直接影响评价结果的比较和交流。另外，对于数据质量的分析也非常重要，但直至目前，基础数据可靠性和全面性的评判仍不存在标准化的方法。

4）研究结果的不确定性。由于许多参数还不能简化到用一个指标来概括的程度，数据更新的速度又相当快，而且在确定权重过程中使用的假设也可能有问题，因此不能为消费者提供相当于某一特定产品在环境方面具有绝对优势的结论。

（2）实际应用中遇到的问题。

1）数据完整性和精度问题。由于LCA需要大量的数据，J. Nash和M. D. Stoughtom等人的研究表明，对某种材料充分的 LCA 评价可能涉及 60 万个基本数据，这就不可避免地产生数据资料可得性问题。由于无法取得或不具备有关数据，或是数据质量问题（如数据断档、数据类型、数据综合、数据平均、现场特性等），研究人员必须经常依据典型生产工艺、全国平均水平、工艺的工程估计或专业判断等来获取数据，所以其结果可能造成数据不准确、误差或偏差较大，甚至会得出错误结论。

2）完成费用较高。为了进行生命周期评价，对许多产品来说，评价研究工作复杂，费用支出很高。因为不同地区的产品或工艺对环境有不同的影响，所以 LCA 必须符合具体情况，并对不同的情况进行重复评价，这样需要许多费用。目前，进行一项 LCA 通常需花费 10000～100000 美元。并且其价格随着所要求的精确度的提高而大幅度增长。在欧洲，某政府进行一个 LCA 约花费 150 万欧元。由于产品（甚至产品类别）数量众多，如此高的费用使得 LCA 只能有选择地应用于某些产品。

3）时间较长。对许多产品来说，由于生命周期评价研究工作复杂，在花费高昂的同时，花费的时间通常也很长。在国外完成一个 LCA，一般要 6～18 个月，因此用 LCA 结果为产品尤其是电子、计算机等变化快的产品做设计是不切实际的。

4）计算机辅助评价问题。适当的 LCA 软件工具和 LCA 基础数据库可以使 LCA 的应用简化。虽然目前这个领域发展非常迅速，可大大缩短开发设计方案时的分析时间，但存在的问题仍相当多，其评价结果的质量非常有限。

2.3.2 材料的环境协调性评价发展趋势

材料的环境协调性评价的突出优点是以整体的观点来进行评价，从而避免了传统方法所造成的因系统中某一过程环境负荷改善而造成另一过程环境负荷加重的污染转嫁问题。这种方法一经问世，就体现了强大的生命力，然而由于其本身的复杂性和综合性特点，虽然国内外学者进行了大量研究，但是至今还没有一种能够得到普遍公认的评价方法。下面结合 LCA 方法，论述一下材料环境协调性评价的发展趋势。

（1）LCA 模型的简化。为了减少进行 LCA 研究所需要的时间和数据，节省研究所需要的费用，同时也有利于 LCA 的发展与普及，人们有时通过对传统的 LCA 进行简化，或选中系统中认为比较重要的部分进行评价，或采用定性方法对各个阶段环境影响的重要性进行比较。

LCA 有多种简化形式，较具代表性的是 Graedel 等提出的以矩阵形式提出的一种方法。这种评价方法如表 2-16 所示。

表 2-16　Graedel 等提出的矩阵形式 LCA 模型简化法

项　目	环　境　负　荷				
寿命阶段	资源消耗	能源消耗	固体废物	液体废物	气体废物
原料制备					
产品生产					
包装和运输					
使　用					
整修—循环—废弃					

矩阵中的每一个单元根据所研究系统生命周期中每一阶段对资源、能源和废物的消耗和排放情况进行赋值，取离散的0～4之间的整数值，0表示对环境的影响最高，4表示对环境的影响程度最小，当假设各个环境负荷同样重要时，总的环境负荷值可以表示为式2-5：

$$E=\sum_i \sum_j M_{ij} \tag{2-5}$$

对上面的矩阵，也可以根据实际情况，对各环境负荷赋以不同的权重。通过比较总的环境负荷值，可以得出两种产品或工艺的环境性能的优劣；同时，也可识别一种产品或过程在生命周期中环境负荷最大的阶段和最突出的环境负荷，从而提出改善的措施和建议。这种方法的优点是所要求的数据少，花费时间少（对典型产品来说，两天就可完成），但缺点是矩阵中的每一元素都采用相对值的形式表达，主观性强。

（2）经济投入产出模型（EIO-LCA model）对过程模型（process model）的调整。过程模型是SETAC推荐的一种模型，其出发点是为了对系统进行简化，根据所研究系统输入或输出的重量、体积或产品价格确定认为比较重要的过程，将其包括在研究的边界之内。这种方法的缺点是主观性强，因为进行LCA评价的出发点之一就是确定系统中对环境影响最重要的部分，而首先就对各阶段的重要性进行主观的评定，在一定程度上也就违背了LCA的初衷。另外，所研究系统范围可能仅仅包括了最直接的影响，而被排除在外的间接环境影响可能比所评价部分造成的影响还要大。为了克服边界的划分问题，Lave将经济系统中的输入输出模型引入到了LCA的研究中，EIO-LCA模型的建立和求解要经过两个阶段，首先根据某产品的需求变化求出所引起的相关产品变化情况（以货币的形式表达)，然后根据单位产品所产生的环境负荷进行影响分析。

和过程模型相比，EIO-LCA模型的突出优点是避免了边界主观性的划分，从国家整个宏观经济系统出发，将所研究的系统的间接影响也包括在内，能够比较全面地反映所研究系统造成的环境影响。另外，由于它采用现有的数据和表格，并且以固定的程序进行评价，不但具有透明性的特点，而且评价速度快，几小时就可以完成，特别适用于产品设计。但EIO-LCA模型本身的特点也决定了它的局限性，主要表现在以下几个方面：

1）数据不全面，输入输出表格中的产品不能完全代表实际中的所有产品，并且分类笼统，有毒物质编目分析中的物质种类不全，并且以重量的单位表示，不能反映化学毒性的区别，而且不能体现出技术措施改进的影响；

2）建立在单产品系统结构的基础上，不能处理实际的多产品系统；

3）产品价格比例固定，不受现有工艺的生产能力、原料和能源限制的假设且与现实不符；

4）适用于产品的生产过程，而不能用于产品的使用和废弃阶段。

（3）决策理论模型。LCA应用的一个重要方面就是从众多方案中选择环境性能较佳的方案，这实质上也是一个决策问题。同时，LCA评价具有多属性多层次的特征：一方面就环境性能本身而言，它涉及温室效应、酸雨等多种影响的评价问题；另一方面，还涉及有关技术、经济和环境等多方面的因素，而且评价中带有许多随机性、模糊性。因此可以将决策理论用于LCA评价过程，国外Geldermann等将多目标决策理论和模糊理论相结合对钢铁工业进行了LCA评价。层次分析法是多目标决策中结构化比较强的一种方法，陈仲林、刘顺妮等分别利用层次分析法对电光源和硅酸盐水泥的生命周期进行了评价。

（4）多目标优化模型。优化方法是运筹学中比较成熟的一种方法，它是在一定的限制条件下，使目标函数取得最优值的一种求解方法，可表达为式 2-6 所示，约束条件如式 2-7、式 2-8 所示：

$$\max(\min)F = \sum_{i=1}^{l} f_i x_i \tag{2-6}$$

$$\text{s. t.} \sum_{i=1}^{l} a_{ci} x_i \leqslant e_c \quad (c=1,\ 2,\ \cdots) \tag{2-7}$$

$$x_i \geqslant 0 \ (i = 1,2,\cdots,I) \tag{2-8}$$

传统优化模型建立的目的一般是在一定的限制条件下将资源进行优化配置，以获得最大利润为出发点。对 LCA 研究而言，其目标函数则为环境负荷（编目阶段）或环境影响（分析阶段），限制条件则延伸至从原料提取直至最终产品废弃的整个寿命阶段的所有影响因素，即目标函数可以分别定义为式 2-9：

$$\min E_k = \sum_{j=1}^{J} ec_{k,j} B_j \ (ec_{k,j}\text{ 为负荷 } B_j \text{ 对影响 } E_k \text{ 的相对贡献}) \tag{2-9}$$

目标函数取决于研究目标，也可以对环境或经济等一个或多个目标函数进行优化，得到优化解，以取得系统性能改善的功效。多目标优化方法建立在多种环境影响（或经济性能）同时取得优化的理论基础上，所提供的最终结果是各种条件下系统的不同的优化值，这种方法能留给决策者更大的空间，使他们根据实际情况加以选择和取舍。但在实际过程中，由于所造成的环境影响是多方面的，在具体结果的表达上有一定的困难，因此目前进行的评价大部分局限于少数的主要环境影响或经济性能。

MATLAB 软件为运筹学提供了分析包，对于如下的标准型提供了 linprog 函数进行了求解，使得相关分析变得非常容易。

$$\min z = f \tag{2-10}$$

$$\text{s. t.} \begin{cases} ax \leqslant b \\ \boldsymbol{aeq}x = \boldsymbol{beq} \\ lb \leqslant x \leqslant ub \end{cases} \tag{2-11}$$

Linprog 函数的表达形式如下所示：

$$[x, fval, exitflag, output, lambda] = linprog(f, a, b, [\ ], [\ ], lb) \tag{2-12}$$

式中，f 是目标函数，它以列向量形式出现；a、b 分别是线形规划中不等式约束的技术系统矩阵和资源向量；***aeq***、***beq*** 分别是线形规划中的技术系数矩阵和资源向量；这其中如有缺省，则以 [ ] 代替；*lb* 是决策变量下界，*ub* 是决策变量上界。在输出部分，*x* 是线性规划最优解，*fval* 是线性规划最优值；*exitflag* 是输出标记，当 *exitflag* =1 时，表示线性规划有解，当 *exitflag* = −1 时，表示线性规划无解；*output* 是指算法和递带情况；*lamba* 是指存储情况。

对于不是标准型的线性规划函数，MATLAB 要求必须先转化为标准型函数再参与计算。

（5）基于热力学性质的 Ex-LCA 和 Em-LCA 模型。为了客观地表示所研究系统的环境性能，近年来提出了运用热力学的性质研究 LCA 的观点，这种观点认为经济系统和生态系统都是自组织系统，都服从于同样的热力学定律，因此，可用同样的热力学框架来分析生态系统。

1）Ex-LCA（exergy-based LCA）模型。根据热力学第二定律，㶲（Exergy）定义为在给定环境条件下，材料或系统所能做功的最大潜能。系统中不可逆的㶲损失不仅可以说明过程效率的降低，而且也可说明因废物产生而对环境造成的影响。因此，可将㶲看作能量的做功质量，它的损失代表功的损失。它可用来表示对环境的影响。

在Ex-LCA模型中，将系统的整个生命周期看作一个黑箱，其中的单个阶段（㶲消耗阶段）的㶲效率不予考虑。生命周期中㶲的输入和输出数量之差可作为系统整体㶲的损失。总的来说，Ex-LCA具有以下优点：

①识别系统环境性能改善的潜力。采用㶲统一表示系统的输入和输出，可以很快得出㶲的效率，也就是输出和输入之比越低，环境性能改善的潜力就越大，反之就越小。②作为环境影响的表示，通过对不同系统的㶲值的比较，可以得出环境性能的优劣。㶲的引入为LCA定量分析环境影响提供了一条新的思路，但在实际应用中，㶲值的计算存在着一定的困难，特别是对化学和冶金过程来说，一方面很难得到可靠的废物化学组成信息；另一方面缺乏计算所需要的上百种化学物质的吉布斯自由能，从而影响了最终的计算结果。同时，对资源能否被㶲表征，还存在着不同的看法，一种观点认为，在许多矿石中，大部分的㶲存在于没有被使用的部分矿石中，㶲的损失和资源的消耗没有太大的联系。

2）Em-LCA（Emergy-based LCA）模型。能值是一个新的科学概念和度量标准，由美国著名生态学家Odum创立。它表明生产某种产品或提供服务所需要的直接能量和间接能量的总和。因为任何形式的能量均来自于太阳能，因此，能值又被称为所包含的太阳能。生态系统的生存和发展取决于它们所能得到的能量、能量转化为有效能的能力以及所赖以生存的周围的环境，生态学家用能值表征生态系统的健康和可持续性。现有的能值的方法大都忽略废物对环境和经济系统的影响，这种假设对生态系统的分析来说影响不大，但对工业分析可能要造成比较大的误差。为与LCA相结合，全面地反映系统的环境性能，Bakshi将生态系统中能量流和能值流的概念扩展到研究经济和生态系统的行为，将和LCA结合的能值与一般的LCA研究框架相结合就得到了基于能值的LCA的模型。如果能够得到各种物质的能值以及经济数据，就可以为LCA影响分析中的量化阶段提供一种客观的量化形式，这是基于能值分析的LCA的一大显著优点，但能值的计算问题也阻碍着它的实际应用。

（6）和经济相结合的LCA方法。传统LCA研究大部分只考虑环境性能的影响，而很少考虑经济性能，但作为一种决策支持工具，决策的经济后果的重要性是显而易见的。近年来，和经济相结合的LCA日益得到了人们的重视。目前提出的模型可以分为三类，即以系统的经济性能和环境性能作为目标的多目标优化模型，将环境性能用货币形式表达的LCCA（life cycle cost assessment）模型，以及由ABC（activity-based cost）扩展而得到的AB-LCA（activity-based LCA）模型。

1）LCCA模型。LCC（life cycle cost）考虑整个生命周期内的内部和外部费用，直接费用是和生产组织直接相关的费用如资金、劳动力、能耗、责任费用等，外部费用则是指和组织不直接相关的费用，如资源枯竭、水体污染、人类健康影响等。在这里，LCC将系统对环境的影响换算为货币费用的形式，即根据对环境的潜在影响而进行费用评价。生命周期费用=传统的输入费用+传统的输出费用+输入责任费用+输出责任费用+环境费用。

由于LCCA将环境影响表示为货币的形式，因此，不仅可以将不同决策所造成的环境影响进行直观比较，而且还可识别和改善不同方案的直接和间接费用。但是，限于人们对物质对环境潜在影响的认知能力，环境费用的计算有一定程度的主观性。

2）AB-LCA模型。AB-LCA是Emberg提出的建立在ABC（activity-based cost）基础上的一种评价模型。他认为与其新建立一套不成熟的新的系统性能评价体系，不如将成熟的ABC和环境管理相结合，把费用管理扩展到环境方面（能耗、废物），建立一种综合的经济-环境评价方法。

区别于ISO用对环境影响分类的方式（如酸雨、温室效应等）来表达系统对环境的影响，Emberg在AB-LCA模型中提出了废物指数（waste index，WI）的概念，它表示因废物的排放而对环境平衡所造成的影响并用一级降解函数表示。WI数值越大，表示对环境影响越大。

（7）和专家系统结合的LCA方法。LCA的环境影响评价中因具有时空性、滞后性、机理复杂以及影响因素多等特点，仅仅依靠数学模型和数据库这种定量方法已遇到许多难以克服的困难，许多评价必须依靠专家的知识和经验才能解决。因此，为了得到较好的评价结果，Thiel等提出将专家系统引入到LCA方法中。专家系统在环境领域的应用处于初级阶段，但它具有信息的储存随着技术的进步和操作条件的改变而容易进行动态更新的特点，因此也就决定了它在根据经验决策方面是一个强有力的工具。

（8）其他方法。为了克服LCA方法的局限性，一些和LCA相结合的有针对性的评价方法相继被一些学者提出，比如与地理信息系统（GIS）相结合的LCA评价方法，可以克服传统LCA方法缺乏地域性的缺点；比如与风险评价（risk assessment）相结合的LCA则考虑了突发性事件。

因此，基于LCA在国民经济、可持续发展中的重要作用，国内外学者进行了一系列研究，但是该门学科的发展还处于初级阶段，对于材料工作者还有很长的路要走。为了增强我国材料在全世界市场的竞争力、促进可持续发展，建立被全世界公认的环境协调性评价指标体系，进行材料的生命周期评价就显得尤为迫切。

思考题

2-1 LCA包括哪几个阶段？每一个阶段起的作用是什么？

2-2 生命周期清单分析的流程是什么？

2-3 生命周期解释中，如何对重大问题进行识别？

2-4 论述环境协调性评价的意义。

2-5 简述一下材料的环境协调性评价的常用指标？

参考文献

[1] 翁端．环境材料学［M］．北京：清华大学出版社，2001.

[2] 左铁镛，聂祚仁．环境材料基础［M］．北京：科学出版社，2008.

[3] 钱晓良，刘石明．环境材料［M］．武汉：华中科技大学出版社，2006.

[4] 李贵奇，周和敏，刘业翔．环境协调性评价及研究进展［J］．武汉理工大学学报，2002，24（2）：

79～82.
[5] 李贵奇，聂祚仁，左铁镛. 环境协调性评价（LCA）方法研究进展［J］. 材料导报，2002，16（1）：7～10.
[6] 宋萍，聂祚仁，狄向华，等. 硫铝酸盐水泥的生命周期评价案例分析［J］. 新世纪水泥导报，2006，1（1）：8～10.
[7] 冯奇，马放，冯玉杰. 环境材料概论［M］. 北京：化学工业出版社，2007.
[8] GB/T24041—2000：环境管理-生命周期评价-目的与范围的确定和清单分析［S］.
[9] GB/T24041—2000：环境管理-生命周期评价-原则与框架［S］.
[10] GB/T24042—2000：环境管理-生命周期评价-生命周期影响评价［S］.
[11] GB/T24043—2000：环境管理-生命周期评价-生命周期解释［S］.
[12] GB/T24044—2000：环境管理-生命周期评价-生命周期解释［S］.

3　环境材料的设计与加工

随着世界人口的增加和社会经济的高速发展，人类对资源、能源的消耗将会进一步加剧，由此造成的资源、能源的短缺将会日益严重。引起资源枯竭的原因，除大量开采、无限度使用外，资源的回收利用率低是另一个重要原因。为了人类社会的可持续发展，人类不得不改变以往的生产方式，在减少废弃物排放的同时，还要减少对矿石等原生资源的依赖性，将产品、材料纯生产逐渐转移到以利用再生循环材料为主的基础上。因此，开发去除材料中有害杂质的技术和使之无害化的技术，是摆在材料科学工作者面前的重要任务。而基于这些研究基础上的材料和产品的生态设计和加工，就成为保证工业甚至人类社会可持续发展的重要前提之一。

环境影响发生在产品生命周期的各个阶段，而每一个阶段环境影响的大小又因产品的不同而不同，不同产品的环境影响可能集中在不同的阶段。例如：对家居行业来说，原材料选用和最后的处置带来了严重的环境影响；对耗能产品，如家电，使用过程中带来了主要的环境影响。但是，无论产品的环境影响集中在哪个阶段，大多数环境影响“锁定”在产品的设计阶段，因为这个阶段决定了产品整个生命周期80%的经济成本和环境影响（也包括社会影响）。对材料工业而言，生态设计不仅要求在材料生产和使用中尽量减少有害气体、液体、固体的产生和排放，而且要求尽量提高材料的再循环利用率，将有害物质转化为有用材料，实现经济活动的可持续发展。

因此，生态设计成为了寻求可持续发展产品最有力和实用的工具之一，是从源头控制环境污染的必要手段。本章从介绍生态设计的定义出发，对生态设计的原则、内容和主要方法进行阐述。

3.1　环境材料的生态设计

传统经济社会的基本特征是“大量生产、大量消费和大量废弃”。迄今为止，材料科学工作者一直致力于研究和开发更适合在严酷环境条件下使用的高强度、高韧度、高性能材料，结果是开发出的材料种类越来越多、组成越来越复杂，而在材料的研制和开发过程中基本上忽略了节约资源、材料再生循环利用和环境保护等问题。因此，建立生态循环型的经济社会，在产品和生产技术的设计阶段首先考虑到环境因素，进行卓有成效的生态设计（eco-design）就显得尤为重要。

为实现现代社会的可持续发展，人类社会正努力向“最优生产、最优消费和最少废弃”的生态循环型经济社会转变。生态设计是一种全新的设计思想，即在产品或材料的设计时，在考虑成本、功能（或性能）、质量、外观等传统使用性能指标的基础上，着重考虑产品或材料在整个生命周期内的环境性能（可拆卸性、可回收性、可维护性、可重复利用性等），使之不断改进并达到经济、环境和社会效益的和谐统一。生态设计目前已经成为预防生态环境受到危害的重要手段，是最高级的清洁生产措施，也是可持续发展的最佳途径。

3.1.1 生态设计的基本原则和方法

3.1.1.1 生态设计的原则

生态设计必须在使用资源丰富材料的同时更有效地利用可再生资源；必须认识到存在隐含于资源中的物质流的问题，尽量设法使用物质集约度（material intensity，简称 MI）更低的物品；必须选择材料环境影响值（ecoindicator）更低的物品。这里的环境影响值是表示综合环境影响的指标，一般而言再生材料的环境影响值要比新鲜材料的小。产品再利用与将构成产品的材料循环再生后再制成产品，在这两种情况下所造成的环境影响，总体而言前者要比后者小。由于循环再生要耗能，要排放出造成环境负荷的物质，因此，希望产品具有长寿命，从生态学观点出发给产品设定适当的寿命也是必要的。

对于在使用状态下环境负荷大的产品，尤其像家电、汽车、建筑物等，必须采取节能、省资源等一切可以减轻环境负荷的措施，力求彻底降低其环境负荷，尽可能不使用有毒物质或者采取替代措施，不得不使用时必须做到完全循环再生。对于那些尚不清楚的人工化合物质，要做到在科学上尚未查明、解除疑团之前不使用，要做到预防为主。

A 生态设计的基本原则

生态设计的基本原则可以从材料、制备工艺、产品结构、管理技术几个方面来具体论述。其主要包括以下几方面原则：

（1）使用资源丰富的材料，有效利用可再生资源；

（2）认识到隐含于资源中的物质流存在的事实，使用物质集约度（MI）更小的物品；

（3）选择材料环境影响值（ecoindicator）更低的物品；再生材料环境影响值一般比新材料小；

（4）物品再利用带来的环境影响总体而言比将其材料进行循环再生后再制成产品的要小；

（5）循环再生即消耗能源又要排放造成环境负荷的物质，因此希望产品具有长寿命；

（6）从生态学观点出发给产品设定适当的寿命是必要的；

（7）对于在使用状态下环境负荷大的产品要力求采取彻底减轻环境负荷的措施（节能省资源等）（尤其像家电、汽车、建筑物等）；

（8）尽可能不使用有毒物质或者采取替代措施；不得已而使用的情况下要做到完全循环再生；

（9）尚不清楚的人工化合物质，未在科学上查清解除疑团之前不使用（彻底贯彻预防为主的原则）；

（10）推进非物质化，以服务换产品（性能销售）；强力推进非物质化的新式商业。

B 与材料有关的原则

产品的环境属性与材料有着密切的关系，因此必须仔细而慎重地选择和使用材料，与材料有关的原则包括以下几个方面：（1）少用短缺或稀有的原材料，多用废料、余料或回收材料作为原材料，尽量寻找短缺或稀有原材料的代用材料，提高产品的可靠性和使用寿命；（2）尽量减少产品中的材料种类，以利于产品废弃后的有效回收；（3）尽量采用相容性好的材料，不采用难以回收或无法回收的材料；（4）尽量少用或不用有毒有害的原材料，如果必须使用有害材料，尽量在当地生产，避免从外地运来；（5）优先选择天然材料代替合成材料；（6）选择低能耗的原材料；（7）尽量从再循环中获取所需的材料。

C 与产品结构设计有关的原则

产品结构设计是否合理对材料的使用量、产品的维护、产品淘汰废弃后的拆卸回收等有着重要影响，在设计时应遵循以下原则：

（1）减量化、轻量化原则。在结构设计中要树立“小而精”的设计思想，在同一性能情况下，无论用什么材料，用量越少，成本和环境优越性就越大，因此，可通过产品的小型化以节约资源的使用量。如采用轻质材料、去除多余的功能、避免过度包装等减轻产品重量。

（2）简化产品结构，提倡“简而美”的设计原则。如减少零部件数目，这样既便于装卸、拆卸、重新组装，又便于维修及报废后的分类处理。

（3）采用模块化设计原则。模块化产品是由各种功能模块组成，既有利于产品的装配、拆卸，也便于废弃后的回收处理。

在保证产品耐用的基础上，赋予产品合理的使用寿命，同时考虑产品报废的因素，努力减少产品使用过程中的能源消耗。在设计过程中注重产品的多品种及系列化，以满足不同层次的消费需求，避免大材小用、优品劣用。

简化拆卸过程，如结构设计时采用易于拆卸的连接方式、减少紧固件数量、尽量避免破坏性拆卸方式等。

尽可能简化产品包装，采用适度包装，避免过度包装，使包装可以多次重复使用或便于回收，且不会产生二次污染。包装在现代商品社会中发挥着重要的作用，它具有众多的功能，如产品的盛装容器能便于储存和运输、满足特殊的安全要求、为消费者提供使用信息、吸引消费者注意、唤起购买欲望等。不少包装只使用一次，废弃的包装材料是城市垃圾的重要组成部分。简化产品包装直至实现包装材料的再循环，不仅可以降低成本、减轻消费者的负担，而且也有利于节约资源、减少废物、保护环境。

D 与制造工艺有关的原则

制造工艺是否合理对加工过程中的能量消耗、材料消耗、废弃物产生量等有着直接的影响，生态制造工艺技术是保证产品绿色属性的重要内容之一。与制造工艺有关的设计原则包括以下几个方面：

（1）优化产品性能，改进工艺，提高产品合格率。

（2）采用合理工艺，简化产品加工流程，减少加工工序，谋求生产过程的废料最少化，消除不安全因素。

（3）减少产品生产和使用过程中的污染物排放，如减少切削液的使用或采用干切削加工技术。

（4）在产品设计中，要考虑到产品废弃后的回收处理工艺，使产品报废后易于处理，且不会产生二次污染。

3.1.1.2 生态设计的方法

生态设计是将 LCA 方法应用到工业产品设计过程中产生的新概念，其实质是在产品设计时就要充分兼顾其性能、质量、成本与环境协调性。生态环境材料设计则是将传统的材料设计方法与LCA方法相结合，从环境协调性的角度对材料设计提出指标和建议。生态设计实质上是一种对产品从“摇篮到坟墓到重生”的全过程控制设计。与传统设计相比，无论在涉及的知识领域、设计方法，还是在设计过程的困难程度等方面均要复杂得多。因而，采用传统的设计方法或简单地将几种方法叠加是无法实现真正意义上的生态设计的，生态设计应是现代设计方法的集成和设计过程的集成。关于生态设计，目前仍然处于研究阶段，相关的理论尚不是很成熟。

A 生态设计要点

产品设计总的要求是统一化、简化、省能、协调化，使产品低熵化，缩小不可逆过程改进无序状态。具体要求如下。

a 选择对环境影响小的原材料

减少产品生命周期对环境的影响应首先考虑对原材料的选择。原材料选择是对在制造、加工、使用和废弃后处理各阶段对生态环境可能造成的影响进行识别和评价，从而通过比较选择出最适宜的原材料。选择的具体原则如下：

采用易再循环材料，不采用难以回收或无法回收的材料；尽量避免使用或减少使用有害、有毒、危险的原材料；选择丰富、容易得到的原材料，优先选择天然材料代替合成材料；减量化，尽可能减少材料使用量，节省资源；统一化，尽可能采用同一种材料，使产品使用后容易处理；组合化，尽可能采用即使混合也不妨碍再资源化的材料组合；标准化，尽量采用标准结构，便于更换更新，延长产品的使用寿命；尽可能从循环再生中获取所需原材料，特别是利用固体废弃物作为原材料；选择能耗低的原材料，使用量大的原材料尽可能就地取材，避免远途运输，以降低能耗和成本。

b 部件

产品是由相同或不同材质的部件组成的，部件的生态性能和部件的设计及选择是产品设计的重要部分。设计及选择的原则如下：

（1）少量化（积木化），使再利用或循环处理容易；

（2）标准化、规格化，有利于维修、更换、回收和再利用；

（3）长寿化，尤其是易损部件的长寿命化可提高产品的整体寿命；

（4）连接简化，采用容易拆卸的连接方法；

（5）重复利用化，经过翻修可达到原设计要求而再次使用。

c 产品

不同产品的生态设计要求侧重不同，例如，一次性或更新换代较快的、寿命短的产品要求易于循环再生或易处理，而类似建筑产品则要求使用寿命长，从而使产品降低环境负荷。对一般产品具体设计要求为：部件协调化，再利用、再资源化时容易拆卸，同时减少使用工具、减少接合处。采用积木式结构设计，可以通过局部更换部件延长产品的使用寿命；易分离、解体；易破碎、筛选、焚烧、最终处理等。焚烧可防止二次污染；易搬运、输送。例如大型产品容易分离拆卸的结构；材料的标志化。便于分类处理，便于处理方法选择；易维修，延长使用寿命；情报的公开化；符合法律法规和有关标准。

B 生态设计方法与过程

生态设计是传统设计的发展，其基础依然是传统设计，从时间轴向分类为：初步设计（概念设计）、详细设计（基本设计）、生产设计。从空间轴向分类为：材料设计、功能设计及外观设计。空间轴向设计要贯穿在整个时间轴向设计。两个轴向设计的框架都要考虑环境性能和经济因素，并受其制约。根据要求生态设计有两种类型：

一种是现有材料生态化的再设计。现有材料生态化的再设计是以降低资源、能源消耗，降低环境负荷，通过环境标志标准等为主要目的的设计。目前产品更新设计较快，以现有产品为基础的绿色产品、环境标志产品不断涌现，所以大量的设计需求是生态化的再设计。这一类设计已占有相当多的信息资源，有明确的设计依据，一般较容易实现。

另一种是新型生态材料的生态设计。新型生态环境材料的生态设计目前尚处于研究发展阶段，还缺乏充分的数据和知识，需要有材料的组成、结构及加工方法与材料环境负荷的内在规律数据的积累，需要建立完善材料生态设计的数据库和知识库，以人工智能、模式识别、计算机模拟等技术作为设计支撑体系。初期是以实验—设计—LCA 的反馈来达到生态设计的目标值。生态设计应是以系统工程和并行工程的思想为指导，以 LCA 为手段，集现代工程设计方法为一体化、系统化和集成化的设计方法。

生态设计涉及众多学科领域的知识，这些知识不是简单叠加或组合，而是有机的融合，又由于设计数据和知识多呈现出一定的动态性和不确定性，目前的生态设计方法主要有系统设计、模块化设计、长寿命设计、再生设计和仿生设计等。下面对它作一个简单的介绍。

a 系统设计

由于在产品设计上可利用的生产设备、技术、材料加工方法等日渐繁多，工业社会组织与产品形态日趋复杂，而产品的市场需求趋势随着人们生活水平的提高也在不断变化。因此，生态设计已不像从前设计一件产品那样单纯，这就要求产品设计人员在开发设计过程中，一定要有系统的观点，充分掌握设计的全盘性和相互联系及制约的细节问题，才能更好地控制设计因素，以便有效地完成设计。

系统论的设计思想，其核心是把生态设计对象以及有关的设计问题，如设计过程与管理、设计信息资料的分类整理、设计目标的确定、人-机-环保性能的协调等视为系统，然后用系统论、系统分析的概念和方法加以处理和解决。所谓系统的方法，即从系统的观点出发，始终着重于从整体与部分之间、整体对象与外部环境之间的相互联系、相互作用、相互制约的关系中综合地、精确地考察对象，以达到最佳处理问题的一种方法。生态设计就是要在技术与艺术、功能与形式、环境与经济、环境与社会等联系之中寻求一种适宜的平衡和优化，片面地研究某一侧面并加以过分地强调都必然会对产品最终的绿色程度产生影响。因此，系统设计要求在产品的设计、生产、管理，产品的经济性、维护性、包装运输、回收处理、安全性等方面从系统的高度加以具体分析，确定其各自的地位，在有序和协调的状态下，使产品达到整体“生态化”。

产品的生态设计可看成是一个产品系统的设计，其中包括系统分析和系统综合两个方面。系统分析是系统综合的前提，通过分析，可为设计提供解决问题的依据，加深对生态设计问题的认识。没有分析就没有设计，但分析只是手段，对分析的结果加以归纳、整理、完善和改进，在新的起点上提高产品的生态化程度、达到系统的综合，这才是目的。系统分析和综合是系统论的基本方法，它将对象作为整体对待，其基本原则是从整体和全局上把握系统分析和综合的方向，以实现整体系统的和谐、高效为总目标。反映在生态设计上就是系统地分析产品生命周期的各个阶段及产品环境属性的不同方面，进行综合协调，既不过分地强调某一方面，如拆卸性、回收性等，也不忽视其他方面，如装配性、制造性等，最终使产品达到综合生态环境最优化。

系统是一系列有序要素的集合，各要素之间具有一定的层次关系和逻辑关系。没有达到整体目标的设计，无论各子系统局部或子系统的经济性、技术功能等多么优秀，从系统的观点看都是失败的。生态设计的完善，一般需要一个发展过程，然后通过设计因素间的信息传递而相互调控和修正。对整个设计过程而言，在安排进程和其他设计管理时，也要应用系统的思想和方法加以处理，使生态设计进程高效、合理、科学。

b 模块化设计

由模块所构成的系统称为模块系统，有时也称为组合系统。它在对一定范围内的不同功能或相同功能而不同性能、不同规格的产品进行功能分析的基础上，划分并设计出一系列功能模块，通过模块选择和组合可以组装成不同的产品，以满足市场的不同需求。模块化设计的典型特点体现在拆卸技术和回收技术等方面。利用模块化设计可以很好地解决产品品种、规格与设计制造周期和生产成本之间的矛盾。模块化设计有利于产品快速更新换代、提高产品质量、方便维修及产品废弃后的拆卸回收，为增强产品的竞争力提供了条件。模块化设计是产品结构设计的一种有效方法，也是生态设计中确定产品结构方案的常用方法。

目前，模块化设计的思想已广为人们接受，广泛应用于汽车、家电、计算机、复印机以及许多工业机器。模块化设计与组合机床和系列化、通用化设计及积木式机床的设计不同。采用模块化设计的机床，同一功能的单元不是一种单一的部件，而是由若干可换的模块所组成的，从而使机床在结构和性能上更合理。在模块化设计中，同一功能的模块可在基型、变型乃至跨系列、跨类机中使用，所以它具有在较大范围内通用化的特征；另外，尽量将功能单元设计成较小型的标准模块，并使其和与其直接相关的模块之间的连接方式及结构要素一致，或使其标准化，以便装配和拆卸、互换，因此，模块化设计能较为经济地用于多品种小批量生产，更适合于生态环境产品的结构设计，如可拆卸结构设计等。

模块化设计具有3个不同特色的层次：模块化产品系统（总体）设计、模块系统设计和模块化产品设计。在这里我们主要介绍模块化产品设计，其他内容可参考有关文献。

模块化产品设计通过合理运用模块，设计出满足用户及市场需求目标的产品。设计制造模块系统的最终目标就是为了能以最快的速度和最好的效益推出多样化的产品，不进行模块化产品设计，整个模块化系统就失去了存在的意义。

（1）用户以及市场需求分析。用户及市场需求分析是模块化设计获取信息和确定开发目标的基本手段。用户及需求分析主要包括：分析市场及用户对同类产品的需求量，确定对同类型产品基型和各种变型的需求比例，了解用户对产品的价格、寿命、功能、维护等方面的具体要求，明确采用模块化设计的可行性以及所引起的产品成本的变化等。

（2）模块参数的定义。产品的参数有3类，即尺寸参数、运动参数和动力参数（如功率、扭矩等），这些参数及其范围必须合理确定，不能过宽过高，以免造成浪费，但也不能过窄过低，导致无法满足使用要求。这些参数的最大值、最小值应根据用户及市场的需求来定，参数值的分布一般要服从等比或等差系列。参数值的确定主要是主参数值的确定。主参数是表示产品的主要性能、规格大小的参数，如车床的最大加工直径、电冰箱的容积、电视机的屏幕尺寸等。当然，除主参数外，其他参数的合理确定对保证产品的整体性能也是很重要的。

（3）系列型谱的制定。系列型谱就是用不同的主参数范围去覆盖产品的需求所形成的产品类型。系列型谱的合理制定对模块化设计是非常重要的，其要点是合理确定模块化设计的产品种类和规格。系列型谱不能制定得过大或过小；若过大，产品规格种类增多，产品适应市场的能力增强，但设计工作量增大；若过小，则产品适应市场的能力减弱，但品种规格减少，有利于进行针对性设计，使设计过程容易进行和控制。

（4）模块划分与选择。产品功能模块的合理划分对模块化产品的性能、外观以及模块的通用化程度和成本均有很大的影响。功能模块划分，即按产品功能分析方法，把产品分为若干不同功能的单元，与这些单元相对应的模块称之为功能模块，由功能模块系统实现产品的总功能。对整个产品系列而言，通过对产品功能的分析可将产品功能划分为基本功能、辅助功能、特殊功能、适应功能和用户功能五类，并借此划分对应的功能模块。模块划分完成后即可进行模块设计，模块设计包括基型模块设计和变型模块设计。事实上，一个模块化产品系统，其模块的品种是一个积累的过程，模块化产品系列也有一个扩展过程，把专用模块作为新通用模块的雏形，便于实现由专用模块到新通用模块的平滑过渡，这样更有利于模块化产品系统的形成、发展和完善。

（5）模块的组合。模块化产品不是整体式结构，而是由模块构成组合式结构，其组合方式有下列几种：

1）直接组合式，即按模块化系统提供的组合方式直接进行模块的组合。

2）集装式，即把若干种不同规格的功能模块装入一定的结构模块中，再装入整机。这时，一般需要对结构模块做某些改型设计，改造或增加支撑不同模块的构件。也常常采用集装方式形成规模不同的集成模块，以简化整机结构。这种集成模块的接口具有尺寸互换性，便于整机的组装。

（6）分析计算。在模块化设计过程中，也存在许多分析计算，如模块组合过程中的组合数计算、各种参数的选择计算及校验计算等。

模块化设计与适宜的装配方法可使产品易于拆卸回收，且使产品零部件具有更大的通用性。如汽车上的座位和暖气片等的固定件通过这种方法可以标准化，可使其在不同型号的汽车中使用。

c 长寿命化设计

在保证材料所必须具备的使用性能的前提下，尽可能地延长材料及相关制品寿命是生态设计的另一个重要方面。按照 LCA 理论，产品的寿命越长，其环境负担性越小。因此，长寿命设计目前在工业产品设计中也比较流行，特别是对一些影响到人身安全的产品，为了确保产品能够长周期、安全地使用，长寿命化设计更是首选的设计原则。

（1）金属材料的长寿命化设计。从材料长寿命这一观点出发，考虑材料特性的长期稳定性至关重要。例如：制造火力发电设备、某些化工设备和发动机的材料，由于在高温下使用，会产生在室温情况下没有的蠕变现象（蠕变是在高温条件下，材料在一定的外力作用下会随着时间的推移慢慢地产生变形，直至最后发生断裂的一种现象）。蠕变强度高的材料，在相同温度和应力条件下，具有较长的蠕变断裂寿命。因此，对高温条件下使用的材料，进行长寿命设计，开发出能够长时间维持稳定的高温强度，对减少环境负荷、提高资源有效利用率具有极大的意义。

在实际开发材料时，不仅要考虑蠕变强度特性，而且必须考虑抗氧化性、焊接性等多种材料特性，并进行综合评价。但为了改善材料的环境性能，必须将上述合金化的概念和准则以及重视材料长期稳定性的这种观点积极地引入到材料设计之中，以此为指导思想就可以推进传统材料的环境材料化。

（2）陶瓷材料的长寿命化设计。具体如下：

1）高强度陶瓷材料的长寿命化设计。对于高强度陶瓷材料，最近在超细微粒陶瓷中发现的超塑性现象，给在认识陶瓷的高温断裂和变形机制方面带来了新的观点。由于在超塑性状态下，伴随晶界滑移导致的空洞形成和裂纹扩展被抑制了。因此，超塑性陶瓷才有可能在产生达百分之几百的变形时而不发生断裂。陶瓷的高温力学性能与时间有关，并受玻璃相的温度控制，而玻璃相的温度会随玻璃相的化学组成和结构发生显著的变化。作为烧结助剂添加的稀土元素离子半径越小，则氮化硅的高温强度越高。原因是玻璃相中的稀土元素离子和氧离子的结合强度与离子周围的电场梯度有关，从而提高了玻璃相的耐热性能。另外，通过热处理使晶界玻璃相晶化，是提高陶瓷高温强度的有效方法。

2）耐热陶瓷涂层。由于单一材料不能同时满足力学性能和耐热性能两方面的要求，所以，综合了金属材料和陶瓷材料特性的复合材料得到了人们的重视，即作为提高材料耐热性、耐蚀性和耐磨性等性能的方法，人们尝试创造一种在力学性能优良的金属材料表面涂覆一层耐热性能优异的陶瓷材料的复合技术（陶瓷涂层）。下面我们根据生态环境材料的概念，从几种结构和装置长寿命化以及减轻环境负荷的观点出发，列举了一些陶瓷涂层应用于结构材料的实际例子。

锅炉传热管陶瓷涂层。燃煤锅炉的传热管一般要受到燃烧灰分造成的冲蚀损伤。对于专烧煤粉的锅炉，为了除去附着在炉壁上的灰烬要安装向炉壁表面喷吹蒸汽的设备，在该设备中的环壁管，由于要受到含有燃烧灰烬（由碳、氧化铝、氧化硅等构成）的蒸汽的强烈磨损，因此，在环壁管的表面喷镀一层陶瓷涂层，可以提高其耐磨性。在考虑磨损性能的同时，也还要考虑工艺性、高温组织稳定性、抗剥离性等。

飞机发动机陶瓷涂层。飞机发动机在长时间使用后，其部件性能要降低。从表面改性技术来看，喷涂能提高部件的性能，并可防止其退化。飞机发动机中使用的陶瓷涂层，从其功能方面来讲大致可分为三种，即耐磨涂层、绝热涂层和间隙控制密封涂层。

耐磨涂层。用钛合金制作的压缩机叶片要求具有耐磨损且韧度高的保护膜。现在喷涂的是金属陶瓷系的 WC-Co 系材料，该种涂层是在黏结材料 Co 中弥散分布 WC 硬质粒子的薄膜。在 400℃以下较低的温度区域，其耐磨损性能非常好。控制间隙的密封涂层。对于涡轮密封装置，若涡轮叶片顶端部位与密封装置的间隙越小，则气体的泄漏越少，从而可提高发动机的效率。对陶瓷密封装置，为了减小基体材料与陶瓷之间膨胀性能的差异，已开发出了在基体上钎焊弹性模量较低的金属纤维，再在上面喷涂金属或陶瓷的密封装置。这种装置，可将涡轮机的使用温度提高到 1400℃。

d 再生设计

废弃物循环再生技术是指材料在生产和消费过程中已失去原有的使用价值或未被认识其使用价值而被废弃的材料或其排放物作为资源加以回收、再生、实现资源化的技术。无论是从经济角度还是从生态学角度考虑，废弃物的循环再生技术对人类社会的可持续发展都具有重要的意义。

材料的再生设计涉及两个方面：一方面，在材料的设计过程中，要把环境协调性思想始终贯穿于其中，也就是说在设计材料时必须从材料资源、材料成分、工艺过程、材料结构与性能、再生循环性能、环境负荷等诸环节进行综合考虑，使材料的服务性能和环境性能相协调；另一方面，材料设计时应考虑到在材料废弃之后，必须很容易实现再生循环。产品的再生设计主要包括可回收材料及其标志、回收再生工艺及其方法、回收的经济性及可回收产品结构工艺性等几方面内容。

（1）可回收材料及其标志。产品报废后，其零件及材料能否回收再生，取决于其原有性能的保持件及材料本身的性能，也就是指其性能变化情况。这就要求在产品设计时，必须了解产品报废后零部件材料性能的变化，以确定其可用程度。其次，在产品再生设计时，要慎重考虑零部件材料的选择，尽可能选用环境材料，增强环境与材料的协调性。一般来说，产品零部件材料在使用过程中性能会有所退化，这种退化有可能使产品的重用性丧失。根据回收再生途径可以确定，退化后的材料可转用于其他要求较低的场合，也可通过化学再生循环处理使材料复原。

（2）回收再生工艺及其方法。在回收再生过程中，有些材料报废后性能完好如初，可直接回收重用；有些零部件材料的性能变化较小，可稍微加工后用于其他型号的产品；对于那些使用后性能变化很大已无法再使用的零部件，需要用高熵值工艺进行回收再生处理；对于一些特殊材料，如含有毒、有害成分的材料，还需要采用特殊的回收处理方法以免造成危害或损失。而产品回收再生的工艺方法需要众多工艺研究部门的协作开发，其最终成果要与设计部门共享，至少设计人员应该了解和掌握不同回收处理工艺的原理和方法。

（3）回收再生的经济性。回收再生的经济性是零部件材料能否回收再生的决定性因素，在产品设计中就应该掌握回收再生的经济性及支持可回收再生材料的市场情况，以求最经济和最大限度地使用有限的资源，使产品具有良好的环境协调性。回收再生的经济性可以根据产品类型、生产方式、材料种类等，在设计制造实践中不断摸索，收集和整理各种有关数据资料并参考现行的成本预算方法，建立可回收性经济评估数学模型。

（4）可回收产品的结构工艺性。可回收产品的结构必须具有良好的拆卸性能，以保证回收的可能和便利。在再生设计中，应遵循以下设计原则：选用易于结合和分离的连接结构来连接新零部件；需要时可将有害材料集成在一起，并能以一种简单的分离方式拆开；尽可能地选取可整新（经工艺处理，功能和使用寿命与同类新零件相同）的零件；洁净的净化工艺，可重用零部件的布局应考虑其净化工艺对环境不产生污染；可重用零部件材料要易于识别分类；结构设计应有利于维修调整；采用系列化、模块化的产品结构；尽可能利用回收零部件或材料；考虑材料的相容性，比如工程塑料，如果选择彼此相容的材料，即使不同材料构成的零部件被连接在一起无法拆卸，它也可以一起被再生。

e 仿生设计

仿生设计是模仿生物器官的组织结构和运行模式，进行材料的设计。它通过模拟生物器官的组织结构、自愈合、自增长与自进化等功能，以迅速响应市场需求并保护自然环境。

自然界生物体在几十亿年的生物进化历程中，具备了一些常人难以想象的特性。例如：海鳗的发电器瞬间可以发出600～800V的电压，足以电死一头大象，但是它的发电器不是金属等导电器材，而是蛋白质的分子集合体；深海里的一些软体动物，其身体无疑也是细胞材料所构成，但是却可承受很高的海水压力而自由地生存着；鲍鱼具有极坚硬的外壳，而它的食物只是海水中的垩土，也就是碳化钙而已；此外还有能够跳动 80 年都不停止的人类的心脏，几乎不发出热量的冷血昆虫等。

事实上，生物体如此奇妙的奥秘，却仅仅是由少数、简单的 C、H、O 等元素构成的。从材料化学的观点来看，仅仅利用极少的几种高分子材料所制造的从细胞到纤维直至各种器官能够发挥如此多种多样的功能，简直不可思议。动植物铸造自己身体所用的材料在有机系列里有纤维素、木质素、甲壳质、蛋白质和核酸等，其构造非常复杂。在高分子化学世界里，我们已经制造出了聚乙烯、聚氯乙烯、聚碳酸酯、聚酰胺等人工材料，具有多种多样的功能。但是，人类所构造的材料与自然界生物体构成的材料还有很大的不同。所有这些说明，生物经过亿万年的自然选择与进化，形成了大量天然的结构与形态，而这些结构与形态是我们所不知道的，也是环境材料所努力追求的。

因此，模仿自然生物体的生命过程，开展材料设计与制备的“仿生处理”，具有巨大的经济价值和环保意义。

3.1.2 生态设计发展的四阶段模型

3.1.2.1 生态设计的基本概念

生态设计（eco-design，ED）是指在材料和产品的设计中将保护生态、人类健康和安全的意识有机地融入其中的设计方法，又称为生命周期设计（life cycle engineering design，LCED）、绿色设计（green design，GD）、为环境而设计以及环境协调性设计。

狭义的生态设计，是以环境友好技术为前提的工业产品设计。其运用主体是企业或组织里的设计者和决策者，其研究和改进的对象则是企业或组织提供的产品及其采用的技术。生态设计针对的是与产品系统相关的环境问题，其核心是分析并改善为提供单位数量的使用价值所造成的总的环境影响。

而广义的生态设计，则从产品制造业延伸到与产品制造密切相关的产品包装、产品宣传及产品营销各环节，并进一步扩大到全社会的生态环境服务意识、环境友好的文化意识等。生态设计方法应用的对象也超出了具体的产品和技术，可以归纳为以下几个方面：一是扩大到对产品-服务体系的研究，不仅仅是去设计物质化产品，而是分析并改进一种服务系统来满足消费者的需求；二是进一步扩大对消费模式的研究，改进大众的生活方式，改善对环境的影响；三是扩大对工业生态的研究，实现工业系统内部的物质循环与重复利用。当然，随着研究对象的扩展，生态设计也必将涉及政府、消费者等更广泛的社会层面。

要理解生态设计，必须以产品的生命周期为中心认识产品的三个要素：成本（cost，记为 C），包括原料成本、制造成本、运输成本、循环再生成本、处理成本等生命周期全程的费用；环境影响（impact，记为 I），包括地球温室效应、臭氧层破坏、资源枯竭等给地球环境造成的影响；性能（performance，记为 P）包括安全性、方便使用性、美观性、加工性等产品性能。也就是说，产品价值、经济价值和环境价值的总和即为生态设计产品的综合价值指标。由此关系可知，生态设计产品的综合价值指标可用 $P/(I \cdot C)$ 表示。因此，设法使 P 趋于最大、I 与 C 趋于最小，也就是指通过减小环境影响和提高利用效率两种途径就可以实现生态设计。

在理解生态设计定义的同时，有一点我们必须注意，完全的生态设计是不可能的，因为生态设计涉及产品生命周期的每个阶段，即使设计时考虑得非常全面，但由于所处时代的技术水平的限制，有些环节或多或少会产生非绿色的现象，如某些材料目前尚无理想的替代品，在制造过程中还无法完全取代切削液等，但这些现象可以通过生态设计将产品的非绿色现象降低到最低程度。

由生态设计的定义可以看出，生态设计包括以下几方面特点：

（1）扩大了产品的生命周期；

（2）生态设计是并行闭环设计；

（3）生态设计有利于保护环境，维护生态系统平衡；

（4）生态设计可以防止地球上矿物质资源的枯竭；

（5）生态设计的结果是减少了废弃物数量及其处理的棘手问题。

3.1.2.2 生态设计发展的四阶段模型

荷兰 Delft 理工大学的 Han Brezet 教授根据生态设计革新程度的不同，将生态设计分成了如下四阶段模型，如图 3-1 所示。

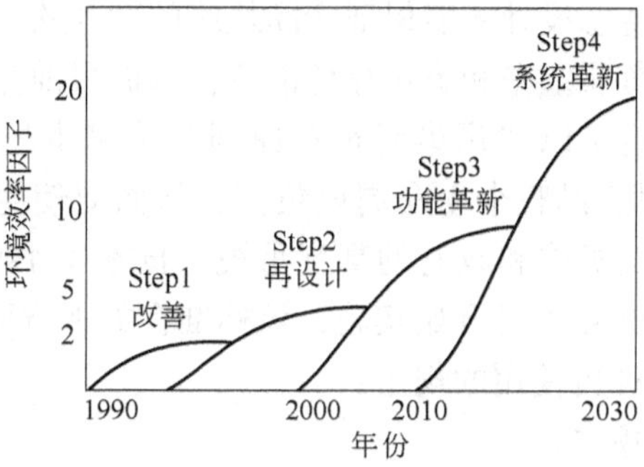

图 3-1 生态设计革新的四阶段模型

（1）模型 1 是产品改善。从预防污染和保护环境的角度出发，对现行产品逐步进行调整和改善，例如，建立轮胎回收系统，变更原材料，变更制冷剂等。

（2）模型 2 是产品再设计。产品概念将保持不变，但该产品的组成部分被进一步开发或用其他东西代替，如零部件的变更、增加无毒材料的使用、改善拆卸性、增加备件和原材料的重复利用零部件的再利用、生命周期里的能源使用量的最小化等。

（3）模型 3 是产品功能革新。它是不断革新产品功能的方法。通过重新审视产品所要求的功能，以全新的模式解决问题。从纸交流信息变更为采用电子函件，或从拥有私家车变成租车使用系统，就是满足产品功能方式的变革实例。

（4）模型 4 是系统革新。追求结构和组织的变更，以实现可持续发展社会为目标，出现新的产品和服务，需要改变有关的基础设施和组织。以工厂而非农田作为食品的原料生产基地，或在信息技术基础上的组织、运输和劳动，就属于这种革新类型。

由图 3-1 生态设计革新的四阶段模型示意图可以看出，模型 1 ~4 所具有的带来环境改善的潜力依次增大。Brezet 教授的四阶段模型谋求将生态效率在第 1 阶段提高 2 倍，在第 2、3、4 阶段分别提高 4 倍、10 倍、20 倍，四个阶段可分别称为 2 倍因子阶段、4 倍因子阶段、10 倍因子阶段和 20 倍因子阶段。这里的生态效率可理解为 $P/(I \cdot C)$ 所得的结果，2 倍因子意味着产品生命周期的环境影响减少 50%，20 倍因子则意味着减少 95%。

由此也可看出，设计对产品的环境性能的改善有着举足轻重的作用。随着对产品的重新设计、对产品的某些功能进行创新，一直到对产品的系统进行创新，这些方面对技术的要求越来越高，相应地，对环境的改善作用也越来越明显。追求可持续发展、实现工业生态化、推广物质流分析、提高资源效率等，最终都体现在环境协调性设计过程中。据有关专家统计，设计对环境保护的贡献可达到 70% 以上。只有通过环境协调性设计，才有可能将环境污染从源头开始控制。从新材料的设计开始，就考虑其生态环境影响，把环境性能也作为材料的一个基本性能来进行其生产工艺的设计，从而实现环保的主动预防，而不是被动的治理。

简而言之，生态设计是在产品的生命周期内，着重考虑产品的环境性能，在满足环境目标要求的同时，保证产品应有的功能、质量和使用寿命等。生态设计是面向产品的整个生命周期，是“从摇篮到再生”的系统设计，是从根本上防止环境污染、节约资源和能源的一种重要的系统过程。

由于认识到只有进行生态设计才能保证产品最终的“生态”特征，社会和经济才能获得可持续发展、克服绿色贸易壁垒和满足绿色消费，因而目前生态设计成为现代设计研究的热点之一。很多国家制定了以“污染者负责原则”为基本思想的相应法律，例如“循环经济法”，生产厂家应对产品整个生命周期负责，从而促使生产厂家改变传统的设计和制造模式，也引起研究开发机构和政府的高度重视。日本于 1993 年开始制定可循环设计标准，经过 4 次修订，1999 年 6 月开始实施，该标准在如下方面做出了规定：

（1）产品、组件、零件再使用的规定；

（2）材料循环再生的规定；

（3）化学循环的规定；

（4）能源回收的规定；

（5）产品小型化、简化的规定；

（6）包装材料减少使用量和再循环的规定等。

生态设计应使传统材料设计思想有新的转变。传统设计是依据技术、经济性能、市场需求和相应的设计规范，着重追求生产效率、保证质量、自动化等以制造为中心的设计思想，将使用的安全、环境影响和废弃后的回收处理留给用户和社会。而生态设计的基本思想是在设计过程中考虑到材料和产品的整个生命周期对生态环境的负作用，将其控制在最小范围之内或最终消除；要求材料减少对生态环境的影响，同时做到材料设计和结构设计相融合，将局部的设计方法统一为一个有机整体，达到最优化。

目前生态设计所面临的问题包括观念、技术、设计人才等各个方面。观念上，人们虽然已经意识到环境保护的重要性，但包括中国在内的许多国家还只将目光停留在末端治理上，不能从真正的源头——产品设计阶段入手来控制污染的产生，节省能源消耗。大部分企业也未意识到解决环境问题对企业而言不是一种威胁和负担，而是一种机遇和财富。企业成败的关键是如何最有效地利用资源，生产出性价比最高的产品。而生态设计恰好可以帮助企业降低成本、减少责任风险并树立公司和产品的良好形象。20 世纪 90 年代，中国曾大力推行质量宣传，使产品质量至上的观念深入人心。

现在，政府更有责任引导企业和消费者关注产品的环境影响。日本及欧洲一些国家六成以上的消费者在购买商品时先要查看其有无绿色环保标志，这就是这些国家30年来持续进行环保教育的结果。在技术方面，生态设计的方法和规范还缺乏统一的科学支持。生态设计评价方法、设计方法及应用还有待进一步完善。此外，复合型生态设计人才也极端匮乏。因此，加强培养设计专业人才的生态知识和环境意识是一项利国利民的策略。

生态设计的出现是可持续发展思想在全球得到共识和普及的结果，它要在可持续发展的社会中形成集团化、规模化，还需要政府、企业和消费者共同参与。

3.2 材料流理论和材料生产的资源效率

3.2.1 材料流理论

材料流（mterial flow）又称物质流（mass flow），也称材料链（substance chain）。从材料的全寿命周期分析，典型的材料流动过程示意如图3-2所示。从资源开采开始，包括采矿、选矿、提炼或冶金制备、加工、储运销售、使用、维修再使用、直至废弃的整个过程中每一个环节都会向环境排放废弃物。以钢铁材料为例，经过采选、储运、炼铁等步骤，最后平均8t矿石可炼成1t钢。再经过轧制、车、钳、刨、铣等金属加工，最后得到约700kg的金属制品，最后机械加工得到的金属制品，能被有效使用的不到500kg，而这些被有效使用的材料制品，经过一定的服役寿命，最终都被废弃，排放到自然环境中，被大自然所吸收和分解。

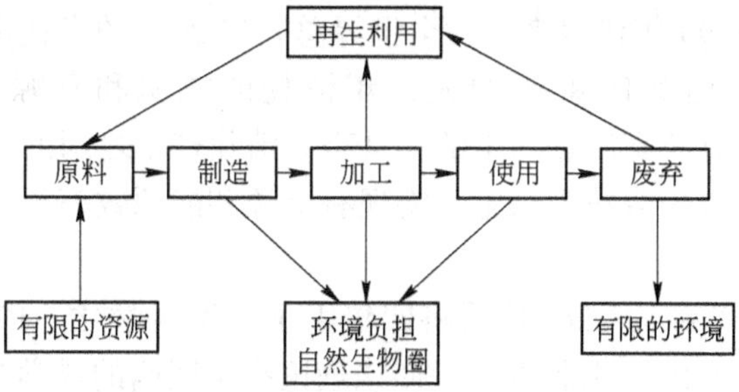

图3-2 材料全寿命过程示意图

材料流也可以说是材料背负的生态负荷或称生态包袱（ecological rucksack）。要讨论材料对地球环境的影响问题，不能只从计算资源的直接消耗开始，计算时不仅要考虑直接消耗也要考虑间接消耗，也就是说必须计算包括生态包袱在内的全部消耗。这一概念是由德国Wuppertal气候、能源、环境研究所提出的，该研究所是世界范围内影响较大的半官方民间研究机构，不仅进行研究活动，而且还向政府和团体提供政策建议，并开展咨询服务。

材料流分析（materials flow analysis，MFA）指的是对材料物理流动的分析，它通过对自然原始物质在开采、生产、转移、消耗和废弃等过程的分析，揭示物料（包括能源、水资源等）在特定范围内的流动特征和转化效率，找出环境压力的直接来源，进而通过技术措施，提出相应的减少环境压力的解决方案，提高资源效率，作为评价该地区、产业和行业及产品等发展的可持续性指标，为实现可持续发展的近、中期目标提供科学依据。

材料流理论是指用数学物理方法对在工业生产过程中按照一定的生产工艺所投入的原材料的流动方向和数量大小的一种定量分析理论。材料流理论是一种方法学，主要用于研究、评价工业生产过程中所投入的原材料的资源效率，找出提高资源效率的途径。如在材料的生产过程中，要消耗大量的资源和能量，当生产效率一定时，除有效产品外，大量的废弃物被排放到环境中去，造成了对环境的污染；在材料的生产和使用过程中，资源消耗是源头，环境污染是末尾，材料的生产和使用与资源和环境之间有着非常密切的关系。

因此，材料流理论是研究资源效率的一种有效工具。环境污染在很大程度上是因为在工业生产过程中所投入的原材料不能变成有效的产品，反而是作为副产物排放到环境中，最终形成环境过量承载的一种现象。通过对工业生产的工艺过程进行材料流分析，找出污染物排放的原因，通过技术措施，提高资源效率，从源头开始控制工业污染，是实现工业可持续发展的关键。

材料流理论的相关研究，目前国内外都已取得了较大的进展。材料流理论被用于分析经济活动和生产过程的材料消耗情况，找出提高资源效率的方法。目前，利用材料流分析，研究资源效率、环境影响的理论，代表性的主要有四倍因子(Factor 4+)和十倍因子(Factor 10+)理论，以及八倍因子(Factor 8+)理论等。

3.2.1.1 四倍因子理论（Factor 4+）

最初的四倍因子理论（Factor 4+）是德国Wuppertal研究所的所长Weizsaecker教授首先提出来的，它主要是为了消除社会的贫富悬殊，实现各国间的健康与和平发展而建立的一种技术目标。20世纪90年代以来，占全世界总人口20%的发达国家，每年消耗全世界82.7%的能源和资源。而其他80%的人每年消耗的能源和资源仅占世界总消耗量的17.3%。为了既保持已有的高质量的生活，又努力消除贫富之间的差异，Weizsaecker教授根据计算得出，若能通过采取技术措施，将现有资源和能源效率提高四倍，就有可能达到上述目标。

经过努力和发展，Weizsaecker教授将四倍因子理论科学化。1995年，其专著《四倍因子：半份消耗，倍数产出》出版以后，使该理论有了明确的科学含义，书中列举了许多提高四倍以上效率的事例。其宗旨是在社会经济和生产活动中，通过采取各种技术措施，将能源消耗、资源消耗降低一半，同时将生产效率提高一倍，由此，在同样能源消耗和资源消耗的水平上，得到了四倍的产出，如式3-1所示：

$$R = P/I = 2/0.5 = 4 \tag{3-1}$$

式中 R——资源效率；

P——产品产出量；

I——原材料、能源投入量。

四倍因子理论的提出，得到了世界上许多经济学家、生态学家、环境科学家以及许多其他学者的赞同，对有效利用资源、改善生态环境、实现社会和经济的可持续发展具有重要的战略性意义。从资源效率角度减少原材料消耗、增加产品的有效产出；从环境保护的角度减少了污染物的排放，达到了治标和治本的目的。

3.2.1.2 十倍因子（Factor 10+）和八倍因子（Factor 8+）理论

十倍因子理论（Factor 10+）是由德国施密特-布勒克（Schmidt-Bleek）教授于 1994 年率先提出的。十倍因子的概念与环境保护直接相关，在四倍因子理论的基础上，十倍因子理论认为，为了保持现有的生态环境水平，我们必须通过提高资源效率来平衡和补偿对环境的破坏。其理论的核心是：必须继续减少全球的物质流量，在一代人之内将资源效率提高十倍，才能使发达国家保持现有的生活质量，逐步缩小国与国之间的贫富差距，并且可以让子孙后代能够继续生存。Schmidt-Bleek 教授用一个方程式将环境影响、人口和一个国家的国内生产总值关联起来，见公式 3-2。据 Schmidt-Bleek 教授推测，到 2050 年的时候，地球上的人口将在现有的基数上增加一倍，即 $P=2$；同时世界各国国内生产总值（GDP）届时将增长 3～6 倍，取平均值为 5，则两者之积为 10，按现在的水平发展对环境的影响将增加十倍，因此必须将资源效率和能源效率提高十倍。而到人口增加一倍的 2050 年，人均物质消耗必须比 20 世纪 90 年代初减少一半，也就是 1/10，这样才能让人类的子孙后代在地球上继续生存下去，才有可能真正实现社会、经济的可持续发展。用一个等式 3-2 表示为：

$$I = P \times (\mathrm{GDP}/P) \times (I/\mathrm{GDP}) \tag{3-2}$$

式中 I——环境影响；

P——世界人口；

GDP——国内生产总值。

针对日益恶化的生态环境，资源短缺对全球经济造成的影响等一系列问题，十倍因子理论指出了进入经济活动的所有物质或迟或早都要被消耗或排放进入环境，到头来是环保费用的持续增长，其中资源效率对经济的增长和保护环境起关键作用。因此，要降低环保费用，首先要降低和减少物质从自然界（即环境）流入经济活动圈的量，从而减少污染物排放量，对工业过程应进行材料流分析，进一步控制环境污染。其中包括二氧化碳排放引起的全球温室效应问题。最后通过提高资源利用效率，使环保投资费用降低。

Schmidt-Bleek 教授在 1994 年还出版了《人类需要多大的世界》一书，提出了单位服务的材料消耗（materials input per service，MIPS）的概念，为材料流理论提出了一个具体的评价指标，由此来定量计算资源效率。

自 MIPS 概念提出以来，联合国环境发展委员会、欧共体、美国、德国、加拿大、日本等发达国家都开展了材料流分析研究，许多国家已要求对所有工业过程都应进行材料流分析（MFA），提高资源效率，减少污染物排放量，进一步控制环境污染。

根据东京大学山本良一教授对全球环境影响问题进行的材料流分析，2000 年全人类已超过可持续发展水准（S）的 40%，12 亿发达国家人口的人均环境影响（B）是 48 亿发展中国家人口的人均环境影响（A）的 16 倍（20% 的人口消耗 80%），预计发展中国家人口到 2050 年净增 30 亿，为了保持 2050 年可持续发展的世界人均环境影响（C）应该：

$$48 \times 108A + 12 \times 108B = 1.4S \tag{3-3}$$

$$78 \times 108C + 12 \times 108C = S \tag{3-4}$$

计算可得：$C/A \approx 2$，而 $C/B \approx 1/8$，即为了保证全球可持续发展，必须将资源效率提高八倍，实现 Factor 8+的目标。

3.2.1.3 极值理论

极值理论是针对投入和产出的效率问题而提出的，极值理论指出：对一定的原材料投入，有效产品的产出率越高，废弃物产生量就越小。从环境保护的角度看，就是要求最大的产出率和最小的废弃物排放率。可以用下面数学方程式表示：

$$I=(P_1+P_2+\cdots)+(W_1+W_2+\cdots)=(\sum P_1+\sum P_2) \tag{3-5}$$

式中 I——物质总投入量；

P_1，P_2——有用产品产出量；

W_1，W_2——废物产出量。

定义：

$$R=P/I \tag{3-6}$$

$$K=W/I \tag{3-7}$$

式中，R 为资源效率，即有用产品产出量除以物质总投入量；K 为废物产出率，即废物产出量除以物质总投入量。

在式 3-6 和式 3-7 中，求 R 的极大值，可获得最大资源效率。同时，求 K 的极小值，可获得最小废物产生率。由此，在追求资源效率的过程中，材料流理论为此提供了定量分析的工具。

3.2.1.4 材料流理论的应用

全球环境的恶化主要是由经济活动引起的，而资源效率是经济活动能否实现可持续发展的关键。针对如何提高资源的利用效率、节约能源、减少环境污染，许多国家、组织和企业都借助于材料流分析进行了改善资源效率的实践。

通过材料流分析，可以了解物质和能源的走向。对经济活动中的任何一个生产过程或流通过程，如求得了最大资源效率，同时也就得到了最小的废物产出率，该过程对环境的影响最小。如果需要进一步降低环境污染，就需要通过改进技术，提高有用产品的产出量，提高资源效率，进一步降低废物排放量。因此，材料流理论分析是生态环境研究的一个有效工具。在应用极值理论时，对过程的材料流分析更为重要。

自 1996 年以来，我国开展了有关材料流理论的研究，曾用材料流分析方法研究了矿产资源效率、涂料生产过程对环境的影响，但对量大面广的工业生产过程尚未进行全面的材料流理论分析。材料流理论研究应瞄准对国民经济发展起重要作用的工业生产行业，通过材料流理论分析，建立适合我国国情的材料流理论分析方法。通过对具体工业部门的案例分析，为实施清洁生产工业提供理论数据的支持，提高工业生产的资源效率，减少对环境的不良影响，从源头控制工业生产对环境的污染。要开展区域性的材料流分析研究，对量大面广的工业生产过程，用材料流理论分析其资源效率及其对环境的影响，通过技术措施在宏观尺度上提高资源效率，从而降低环境负荷。

3.2.2 材料生产的资源效率

3.2.2.1 资源概述

现代社会里，关于资源有许多不同的理解，如自然资源、人力资源、社会资源、信息资源、旅游资源、物质资源等。其中自然资源可分为矿产资源、水力资源、海洋资源等；物质资源可分为自然物质资源、人工物质资源及废弃物质资源等。本文所讨论的资源主要指自然资源，而资源效率则集中在物质资源的范畴。

在一般意义上，资源是指人类可以直接从自然界获得并用于生产和生活的物质。资源是自然环境的重要组成部分，通常又称为自然资源。

自然资源通常可以分为三大类：第一类称为取之不尽的资源，如空气、风、太阳能等；第二类称为可再生的资源，如生物、水、森林、草地、海洋、土壤等；第三类称为非再生资源，如矿物、化石燃料等。表3-1是一般矿产资源的种类介绍。无论是矿产能源还是矿产资源，都是资料生产和加工的源头，与环境材料具有密不可分的关系。从生态环境的角度讨论资源短缺，主要指非再生资源的储量、供应与人类需求的矛盾。

表3-1 矿产资源的种类

能 源	煤、石油、天然气、油页岩、铀、钍等
金属矿产	黑色金属、有色金属、贵金属等
非金属矿产	冶金辅料：石灰石、萤石、硅石等； 化工辅料：硫铁矿、磷矿、硼矿、盐、天然碱等； 其他：石棉、刚玉、水晶、玛瑙等

广义上说，资源具有社会性、自然性和商品性三个特点。资源的社会性指资源随着国家和时代的不同而不同，如16世纪人类对中东地区石油资源的认识不如20世纪那样深刻。资源的自然性指资源随着地域的不同，其丰饶程度也有所不同，例如全世界的贵金属资源90%以上集中在南非。除社会性和自然性之外，资源还具有商品性，可以进入市场进行流通，如19世纪英国的钢铁工业主要从印度市场购买铁矿石。

矿物能源方面，1991年世界能源利用结构见表3-2。由表可见，人类所需能源的97%来自非再生的矿物能源。据统计，我国的能源对单位GNP的产出率仅为世界平均水平的1/7，表明我国的能源效率亟待改善。目前，我国90%以上的能源和80%以上的工业原料都取自矿产资源，每年投入国民经济运转的矿物原料超过60×10^8t。因此，实现我国社会经济的可持续发展，提高资源的利用效率，解决资源的供需矛盾，是一个重要的方面。

表3-2 1991年世界能源利用结构分布

能 源	石 油	煤 炭	天然气	核 电	水 电	地 热
占总能源的分数/%	39.2	29.0	22.0	7.0	2.4	0.4

从资源总量来看，中国在世界上无疑属于一个资源大国。但目前我国正处在经济发展的高潮期，对非再生资源的需求趋向于负荷的极限，引起了严重的资源短缺问题。解决经济发展中的资源瓶颈问题，最积极的措施是提高资源效率。在一般意义上，资源是指人类可以直接从自然界获得并用于生产和生活的物质，资源是自然环境的重要组成部分，通常又称为自然资源。

资源是国民经济和社会发展的基础和先导，与能源、信息并列为现代高科技的三大支柱。从广义上说，资源具有社会性、自然性、商品性三大特点。随着世界经济的快速发展和人类生活水平的提高，对材料资源及其产品的需求日益增长。对我国这样一个人口大国，材料产业历来都被列入国民经济的基础性、关键性的支柱产业之一，受到国家政府的重视，得到了大力的发展。

3.2.2.2 资源效率

广义上说，资源效率指在某一生产过程中所产出的有用产品占所投入原料总量的百分比。在材料的生态设计中，资源效率是必须考虑的一个方面。在工业生态学中，其中很关键的一条就是建设资源和能源的投入，提高资源的利用率。计算分子材料的资源效率，最有效的方法就是材料流分析方法。通过跟踪生产过程中的材料流向，可计算整个系统以及每个子系统的资源效率。

环境污染，在很大程度上是由于在工业生产过程中所投入的原材料没有变成有效产品，而作为副产物排放到环境中，形成环境过量承载的一种现象。显然，材料生产过程的资源效率越低，最终造成的环境污染越重。表 3-3 显示出生产 1t 纯金属材料所消耗的资源及资源效率。表中主料指生产该材料的主要材料，如铁矿石等，辅料包括各种添加剂以及该材料生产过程中所需的能源、运输和其他装备等消耗。由表 3-3 可见铁的资源效率是最高的，也只有 4.24%，即将近 25t 原料才生产 1t 铁，剩下的 24t 废物都排入环境，造成严重的环境负担。

表 3-3 生产 1t 纯金属材料所消耗的资源及资源效率

材 料	Fe	Mn	Al	Cr	Zn	Cu	Ti	Ni
主料/t	2.0	4.0	2.5	2.5	40	200	66.7	100.0
辅料/t	21.6	25.7	31.3	77.3	123.6	10.7	785.7	614.5
资源效率/%	4.24	3.37	2.96	1.25	0.61	0.47	0.18	0.14

与国外相比，我国材料产业的资源效率目前还较低，表 3-4 是我国某些原材料生产的资源消耗与国际平均水平的比较数据。显然，大多数材料的资源效率水平与国际水平相比还有待提高。这些原材料的资源效率低，是造成我国环境污染严重的主要原因之一。

表 3-4 我国材料生产的资源消耗与国际平均水平比较

材 料	能源	钢材	木材	水泥	橡胶	塑料	化纤	铜	铝	铅	锌
国际水平	1	1	1	1	1	1	1	1	1	1	1
中国水平	7.0	3.6	5.0	12.0	6.0	1.5	9.0	3.7	2.4	2.7	2.2

我国的经济规模已居世界前列，发展的速度令人瞩目，对资源的需求已达到前所未有的程度。一方面某些资源短缺已对经济发展造成了一定的约束；另一方面，现有资源的利用效率不高，资源浪费严重。矿产资源的开发总回收率只有 30% ~50%，比发达国家平均低 20%左右。每万元国民收入的能耗为 20.5t 标准煤，为发达国家的 10 倍。“高投入、低效率、高污染”的问题，在我国资源的开发和利用过程中仍然存在。

其实，资源效率的概念很早就有运用，例如人均能源消耗量、单位 GDP 的钢铁消耗量等。尽管我国是一个材料生产和消费的大国，但由于资金、技术、管理等原因造成资源的不合理开发和利用，使资源效率低下，资源浪费严重，不合理的开采和浪费，更加剧了资源的短缺。据统计，我国的资源对单位 GNP 的产出率仅为世界水平的 1/7，这表明我国的资源效率亟待改善。同时，在 1995 年罗马俱乐部出版了《四倍数——资源使用减半，人民福祉加倍》（Factor Four—doubling wealth，halving resource use）一书后，效率指标变成了“煽情性的口号”，该书是罗马俱乐部继 1972 年《增长的极限》后的另一本对全球具有影响的巨著，1997 年联合国在“可持续发展策略”纲要中接纳了四倍数概念。“四倍数”的主要目标是将目前的资源生产力（资源使用效率）提高四倍，透过四倍数策略，使一定物质创造更多财富，从而实现国民福祉加倍而资源使用减半的资源效率革命。

把物质流体系中的物质投入指标和国民经济核算体系结合产生了资源使用强度和资源使用效率（或资源生产力）指标。资源使用强度可定义为单位经济产出所需要的资源投入，资源使用效率则是指单位资源投入所创造的经济产出，两者呈倒数关系。资源投入可根据需要取物质流账户中投入面的某个指标，如 DMI、TMR、DMC 等，经济产出指标一般取 GDP 或 GNP。

以 DMI 和 GDP 计算的中国 1990～2002 年资源使用效率，即单位直接物质投入创造的国内生产总值见表 3-5。从表中数据可以看到以人民币表示的中国 1990～2002 年直接物质投入效率呈稳定的上升趋势，2002 年比 1990 年提高了 103%，年均增长率为 6%。但是以美元表示的直接物质投入效率在 1994 年出现大幅下降，其原因是 1994 年人民币对美元汇率有一次大的调整，从 1993 年的 5.77 元人民币兑 1.00 美元调整到 8.26 元人民币兑 1.00 美元。直接物质投入效率的上升说明中国经济单位产出需要的直接物质投入在过去的十多年间在逐渐减少，直接物质投入量没有随经济总量的增加成比例增加。

表 3-5　中国 1990～2002 年直接物质投入效率

年　份	GDP/美元	GDP/元（人民币）	直接物质投入效率/美元 · t^{-1}	直接物质投入效率/元 · t^{-1}
1990	712×10^9	3414×10^9	256	1228
1991	698×10^9	3728×10^9	242	1292
1992	770×10^9	4258×10^9	249	1376
1993	838×10^9	4833×10^9	254	1463
1994	631×10^9	5442×10^9	183	1575
1995	719×10^9	6013×10^9	192	1604
1996	792×10^9	6590×10^9	204	1699
1997	864×10^9	7170×10^9	220	1827
1998	932×10^9	7729×10^9	243	2018
1999	999×10^9	8278×10^9	269	2227
2000	1082×10^9	8940×10^9	293	2421
2001	1160×10^9	9593×10^9	303	2505
2002	1243×10^9	10313×10^9	300	2487

注：GDP 均以 2000 年不变价格计算。

对于一个企业而言，在使用较少的能源与原材料，生产出数量更多、品质更好的商品，使其自原材料到产品废弃的整个生命周期中产生的废弃物与污染降至最低是至关重要的，这样才可以提高资源生产力。人们所关注的应该是资源生产力而不是传统产业所重视的劳动生产力。对于生态环境而言，符合生态效率的商品能够降低环境的污染负荷，更接近可持续发展的目标；就企业本身而言，使用较少的能源与原材料、减少污染产生量与排放量，直接代表生产成本的降低。生态效率强调降低产品自摇篮至坟墓所有生产、运输、销售、服务、废弃等过程中，所使用的原材料、能源和生产中产生的废弃物对环境造成的影响，并以此提高产品的市场竞争能力，摒弃了传统的污染物末端治理的方式与做法，将经济效益与环境效益连接在一起。生态效率也就是通过能够支持可持续发展的共同行为，在最优的经济目标和最优的环境目标之间建立一种最佳的链接，生态效率代表了一种企业获得利润与环境获得保护的双赢状态。

3.2.3　资源的综合利用

3.2.3.1　资源保护

通过3.2.2节对资源的分析可知，要提高资源效率，减少环境污染，一方面可以通过技术革新，改革旧的生产工艺，提高生产效率，减少废物排放；另一方面可以通过保护有限的资源，加强资源综合利用，特别是废弃物的回收利用，变废物为资源，使有限的资源得到充分利用，同时也可减轻材料生产过程中的环境负担。

对资源保护通常有广义和狭义两方面的理解。广义的资源保护指人类在维护自然的生态系统及其综合体过程中，对开采和利用资源采取的平衡观念和行动；狭义的资源保护一般指对资源进行有效的综合利用，提高资源效率。

关于资源的有效利用，从技术方面考虑，主要包括以下几个方面：首先是节约自然资源，提高单位资源利用效率。其次是发展替代资源，包括生产中的替代和消费中的替代。科学技术的发展，使人类在采用替代资源的同时，能保证产品的用途和质量等不受影响。最后是延长产品的生命周期，使用寿命的延长，意味着同种产品的原材料消耗降低，产生的废物减少。

关于资源保护，从管理上说，要注意经济、社会和生态效益相结合，不能只注意环境影响，阻碍经济的发展。还要开发与保护相适应，不能只保护，而不开发利用，那样就失去了拥有资源的意义。另外，资源保护要注意当前与长远相结合，在现有的技术水平上，尽量提高资源利用的效率。资源保护还要注意因地制宜、平衡发展、统筹兼顾、综合利用。把资源的规划和计划工作做在前面，最终使现有的资源能够充分利用。

资源保护的措施主要有评价、管理、利用和监督等几个方面。资源评价包括对资源价值、开采价值、开采目的等方面进行综合评价，最后根据资源效率来决定资源利用的意义；资源管理包括资源使用过程中的资源回采率、贫化率、加工回收率等方面进行综合管理，以保证资源效率；资源利用包括资源的开采技术、分选水平和资源的综合利用水平等方面；资源监督主要是保证资源利用过程中的经济效益、社会效益和环境效益相统一，而不是矛盾和对立的。从资源效率的角度，特别要注意提高资源加工水平，拓宽资源用途，加强资源的再回收利用程度等。

3.2.3.2 资源的综合利用

改革开放以来，我国经济持续快速增长，各项建设都取得了巨大成就。与此同时，也付出了资源和环境代价，经济发展与资源环境的矛盾日益突出。“十二五”时期，我国仍将处于工业化和城镇化加快发展阶段，面临的资源和环境形势将更加严峻，开展资源综合利用，推动循环经济发展，是我国转变经济发展方式，走新型工业化道路，建设资源节约型、环境友好型社会的重要措施。

资源的综合利用（complex utilization of resources）主要是指在矿产资源开采过程中对共生、伴生矿进行综合开发与合理利用；对生产过程中产生的废渣、废水（液）、废气、余热余压等进行回收和合理利用；对社会生产和消费过程中产生的各种废物进行回收和再生利用。它包括两个方面：一是天然资源（包括矿物资源、植物资源和动物资源等）的综合利用；另一方面是工艺生产丢弃之三废（废气、废液、废渣）。由于我国几种主要原材料包括钢铁、水泥、玻璃等产量都居世界第一，故矿业废弃物在我国属于量大类多的固体废弃物，每年排放的矿业废弃物达 350×10^8t 之多。因此，抓好我国的矿业废弃物综合利用，对减缓环境污染，提高资源效率有重要作用。表 3-6 是我国矿业废弃物综合利用的典型示例。相对来说，矿物废弃物的利用在我国还远远不够，利用效率较低，利用面也开发得不够广。

表 3-6 矿业废弃物综合利用的典型示例

废弃物	用途
Fe、Cu、Ni、Zn 等尾矿	砖瓦原料
Cu、Mo、Co、Mn 等尾矿	微量元素肥料
石灰石、大理岩、板岩、凝灰岩等尾矿	水泥原料、混合材料
石英砂、长石、白云石、石灰岩等尾矿	玻璃、陶瓷、耐火材料
镁质泥灰岩、白云岩、石英岩、砂岩等废石	矿物棉
辉绿岩、玄武岩、花岗岩等尾矿	铸石
煤矸石	砖、水泥、筑路材料

自然界的物质很少是纯净的单一体，有的是混合物，有的是化合物。我们认为没有不可利用的物质，只有还未被认识的可利用的物质，因而综合利用资源是保证国民经济持续发展的重要举措。

A 金属资源综合利用

a 钢铁工业的资源综合利用

可循环地使用钢铁材料，通过对其进行耐腐蚀等性能的开发和应用，可延长材料的使用寿命，减少材料的消耗，减轻环境负荷，有助于节能和减少二氧化碳排放的高效率。例如在一些新建的轧机上，已经生产出具有高 r 值、低屈强比的超深冲高强钢板；采用铁素体、马氏体 DP 结构，使钢材既具有高的强度，又不损失材料的成形性；近年来开发的超细晶粒钢，提高了材料的强度，改善了材料的塑性和韧性。这些材料用于汽车制造，利用较少的材料承担较大的负荷，降低材料消耗，节省生产材料所需的能量，减少了生产过程中二氧化碳的排放。同时由于车体重量减轻，减少了汽车燃料的消耗，因而减少了汽车二氧化碳的排放。再如，热电站锅炉用耐高温不锈钢管，通过提高其工作温度，减少了电站能源的消耗，大幅度减少了电站二氧化碳的排放。

在汽车制造中，国外所使用的各类钢板基本是涂镀层钢板，借此延长了汽车的使用寿命，在建筑结构领域和民用工程中，开发利用不含有对人类和环境有害的钢铁材料，如用于家电产品的无铬镀锌钢板，用于轮船燃料箱的无铅钢板，含 BN 的无铅易切削钢等，通过采用耐候钢、高耐蚀性的不锈钢等，延长结构寿命，减少环境负荷。

b　有色金属材料的资源综合利用

在有色金属的开采过程中，采用大型低品位矿产自然崩落法开采技术，要推广尾砂充填、废石充填、全尾砂膏体充填等充填法采矿技术，尽量做到无废或少废开采。推广复杂多金属硫化矿矿浆电解处理技术及中低品位氧化锌矿选冶联合处理技术、铜铅锌锡矿细粒、微细粒矿载体浮选技术、铜矿等有色金属矿伴生金、银等贵金属的综合利用技术以及有色金属硫化-氧化混合矿选矿技术，同时对尾矿有价金属进行综合回收利用。

发展短流程、低能耗、零污染的有色金属生产工艺，也是改善生态环境的重要手段。有色金属环境材料在改善环境和促进工业可持续发展方面具有重要的作用。例如：采用含稀土复合氧化型催化剂用于治理汽车尾气，可使汽车尾气的有害气体排放量减少 70% 以上。由此可看出，综合利用有色金属资源，能够明显降低环境污染。

随着科学技术的发展，关于废弃物的综合利用已越来越普遍，技术加工水平越来越高，这样不但提高了资源的利用效率，也减小了环境的负担性。

B　工业“三废”的综合利用

工业生产过程中都会产生大量的废渣、废水、废气，给环境造成严重的影响。尤其是钢铁工业及有色冶金工业产生的大量炉渣等固体废弃物，量多而利用率低；冶金工业的废渣中钢渣和赤泥是量大面广的主要品种。为适应钢铁工业的发展，消除渣害，不少国家注重于研究钢渣的利用，寻求利用量大，简易可行的钢渣利用途径，并已取得显著成果。经济效果最好的途径是将钢渣作为高炉、转炉炉料，在钢铁厂内自行循环使用。此外还可作为道路材料、建筑工程材料、肥料以及填坑造地材料等。下面以冶金工业废渣的综合利用为例，将废渣资源的综合利用介绍如下。

a　用作冶金原料

用作冶金原料的途径如下：

（1）作烧结溶剂。烧结矿中适量配入钢渣后，显著地改善了烧结矿的质量，使转鼓指数和结块率提高，风化率降低，成品率增加。再加上由于水淬钢渣疏松、粒度均匀，料层透气性好，有利于烧结造球及提高烧结速度。此外，由于钢渣中 Fe 和 FeO 的氧化放热，节省了钙、镁碳酸盐分解所需要的热量，使烧结矿燃料消耗降低。

高炉使用配入钢渣的烧结矿，由于烧结矿强度高，粒度组成改善，尽管铁品位略有降低，炼铁渣量增加，但高炉操作顺利，对其产量提高、焦比降低是有利的。

在烧结矿中配入水淬转炉钢渣后，其技术经济效果为烧结机利用系数提高 10% 以上；转鼓指数提高 2% ~4%；焦耗降低 5%，FeO 降低 2%。虽然铁品位降低 1% ~2%，但高炉利用系数仍提高 $0.1t/dm^3$；焦比降低每吨铁 31kg。每吨渣使用价值可达 20 多元。

（2）作高炉或化铁炉溶剂。钢渣直接返回高炉做溶剂，其主要优点是利用渣中氧化钙（CaO）代替石灰石，同时利用了渣中有益成分，节省了溶剂消耗（石灰石、白云石、萤石），改善了高炉渣流动性，增加了炼铁产量；其缺点是钢渣成分波动大。由于目前高炉利用高碱度烧结矿或溶剂性烧结矿，基本上不加石灰石，所以钢渣直接返回高炉代替石灰石的用量将受到限制。但对于烧结能力不够，高炉仍加石灰石的炼铁厂，用钢渣做高炉溶剂的使用价值仍很大。

钢渣也可以作化铁炉溶剂代替石灰石及部分萤石。使用证明，其对铁水温度、铁水含硫量、熔化率、炉渣碱度及流动性均无明显影响，在技术上是可行的。使用化铁炉的钢厂及相当一部分生产铸件的机械厂都可应用。

（3）钢渣作炼钢返回渣。转炉炼钢每吨钢使用高碱度的返回钢渣 25kg 左右，并配合使用白云石，可以使炼钢成渣早，减少初期渣对炉衬的侵蚀，有利于提高炉龄，降低耐火材料消耗；同时可取代（或减少）萤石。我国有些钢厂已在生产中使用，并取得了很好的技术经济效果。

（4）从钢渣中回收废钢铁。钢渣中一般含有 7% ~10% 的废钢及钢粒，我国堆积的近 1000 万吨钢渣中，约有 70 ~100 万吨废钢铁。在基本建设中，开发原有堆存废钢渣，除钢渣可利用外，还可回收大量废钢铁及部分磁性氧化物。水淬钢渣中的钢粒，呈颗粒状，磁选机很易提取，可以做炼钢调温剂。

总之，钢渣在钢铁厂内部做冶金原料使用效果良好，利用价值也高，但最不利的因素是磷的富集而影响炼钢。我国的矿源中磷含量比较低的（磷含量为 0.01% ~0.04%）地区，钢渣在本场内的返回用量可以达到 50% ~90%。在矿源磷含量比较高的地区，为了提高钢的质量及改进炼钢操作，炼钢采用底吹转炉，复合吹炼、双渣操作或采用炉外脱磷工艺时，将一部分磷高的钢渣用于农业，含磷较低的钢渣仍可在场内使用。

b　用作建筑材料

用作建筑材料的途径如下：

（1）生产水泥。由于钢渣中含有和水泥相类似的硅酸三钙、硅酸二钙及铁铝酸盐等活性矿物，具有水泥胶凝性，因此可成为生产的钢渣水泥品种有：无熟料钢渣矿渣水泥、少熟料钢渣矿渣水泥、钢渣沸石水泥、钢渣矿渣硅酸盐水泥、钢渣-矿渣-高温型石膏白水泥和钢渣硅酸盐水泥等。各种钢渣水泥配比见表 3-7。

这些水泥适于蒸汽养护，具有后期强度高、耐腐蚀、微膨胀、耐磨性能好、水化热低等特点，并且还具有生产简便、投资少、设备少、节省能源、成本低等优越性。其缺点是早期强度低、性能不稳定，因此，限制了它的推广和使用。我国近几年钢渣水泥的生产发展较快，目前已有近 30 万吨的生产能力。

此外，由于钢渣中含有大量氧化钙（占 40% ~50%），用它作原料配制水泥生料，越来越引起人们的重视。据报道，日本研究用钢渣生产铁酸盐水泥，其水泥的抗压强度和其他主要性能几乎与硅酸盐水泥一样。

（2）高炉渣、钢渣玻璃与陶瓷。以高炉渣为主要原料可制备高性能工业用玻璃陶瓷材料。研究表明，添加 36% 石英砂和少量外加剂，采用合适的工艺可以制备出钢渣玻璃陶瓷，其弯曲强度达 260 ~300MPa，硬度为 8900 ~9800MPa，主晶相为透辉石（$CaMgSiO_5$）和榍石（$CaTiSiO_5$），具有良好的耐酸、耐碱腐蚀性能，能被作为结构件使用于化工领域，亦可用于建筑装饰用玻璃大理石生产。

表 3-7 各种钢渣水泥的配比

编号	品种	标号	配合比/%					细度	
			熟料	钢渣	水渣	沸石	石膏	比表面积 /$cm^2 \cdot g^{-1}$	0.008mm 筛筛余/%
1	无熟料钢渣矿渣水泥	225～325	—	40～50	40～50	—	8～12	<3500	<8
2	少熟料钢渣矿渣水泥	275～325	10～20	35～40	40～50	—	3～5	<3500	<8
3	钢渣沸石水泥	275～325	15～20	45～50	—	25	7	—	<7
4	钢渣硅酸盐水泥	325	50～65	30	0～20	—	5	3000～4000	6
5	钢渣矿渣硅酸盐水泥	325～425	35～55	18～28	22～32	—	4～5	3000±100	7±2
6	钢渣矿渣高温型石膏白水泥	325	—	20～50	30～55	—	12～20	3500～4000	<5

若用于生产炉渣玻璃或陶瓷制品，由于配料中可加入 50%～60% 的炉渣，无疑是保护生态环境最有效的方法。不仅如此，尚能产生巨大的经济效益。例如前苏联 1980 年生产的 $2000\times10^4 m^2$ 炉渣陶瓷玻璃板为国家创造了近 6000 万美元的经济效益。

炉渣玻璃比普通玻璃具有更高的抗弯、抗压强度，极高的耐磨性能，良好的热性能（能耐 1000℃的冷热温差），优良的电绝缘性能和稳定的化学性能。它既是理想的建筑材料，可用作建筑模板；也可代替钢材等金属材料制造输送物料的料槽、料斗及管道；在化学工业中，用于制造输送腐蚀性液体的管道、泵、轴承、反应器等；由于炉渣玻璃的抗腐蚀性能，还可用作原子反应堆的控制棒、喷气发动机零部件、电子管外壳等。

国内对于高炉渣、钢渣的高附加值利用还包括提取 V、Ti，制备黑瓷，以及作为建筑地板砖的添加料等。以矿渣或尾矿为主要原料，通过烧结或压延法生产的微晶玻璃大理石，耐磨、耐腐蚀、耐高温、无污染、装饰效果好，可以替代石材、陶瓷用于建筑的墙面、地面的高档装饰材料，是备受国内外关注的高附加值产品。

(3) 碎石和细骨料。钢渣在铁路、公路、路基、工程回填、修筑堤坝、填海造地等方面使用，国内外均有相当广泛的实践。钢渣代替碎石和细骨料具有材料性能好、强度高、自然级配好的优点，并且对开发利用老渣山有重要意义。

在使用钢渣作为碎石或骨料时，钢渣的稳定性是影响工程质量的关键。由于钢渣中含有游离氧化钙，有时还含有游离氧化镁，与水或水气接触时，氧化钙会迅速水化，其体积可增大8%，破坏钢渣体积稳定性；氧化镁的水化作用进行得很慢，持续长时间后，逐渐膨胀，同样破坏钢渣稳定性。这往往会导致工程结构物的破坏，造成严重后果。许多国家都在致力研究钢渣膨胀机理，寻求快速检验膨胀性的方法以及研究提高钢渣体积稳定性的措施等。这些研究对于钢渣用在道路和建筑工程材料上尤为重要。

由于钢渣存在体积膨胀问题，使它不能作为水泥混凝土的骨料。经陈化后的钢渣，可用作道路材料、铁路道渣、回填材料等。

钢渣碎石用于道路材料。道路材料用量很大，是利用钢渣的一个主要途径。钢渣碎石的硬度和颗粒形状都适合道路材料的要求。不少国家研究将高炉水渣、粉煤灰等材料与钢渣混合用于道路工程，钢渣基层混合料施工方便，强度增长快，养护期短，可加快施工速度，因此，我国很多大城市都研究实验用钢渣作道路基层。

钢渣可以用于沥青混凝土路面。钢渣在沥青混凝土中，有很高的耐磨性、防滑性和稳定性，是公路建造中有价值的材料。钢渣还适用于冬季修补路面的热拌沥青拌合料，因为钢渣经常是很干燥的，冬季不结冰、热耗低、容量大、固定性好，用于修补路面时，修补处能很好地固定在原位。

钢渣碎石还可做水工建筑材料、铁路道渣、停车场的基础材料、回填材料、工业建筑基础垫层等。德国在水利工程、堤坝建筑中使用钢渣，以加固河岸、河底和海滨海岸等。已用转炉钢渣加固了港口河岸，用平炉钢渣加固了河床等。使用0～10mm转炉钢渣加固海岸斜坡脚，可使下部基础更结实，船舶停泊几年也不损坏。

我国采用钢渣掺石灰和钢渣三合土代替民用建筑中惯用的混凝土或块石浆砌基础，或者是工业建筑基础垫层，低标号混凝土垫层，均取得良好的效果。用钢渣掺石灰代替浆砌片石基础，使用十余年，没有发现任何问题。

此外，钢渣碎石可以代替天然碎石作为铁路道渣。美国曾在八条重要铁路进行过钢渣道渣试验，其性能良好并纳入国家铁路协会规范。

c　钢渣用于农业

钢渣是一种以钙、硅为主含多种成分的具有速效又有后劲的复合矿质肥料，由于钢渣在冶炼过程中经高温煅烧，其溶解度已大大改变，所含各种主要成分易溶量达全量的1/3～1/2，有的甚至更高，容易被植物吸收。钢渣内含有微量的锌、锰、铁、铜等元素，对缺乏此微量元素的不同土壤和不同作物，也同时起不同程度的肥效作用。

含磷高的钢渣还可以生产钙镁磷肥、钢渣磷肥。实践证明，不仅钢渣磷肥（P_2O_5含量大于10%）肥效显著，即使是普通钢渣（P_2O_5含量大于4%～7%）也有肥效；不仅施用于酸性土壤中效果较好，而且在缺磷土壤中施用也可增产；不仅水田施用效果好，即使是旱田，钢渣肥效仍起作用。我国许多地区土壤缺磷或呈酸性，充分合理利用钢渣资源，将促进农业发展，一般可增产5%～10%。

C　二次资源的综合利用

二次资源综合利用是目前全世界环境材料研究的一个热点。所谓二次资源综合利用是指将某种废物经过加工处理使其重新变为资源的过程，也称为废弃资源的再利用。二次资源的综合利用，是物质生产真正实现生产、消费、废物排放、加工处理、再回到生产的完全循环过程。

与一次资源综合利用不同的是，二次资源利用是将已排放进入环境成为污染物的物质进行加工、处理，使之再次成为原料，其意义、技术、成本等与一次资源综合利用有本质的区别。所以，在实施二次资源综合利用时，需对处理技术、经济性、环境影响、资源本身、能源消耗等进行综合考虑。

从技术上分，二次资源综合利用可分为物理法、化学法、生物法等。其中物理法包括收集、运输、分选、破碎、精制等技术过程。在处理过程中不改变物质的性能，保持废物收集时的原形，或改变原形但不改变物质的物理性质。前者如回收空罐、空瓶、家用电器中有用零件，通常采用分选、清洗并对回收的废物料进行简易修补或净化操作后再利用；后者如回收金属、玻璃、纸张、塑料等造材，多采用破碎、风力、浮选、溶解、分选等技术处理，它们可作为再生资源实现简单再循环。物理法处理成本较低，但所用物料再循环利用时性能下降，品质变差，如废塑料简单再生而成的制品质量不如全新制品。

化学法是改变废物性质的一种回收利用方法。化学法主要有热分解、燃烧发电等处理过程。如利用废旧塑料生产汽油及垃圾发电等。

生物法主要是利用发酵过程对废弃物进行生物处理后进行再生利用。国际零排放组织目前主要通过生物处理技术对生活废弃物进行处理，培植食用菌和蘑菇，每年创造可观的经济效益。

另外，我国人口数量庞大，有关废纸回收利用的效益不可忽视，目前我国废纸的回收率还不到30%，全国废纸年流失量超过600万吨，同时，我国每年还要花巨额外汇进口大量废纸，而利用废纸意义重大，每回收1t废纸，可生产800kg好纸，少砍30年树龄的树20棵，少排放有机废水1.5t。

除资源回收利用外，某些含碳固体废弃物还可进行能源回收利用。如表3-8所示，一些高分子废弃物燃烧时，发热量达33～42MJ/kg，甚至比煤高。据估算，燃烧12万吨的废塑料所获得的能源相当于240万吨木材或10万吨煤油的发热量。而且，在燃烧过程中产生的硫只有煤的1/20、重油的1/40，灰分也较少。

表3-8 各种含碳废弃物燃烧时产生的热量对比表

名　称	发热量/MJ · kg^{-1}	名　称	发热量/MJ · kg^{-1}	名　称	发热量/MJ · kg^{-1}
城市垃圾	3.78～8.4	煤	21～29.4	聚丙烯	44.13
纸类	15.96	石油	44.1	聚苯乙烯	40.34
木材	18.9	高密度聚乙烯	46.79	丙烯腈-丁二烯-苯乙烯三元共聚物	35.38
木炭	12.6～16.8	低密度聚乙烯	46.02	聚酰胺	30.96

3.3 材料的环境友好加工及制备

材料是国民经济和社会发展的基础和先导，是社会发展的重要标志，它与能源、信息并行，视为现代高科技的三大支柱。材料给人类带来了物质财富并推动了人类文明的进步，但在材料的采矿、提取、制造、生产、加工、运输、使用和废弃的过程中，都要消耗大量的资源和能源，并排放出大量的废气、废水和废渣，污染人类生存环境，结果造成诸如全球气候变暖、臭氧层被破坏、生物物种锐减等全球灾难事件。

当代社会所使用的材料、能源，主要来源于地球表层，如煤、石油、天然气、金属矿石、稀有元素等。它们并不是取之不尽，用之不竭的。现在自然资源正面临着前所未有的危机，当人类文明进展面临瓶颈时，新材料的发明就带动了文明的又一次突破。日本东京大学以山本良一为首的研究小组在研究了使用的材料与环境之间的关系后，认为环境材料是对环境友好的材料，它不给环境带来太多的负面作用，它是环境科学与材料科学相结合形成的一门新的交叉学科。自此引起许多人的关注。因此，探索发展既有良好性能或功能，又对资源和能源消耗较低，与环境相容、与环境协调、对环境友好的新材料及其制品是材料科学工作者义不容辞的历史责任。

3.3.1 再循环利用技术

在中国近几年，随着市场经济改革进程的加快，经济活力大增，连续保持高速增长势头，而在经济增长的背后，也同样呈现环境污染、生态破坏、资源浪费的严重现象。现实已经昭示，为促进我国经济社会的进一步发展，保持经济社会的可持续发展，必须遏制这种状况。与传统的经济发展模式及其造成的后果相比，循环经济模式可以较理想化地去解决资源、经济、环境发展之间的矛盾，实现经济、环境、社会效益的“三赢”。它为工业化发展以来的传统经济模式转向可持续发展经济模式提供了战略性理论范例，从而可以从根本上消解长期以来环境与发展之间的尖锐冲突。

技术是经济发展、生产进行的载体，是循环经济发展的物质基础。循环技术是循环经济发展的必然要素，它支撑着循环经济正常运行。循环技术应是人类基于技术的负效应，将资源要素、环境要素由生产发展的外在要素链接到生产发展过程中，依据减量、再利用、资源化原则，以实现经济、环境、人类和谐共生为目标的技术体系。因此，构建一套合理的循环技术体系是当前发展循环经济的关键之举。

3.3.1.1 循环技术产生的社会背景

在人类社会经济发展过程中，经济增长与资源耗费和环境污染的矛盾已危及人类自身，由此引发了一场全球“绿色革命”的浪潮，绿色经济正成为世界各国可持续发展战略的重要组成部分。传统工业化过程中，生产制造商在片面追求经济效益增长最大化的利益驱动下，导致的技术滥用是造成全球日益恶化的生态环境问题原因之一。在经济增长带来的物质丰富和消费繁荣的同时，人类生存质量和环境被忽视了。从这一角度来看，科学和技术的发展是解决环境问题的根本出路，但也是产生环境问题的重要原因之一。人们把治理污染和修复生态环境寄期望于不断发展的科学技术，而忽略了工业技术本身所存在的缺陷。

现代循环技术是把保护环境、优化生态与提高效率、发展经济统一起来的一项全新的技术经济模式。由于循环技术系统考虑到了从产品设计、生产的节能降耗到循环利用的全过程，而这一过程本身就是节约资源、减少污染的过程，同时又是节约成本、提高效率、增加效益的过程。其内在要求是提高资源配置的有效性，促进资源的可持续供给和生态环境保护，在持续利用自然资源的基础上，在生态环境与经济协调发展的过程中，实现社会效益最大化、经济效益最大化和生态效益最大化，最终达到三者统一效益的最大化。从技术体系层面看，循环技术应归类于绿色技术体系范畴，因此现代循环技术可定义为绿色循环技术。

从市场竞争角度分析，现代企业研究发展绿色循环技术是迫于市场所带来的压力。随着社会的进步，人们对绿色产品的需求激增，同时对企业减少生产经营中的污染也提出了迫切的要求。近年来，为了保护环境，许多国家特别是发达国家，为了保护本国国内市场，限制外国商品进入，借助绿色革命全球化的大趋势，构筑了一种新型的非关税壁垒——绿色壁垒。绿色贸易壁垒已成为发达国家"贸易保护主义的新策略"。所谓绿色贸易壁垒，就是指在国际贸易活动中，一国以有限资源、环境保护和人民健康生存为由，通过制定一系列苛刻的环保标准和措施，对无环境标志也称绿色标志的产品，在进口时，在数量和价格等方面予以限制，从而达到保护本国产品和市场目的的一种非关税贸易壁垒。与此同时全世界越来越多的国家对绿色产品实行了一定的价格优惠政策，有些绿色产品的销售价比普通产品高，这无疑给产品生产者带来巨额收入。

面对世界性以保护人类生态环境为主题的"绿色行动"浪潮，世界性的"绿色消费者"的不断成长和规模的扩大，给我国企业创造了不可多得的市场发展机遇，同时也面临着世界绿色经济浪潮所带来的一系列严峻的挑战。因此，如何应对保护消费者利益和保护生态平衡的压力，满足消费者对绿色消费的需求，与国外的绿色产品竞争，以及应对政府规范化立法的压力等。这就要求我国企业必须进一步树立绿色经济的观念，加大绿色技术研究开发的力度，这已成为其在21世纪能否取胜市场和可持续生存发展的重要一环。

3.3.1.2 循环技术发展的现实依据

现代循环经济技术正是基于人类可持续发展需求提出的，是把保护环境、优化生态和提高效率、发展经济统一起来的一项全新的经济技术模式，较好地解决了经济、资源、环境之间的关系，赋予了环境和资源价值。在资源、经济、环境协调发展过程中，实现经济效益最大化，生态、社会效益最优化。循环技术发展的现实依据主要有以下几个方面：

(1) 经济发展因素。中国是人均资源占有量相对较少的国家，无论是水资源、能源资源都十分有限，不足世界人均水平。而我国又是个消费大国，人口众多，加之近年来经济一直保持较高增长速度，对资源需求量大。因此，资源不足将成为制约我国总体经济规模扩张的"瓶颈"。为了缓解有限资源和无限需求之间的矛盾，应尽快发展循环技术，最大限度地利用废旧物中的剩余价值，使堆积如山的"废旧资源"再生出最大效能，以弥补"原生资源"不足。

(2) 可持续经济增长方式必须依靠循环技术支撑。近年来，我国经济高速增长主要依赖于高投入、高消耗，虽然经济总量持续增长，但质量低，效益不高。实践表明，我国的单位产值能耗远远高于世界平均水平（1996年我国为1172吨油当量/百万美元，世界平均水平则为397吨油当量/百万美元），而煤炭等矿产资源的储采比（年末剩余探明储量/当年产量）又远不及世界水平（238），这种粗放型经济增长方式严重制约我国经济进一步发展。因此，有必要利用循环技术，改变落后经济增长方式，实现经济社会持续增长。

(3) 循环技术是加强环境保护和提高我国产品市场占有率的必然选择。我国近年来经济持续增长，环境问题却越来越突出：水域污染、城市空气质量迅速下降、生活垃圾到处排放等，因此，发展经济不能以牺牲环境为代价，要解决两者之间的矛盾，必须借助于循环技术应用。此外，加入 WTO 后，发达国家常以保护环境为由，对我国一些产品设置“绿色壁垒”，“绿色壁垒”又称“绿色技术壁垒”或“环境壁垒”也就是进口商品国以可持续发展与生态环保为标准，在实施进口贸易管理中运用一些国际公约和通过颁布法律、条例、规则，建立技术标准、认证制度、卫生检疫检验制度以及规格、包装和标签标准等，对进口产品提出环境技术要求，增加本国进口难度而设置的一种贸易性障碍。中国加入 WTO 后，首先就感受到了绿色壁垒严峻、苛刻的一面，使我们即要应对本来在国际市场上价格低廉的产品，又要应对因产品污染严重，有害元素超标，难以进入国际市场的局面。要想从根本上解决这一问题，必须增加产品的技术含量，借助循环技术绿色技术的投入，以提高我国产品在世界市场上的竞争力。

总之，循环技术运作的实质是实现资源的优化，合理配置，节约成本，提高效率，增加收益。当前，面对国际、国内形势，我国循环技术的运用和发展已势在必行。为此，我们有必要先从理论上构建循环技术机理及其运作模式以便为企业提供直观、动态的技术运行过程。

3.3.1.3 循环技术的机理

再循环利用有两层含义：一是要尽量依据我国的资源国情，使用储藏量相对丰富，并且是可再生利用的资源来设计和生产材料；二是材料要易回收再生。

A 减量化技术系统及运行

在循环经济发展过程中，减量技术可用在管端预防过程，管道中的生产和消费过程，也可以用在末端排放治理过程中。管端减量化技术是指：利用高技术，省料、节能、减少资源消耗，或者单位消耗的资源能生产出更多的产品。例如：使产品包装更加简单化；推广和使用各种先进的节电技术、设备和运用科学的管理方法订立合理的政策来节约生产和生活用电；工业上科学合理地配置材料，尽量节约原材料用量。管道中生产和消费过程减量技术是指：生产过程中物尽其用，充分发挥生产要素的功能，提高资源利用率，相同资源因利用高技术，能生产更多产品并提供更多服务。消费过程中尽可能减少资源消费量，尽量在发挥同样功能的前提下，使所需资源更少。具体来说是指使用简约化技术减少加工程序，简化生产过程。如，增加机器功能，简化机器结构，使用最接近生产需求的材料以减少加工过程；又如，采用最节能的运输方式：根据不同的路况，采用不同的运输工具，有列车通行的地方，列车成批运输比汽车小批量的运输节俭等。末端治理的减量化技术是指：通过运用净化、焚烧等技术，减少废弃物排放量，减轻环境的压力（大气、水体、土壤），优化环境效益。如清洁焚烧技术：清洁焚烧炉在焚烧过程中对废弃产品进行分类焚烧后，再对热能进行回收。事实上，在节能、省料技术运行过程中，内含性地包括了替代技术的运用。替代技术指通过改变产品结构，而不改变其功能的技术。例如：不同生产原料的互相替代，简单包装对复杂包装的替代，不同运输工具的替代，太阳能、风能对热能的替代，可分解材料塑料包装对不可分解的替代。替代的目的在于减少资源消耗或减少对不可再生资源的消耗，最大化地减少对环境的污染和破坏。上述技术运用的过程如图 3-3 所示。

B 再利用技术系统及运行

再利用技术主要运用在生产和消费过程中，指对同一物品及资源进行反复利用，通过

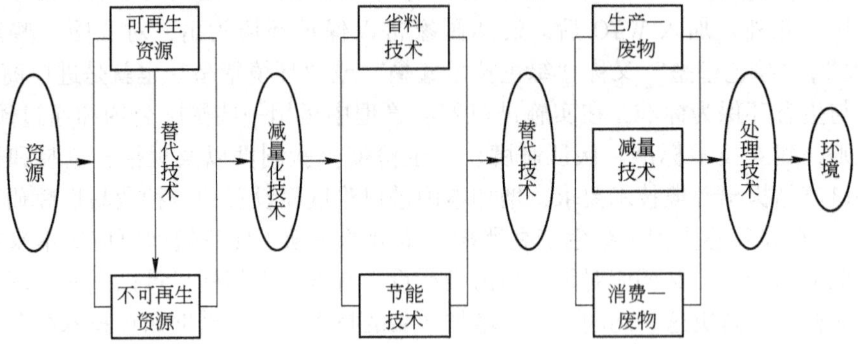

图 3-3 减量化技术系统运行

对产品进行循环反复利用和梯次递减利用来减少资源消耗的技术。技术主要包括：一是产品的重复使用。使用后的产品作为一个整体被重复使用，或使用产品原来的功能，或用于其他目标。二是重新加工和翻新。对具有使用价值的元件、部件，可重复使用其原来功能，用于其他同类产品的维护和维修或用于其他的产品。三是材料的回收。使用可回收材料，减少材料种类，便于材料的回收，对于不得不使用的有毒、有害材料，集中于产品特定区域，便于拆卸和处理。

再利用技术的运用是基于产品的可拆卸性，只有可以拆卸的产品，才能重复利用其原来零部件功能。如果在第一次生产环节留下的"废弃物"结构和功能都没有变，我们可以直接来重新利用或用于其他生产过程中。例如：工厂厂房、车间的反复使用。如果零部件功能结构未变，产品整体报废，我们可以拆卸此"废弃物"，卸下零部件重新生产或用于其他生产。如大型卡车的轮胎零部件，可重新用于农用车、收割机上，如果零部件有磨损，结构变了，可缩小此零部件，用于同类小型产品上。在农业上，对各类农产品、山区土特产、林产品及其初加工后的副产品和有机废弃物进行系列开发，反复加工、深度加工，不断增值。如，对旺季销售不了的水果，为减轻贮藏压力，可采取利用生物技术、工程技术等高技术手段做成罐头、果酱、果酒之类的产品，而对腐烂的果子，可进行回用，做成有机肥，延长了产业链，减轻污染，提高了经济效益。再利用技术系统运行图示见图 3-4。

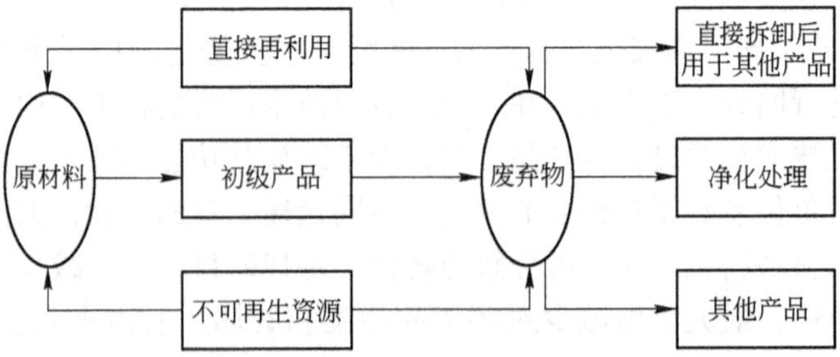

图 3-4 再利用技术系统运行

C 资源化技术系统及运行

资源化技术是指对生产和消费过程中产生的废弃物通过利用高科技手段进行改造，将废弃物通过若干次资源化处理，重新物化为企业再生产的资源，实现废弃资源中可利用部分的充分利用，以减少废弃物对环境的压力，同时节约了企业生产资源的一整套技术体系。例如：工业生产上的“三废”，我们一般认为其不再具有使用价值，直接丢弃在环境中，从而对环境造成了巨大压力。废物堆积如山，破坏环境；废水污染江河湖海等水体，毒害水生物及影响人类健康与生活；废气造成的酸雨、酸雾等严重影响了我们的生产和交通安全。现今，我们可以利用资源化技术对此“三废”进行处理，变废为宝。如对废弃物进行分拣、提炼：废水中矿物含量高，而废气中化学元素含量高，废弃物经过分拣、提炼后，就可以再利用。农业上的废物同样可以进行资源化处理。2004 年 4 月 26 日在北京第二届国际白色农业研讨会上，中外专家将微生物看作“宝贝”，并且给它起了个漂亮的新名“白色农业”，利用它可以生产出无公害绿色产品，无污染饲料、肥料、农药以及取之不尽的能源。例如：安徽省利辛县的一位农民就利用黄牛粪种植食用菌，已成为“百万富翁”。可见，资源化技术关键是对废弃物的处理和再利用。所谓废弃物是个相对概念，对于某一生产环节是废弃物，对另一生产环节就可能是资源。相对于生产和消费没有真正的废弃物，而且废弃物中也有有用的东西，只不过我们没有分拣前，它与其他“废物”混杂在一起，被当作废弃物罢了。当然，受现有废弃物处理技术限制，如果我们的处理技术只达到某一水平，暂时不可再生资源化的废弃物，只能通过合理的末端治理技术进行无害化、安全化处理。相对于目前技术水平来说，它就是真正的废弃物了。资源化技术系统运行图示见图 3-5。

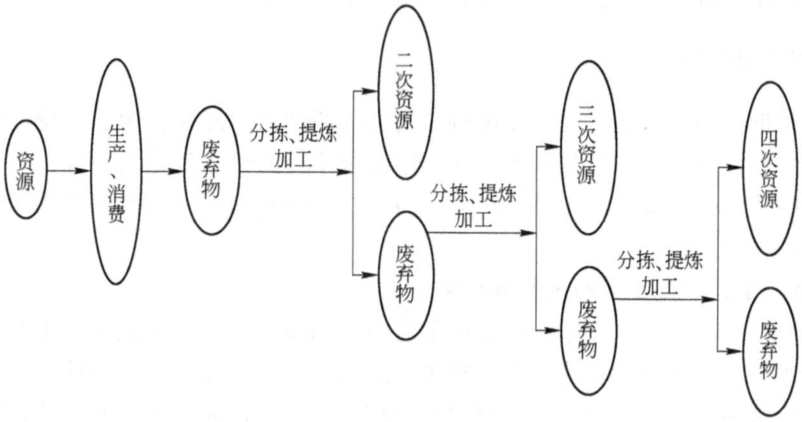

图 3-5 资源化技术系统运行

显然，从理论上讲，上述图例构成了一个无限资源化的循环技术的运行体系。我们知道，追求绝对无废弃物是不可能的，但是我们力求将废弃物最小化，对环境污染最小化，从而推动人类可持续发展。通过上述循环技术各子系统运行规程我们知道：循环技术运行不是单程的，而是反复回用的；各技术系统的运行也不是孤立的，而是相互渗透的，如图 3-6 所示。

不难看出，无论是减量化技术系统、再利用技术系统还是资源化技术系统的应用，其

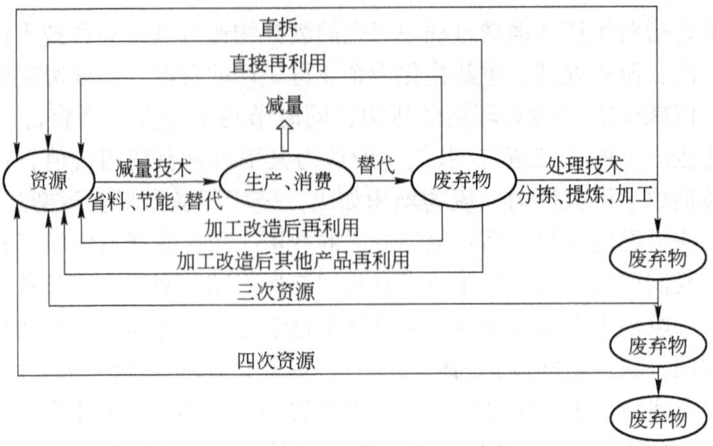

图 3-6 循环技术系统内部相互关系图

最终目的都是在于减少资源消耗量，提高资源的利用效率，减轻环境压力，以最少的消耗获取最大的经济、环境、社会效益。统计表明，中国在持续多年经济高速增长的同时，能耗远远高于发达国家和世界平均水平，资源和环境承载力已近极限，如果不改变现行生产模式和消费方式，势必会进一步加剧环境压力，甚至丧失发展机遇。这与我们“十一五”规划提出的“十一五”期间单位国内生产总值能耗降低 20% 左右，主要污染物排放总量减少 10% 等目标相距甚远。当前，我们要建设资源节约型、环境友好型社会，必须立足于循环技术的应用。这是现实和长远利益的需要，是可持续发展的需要。

3.3.2 生态工业技术

工业技术创新与进步是实现工业可持续发展的源动力。然而，由于传统工业技术忽视了环境资源的稀缺性和生态过程的多样性，以追求单一的经济效益为目标，导致传统工业技术推动下的工业化进程加深与环境污染日益加重的尴尬局面，因此传统工业技术的生态化创新与发展迫在眉睫。

3.3.2.1 生态工业技术的定义和内涵

生态工业技术以工业生态学和系统科学为理论基础，它把两个或多个生产过程或生产单元链接起来，形成结构和功能协调、资源和能源效率高、环境污染排放少、经济产出高效的工业共生体和复合型生态产业链网的方法和手段。重在强调技术的整体性和环境友好性。它是模拟自然生态系统的结构和功能而构建的技术体系，以生态效率和综合效益为创新目标，而不追求单一生产效率或经济效益；在技术建构上强调反馈作用，技术之间构成网状有机联系，物流上表现为从源到汇再到源，即同时存在两个物流方向相反、相互衔接的物质代谢过程：“资源—产品”的产品代谢和“废物—资源”的废物代谢，从而使物质在一个闭环系统中循环，既降低了资源、能源消耗强度，又减少了废物排放，同时也减轻了技术对生态环境的压力。

广义上，生态工业技术是指在工业系统中使用的能够使系统内部的物能效率最大化和污染排放最小化的所有与环境友好的技术，例如无废工艺、清洁生产、绿色化学、绿色制造、生态工程等。

狭义上，生态工业技术是指依据工业生态学原理和生态设计原则建构的一套新的工艺流程、新的工艺方法，以及新能源、新材料、新技术的使用方法。它使工业系统中两个或两个以上的生产环节或生产体系形成“工业共生”关系，整个工业系统形成有序的工业营养结构和食物链、网，从而达到既合理利用自然资源，又将工业生产过程对环境的破坏作用降低至最低水平的目的，获得良好的生态、经济和社会效益。

从生态工业技术的定义中可以看出：

（1）生态工业技术构建的理论基础是工业生态学和系统科学原理，其最终目标是通过对传统工业技术的生态创新，实现传统工业系统的生态化转型，核心是生态效率，即在实现经济效益最大化的同时，降低从原料开采、产品加工和制造、产品消费直至产品废弃后回收利用的生命周期中的物耗和能耗强度，减少废物产生量和最终排放量，使工业活动产生的生态环境负荷最小化。

（2）从生态工业技术的功能来看，它是重构工业生产组织的基本方法和手段。借助于生态工业技术，两个工业生产过程或单元形成了一个具有特定物质转化功能的工业共生体，而多个工业共生体则形成了复合型的生态产业链网，也即工业生态系统，其物质流动由线性模式转变为链环状模式，从而使得资源、能源、投资及人力资本得到最优化和高效利用，工业生产过程、产品对生态环境的影响最小化。

（3）从生态工业技术转化的对象看，它既属于产品深加工技术，也是一类资源再生技术。在一个特定的工业共生体中，下游生产单元把上游单元输出的“产品”作原料进行深加工，显著增加了“产品”的价值；而以“废物”作为全部或部分原料，又使得上游生产单元产生的“废物”变成了再生资源。

（4）从生态工业技术的环境功能看，由于它利用了上游生产单元产生的废物，从而使得整个工业共生体的废物排放量显著减少，降低了可能造成的环境污染和风险，因而它也属于一类环境技术。

3.3.2.2　生态工业技术的特征

与一般工业技术不同，生态工业技术具有多重属性和特征，既具有一般技术的共性特征，也具有与一般技术显著不同的个性特征。

A　链接（或关联）性

“链接性”（或关联性）是生态工业技术的最基本属性之一，也是区别于其他一般技术的最显著特征。由于生态工业技术所具有的“链接”属性，两个或两个以上的工业生产过程或单元形成了工业共生体。从这个意义上说，“链接性”是辨别或评价生态工业技术的基本指标之一。

生态工业技术与工业共生体之间存在着因果关系，即后者是在前者的支持下才得以形成，且后者是前者的“寄主”，即生态工业技术寄寓于其支持下形成的工业共生体之中，工业共生体是生态工业技术存在的“土壤”。例如，钢铁厂与建材（水泥）厂是一个工业共生体，“高炉渣生产水泥技术”是使钢铁厂与建材厂进行物质交换的关键因素。建材厂采用钢铁厂产生的高炉渣作为生产水泥的原料，从而实现了两个生产单元的链接与共生。如果失去了该项技术支持，那么“钢铁厂—建材厂”工业共生体就不复存在。同时，利用高炉渣生产水泥生态工业技术寄寓于“钢铁厂—建材厂”工业共生体中，“钢铁厂—建材厂”共生体如果不存在了，该生态工业技术也就失去了意义。

生态工业技术的关联性可用工业共生体中两个生产单元之间物流强度的大小衡量。一般而言，工业共生体中两个生产单元交换物质的数量越大，表明该项技术的关联性越强，否则，关联性越小。两者之间的物质交换量为零，则表明两者之间不存在关联。

B 资源效率与环境效应

生态工业技术的另一个特征是具有较高的资源和能源效率，即显著减少了单位产品或服务的资源、能源消耗量，提高了资源、能源生产率。

在传统工业技术条件下，工业生产过程和单元基本上是独立的。在经过一个过程之后，原材料中的一部分转变为产品，同时，有部分原材料不可避免地变成了“无用”的废物。由于经济、技术水平的制约，这些废物难以被利用或者是由于利用成本太高，最终排放到环境系统之中，造成了资源浪费和环境污染。

借助于生态工业技术，原本相互独立的两个或两个以上的工业生产过程或单元间构成了链网结构，形成了结构和功能协调的工业共生体，一个过程或单元的输出（产品或废物）成为另一个过程或单元的输入（原材料）。由于下游生产过程或单元对上游生产过程或单元输出的物质（产品或废物）进行了再加工，得到了新的产品，因此对于转化的初级产品而言，其价值得到了提升；对转化的废物而言，其环境影响和风险被消除。无论是初级产品还是废物转化，都提高了资源生产率。同时，工业共生体中的下游生产过程或单元由于使用了来自上游生产过程或单元的再生资源作为原料，减少了原生资源的使用量，间接地降低了原生资源开发可能带来的生态环境影响。

总之，借助于生态工业技术形成的工业共生体，其资源生产率可通过下游生产过程或单元对上游生产过程或单元输出的物质进行再加工、再转化而得到提高，同时减少了原生资源的使用量和废物排放量，避免或减少了生态影响和环境污染。

3.3.2.3 生态工业技术的技术体现

生态工业技术的两个基本特征是通过具体的技术方法体现出来的，许多用作循环经济支撑技术的工艺技术方法可用于生态工业系统，这些技术通常可分为以下五类：

（1）资源化技术。将生产或消费过程产生的废弃物再次变成有用的资源或产品的技术。

（2）再利用技术。延长原料或产品的使用周期，通过多次反复使用，来减少资源消耗的技术。

（3）减量技术。用较少的物质和能源消耗来达到既定的生产目的，在源头节约资源和减少污染的技术。

（4）替代技术。通过开发和使用新资源、新材料、新产品、新工艺，替代原来所用资源、材料、产品和工艺，以提高资源利用效率，减轻生产和消费过程对环境压力的技术。

（5）系统化技术。从系统工程的角度考虑，通过构建合理的产品组合、产业组合、技术组合，实现物质、能量、资金、技术的优化利用的技术，如多产品联产和产业共生技术。

3.3.2.4 生态工业技术与传统工业技术比较

生态工业技术是传统工业技术生态化的结果，与传统工业技术相比，无论是在技术建构的理论基础、资源效率、环境绩效方面，还是在经济效益方面，两者均存在明显差异。

生态工业技术和传统工业技术之间的本质区别在于其建构的理论基础。生态工业技术以工业生态学和系统科学为理论基础，强调技术的整体性和环境友好性。它是模拟自然生态系统的结构和功能而建构的技术体系，以生态效率和综合效益为创新目标，而不追求单一生产效率或经济效益。在技术建构上强调反馈作用，技术之间构成网状、有机联系，物流上表现为从源到汇再到源，即同时存在两个物流方向相反、相互衔接的物质代谢过程："资源→产品"的产品代谢和"废物→资源"的废物代谢，从而使物质在一个闭环系统中循环，既降低了资源、能源消耗强度，同时减少了废物排放，减轻了技术对生态环境的压力。

传统工业技术原理及模式是建立在物理学、化学基础之上的，强调普遍性和一致性，而忽视生态过程的多样性及与自然的和谐性。技术结构与功能之间缺乏有机联系，表观上为离散的、不连续的，物流上表现为线性的、开环的，即"资源→产品→废物"的单向流动模式。传统工业技术系统中主要以产品代谢过程为主，由于缺乏自我调控和反馈机制，资源、能源消耗强度大，效率低，大量中间代谢物及废弃产品成为不再利用的"废物"排放到环境中。

不同工业技术模式下的产业系统，其结构、目标及生态效应存在显著差别。传统工业技术引导下的产业体系是逆生态的，主要以不可再生资源、化石能源为其原材料和动力，投入高，效益低，以单一经济利益最大化为目标，而忽视资源和环境承载能力；产业结构是链状的，而不是网状的，行业间、部门间的横向联系和共生关系薄弱，缺乏必要的物质、能量的多层分级利用关系，表现为不合理的产业和产品结构、产业布局、资源配置、土地利用格局，以及不协调的生产关系，如企业供需矛盾、技术发展与环境保护冲突等。

生态工业技术引导下的工业生产体系是生态化的，强调以可再生资源和清洁能源为其原材料和动力，具有科技含量高、不可再生自然资源消耗少、环境污染小、经济社会和环境综合效益好等特征。

生态工业技术是"生态工业"这一新型工业组织形态形成和发展的基本支撑条件，是实现工业发展可持续性的重要手段。

思 考 题

3-1 简述生态设计的原则和方法？

3-2 生态设计发展有几个阶段？每个阶段的特征是什么？

3-3 材料流理论的基本概念是什么？

3-4 简述减量化技术的特征及途径。

参 考 文 献

[1] 宋健. 走可持续发展道路是中国的必然选择 [J]. 环境保护，1996 (5)：2～4.

[2] 张雷涛. 浅谈生态设计与生态产品 [J]. 甘肃科技，2005，21 (2)：178～179.

[3] 田秋琴. 浅析国外生态设计的发展和背景 [J]. 科技资讯，2010，(27)：251.

[4] 王犹建. 探讨生态文明视域下产品生态设计理念和方法 [J]. 生态经济，2010，(2)：71～74.

[5] 白璐，孙启宏. 生命周期评价在国内的研究进展评述 [J]. 安徽农业科学，2010，38 (5)：2553～2555.

[6] 王程，施惠生，李艳. 生态环境材料与可持续发展 [J]. 中国非金属矿工业导刊，2009，(6)：22～24.

[7] 田亚峥．运用生命周期评价方法实现清洁生产 [D]．重庆：重庆大学，2003.
[8] 李贵奇，聂祚仁．环境协调性评价（LCA）方法研究进展 [J]．材料导报，2002，16（1）：7～10.
[9] 王天民．生态环境材料 [M]．天津：天津大学出版社，2000.
[10] 山本良一．环境材料 [M]．王天民译．北京：化学工业出版社，1997.
[11] 于涛，等．一个新的研究领域——生态环境材料 [J]．金属功能材料，1999，6（1）：8～11.
[12] 左铁镛，聂祚仁．环境材料基础 [M]．北京：科学出版社，2003.
[13] 李刚．基于可持续发展的国家物质流分析 [J]．中国工业经济，2004，(11)：11～18.
[14] 陈效逑，乔立佳．中国经济——环境系统的物质流分析 [J]．自然资源学报，2000，15（1）：17～22.
[15] 刘敬智．中国的物质流账户及资源效率革命 [D]．沈阳：东北大学，2004.
[16] 丹尼斯·米都斯．增长的极限 [M]．吉林：吉林人民出版社，1997.
[17] 王峥，郝维昌，王天民．生态设计——为社会的可持续发展而设计 [J]．北京航空航天大学学报，2006，19（3）：28～36.
[18] 张其镇．循环经济及其发展状况分析 [J]．企业参考，2008，(376)：74～75.
[19] 祁克云．循环技术的运行机理研究 [J]．产业与科技论坛，2006，(11)：7～9.
[20] 陈平，刘逸明．论循环技术 [J]．电子与封装，2004，4（50）：62～64.
[21] 孙胜龙．环境材料 [M]．北京：化学工业出版社．2002，2～5.
[22] 祁克云．循环技术论 [D]．合肥：合肥工业大学．2007.
[23] Nabil Z Nasr．再制造——从技术到应用 [J]．中国表面工程，2007，20（4）：1～2.
[24] 冯久田．基于循环经济的生态工业理论研究与实证分析 [D]．武汉：武汉大学．2005.
[25] 段宁．清洁生产、生态工业和循环经济 [J]．环境科学研究．2001，14（6）：1～2.
[26] 傅泽强，杨明，段宁，等．生态工业技术的概念、特征及比较研究 [J]．环境科学研究，2006，19（4）：154～157.
[27] 程丽华，倪福祥，张锦，等．实行清洁生产，构建绿色工业体系 [N]．青岛建筑工程学院学报，2004，24（3）：61～63.
[28] 张秋根，王桃云，熊辉，等．清洁生产评价方法 [J]．中华纸业．2003，24（5）：22～23.
[29] 孙彩霞．清洁生产审核评价方法与应用 [D]．浙江：浙江大学．2004.
[30] 田亚峥．运用周期评价方法实行清洁生产 [D]．重庆：重庆大学．2003.
[31] 王守兰，武少华，焦倩．清洁生产评价方法——模糊数学法 [N]．北京工业大学学报，2005，31（1）：108～109.
[32] 张燕燕，边侠玲．浅析清洁生产的评价方法 [J]．安徽化工，2010 年增刊(1)：81～83.
[33] 孙晓峰，张晨航．企业实施清洁生产的途径与建议 [J]．中国环保产业，2007，(12)：25～26.
[34] 刘凤喜．工业项目清洁生产评价指标体系 [J]．辽宁城乡环境科技，2006，19（3）：10～11.
[35] 石芝玲，侯晓珉，包景岭，等．清洁生产理论基础 [J]．城市环境与城市生态，2004，17（3）：38～39.
[36] 牛秋雅，陈维平．促进我国企业实现清洁生产的途径 [J]．江苏环境科技，2001，14（2）：25～26.

4 循环经济材料的设计与加工

材料的生产—使用—废弃的过程可以说是一种将大量资源提取出来，又将大量废弃物排回到自然环境中的循环过程。传统的材料的生产、使用和废弃过程中需消耗大量的能源和资源，造成严重的环境污染。循环经济材料正是在这样的背景下提出来的，循环经济材料是环境材料中的一大类，是21世纪国际上材料科学与工程发展的最新趋势之一，并已逐渐兴起了全球性的循环经济材料的研究、开发和实施热潮。循环经济材料的设计主要是从资源的高效循环利用和废弃物的无害化排放技术路径来实现。

（1）资源的高效循环利用。资源利用效率提高一方面体现在节能、节水、节材、节地和资源的综合利用等方面；另一方面，通过构筑资源循环利用产业链，建立起生产和生活中可再生利用资源的循环利用通道，达到资源的有效利用，减少向自然资源的索取，如废金属、废塑料、废纸张、废橡胶等可再生资源替代原生资源、再生材料替代原生材料等资源化利用，实现资源的循环利用，提高使用效率。

（2）废弃物的无害化排放。通过对废弃物的无害化处理，减少生产活动对生态环境的影响。推广废弃物排放减量化和清洁生产技术，大力降低工业生产过程中的废气、废液和固体废弃物的产生量，降低能源生产和使用的有害物质排放。

4.1 金属环境材料的设计与加工

4.1.1 金属与生态环境破坏

金属在当今人类使用的材料中仍占主导地位。世界钢产量在2000年达到8.43亿吨，我国达1.28亿吨，居世界第一；目前世界上的铝、铜、锌、铅、镍、镁、钛、锡、锑、汞等10种常用有色金属的年总产量为5500万吨，其中铝产量289万吨，铜137万吨，锌195万吨，铅105万吨。各种金属材料由于其自身独特的性能和功能，深入到几乎所有领域。例如，铝及铝合金是一类需求量大、应用面广的基础材料，是非常重要的战略金属，广泛用于航空、航天、交通运输、建筑、电力、电子等行业，在国民经济和国防建设中具有十分重要甚至不可替代的作用。综上所述，金属材料仍是当今最重要的工程材料，对人类生活的重要性和贡献是毋庸置疑的。但是金属在整个采、选、冶、加工过程中消耗了大量的资源、能源，排放出大量有害气体、液体、固体，是一个高消耗重污染的行业。据统计1996年世界有色金属材料产业排放的工业废水达49589万吨，工业废气$7180\times10^8 m^3$(标准状态)，固体废物产生量达60000万吨。表4-1列举了金属材料生产过程中主要排放物的种类。

4.1.1.1 气体污染

大气中由于空气以外的物质或空气正常组成成分中的过量物质对人体健康和环境造成

表 4-1 金属材料生产过程中的主要排放物

排放物	形态	具体污染物
大气物质	烟尘	粉尘：飘尘和降尘，粒径 1～200 μm，如飞灰、煤烟、冶金粉尘等； 烟气：粒径 1 μm，如铅烟、汞蒸气等； 雾气：粒径 0.1～10 μm，如硫酸雾、硝酸雾等； 烟雾：碳氢化合物的光化学烟雾等
	气体	臭味气体：如硫化氢、酚、氨、硫醇等； 刺激性气体：如二氧化硫等； 其他毒性气体：如烃类、氮氧化物、一氧化碳、氯气、氰化物等
水体物质	含有机物水	含酚类、醛类、酯类、糖和多糖类等耗氧物质水体，常以生化需氧量 BOD 表示其剂量
	含无机物水	含钠、钙、镁等阳离子和硫酸根、氯根、氢氧根、硫离子等阴离子无机物水体。其酸碱度以 pH 值表示
	含色素臭味水	含络酸盐、络盐、铜盐、镍盐、亚铁盐等可溶性着色物；含硫化铜、硫化铁、氧化铁、焦炭微粉等不溶性着色物的水体；含硫化氢、酚类等的臭味水体
	含其他毒性物质水	含氰化物、砷、汞，铬、镉、铜、多氯联苯和其他有毒化学品物质水体
固体物质	矿冶渣	矿山剥离废石、选矿矸石、尾矿、冶炼矿渣等
	工业垃圾	硫铁矿渣、电石渣、磷渣、盐泥、煤灰渣、金属碎削、机加工磨削渣等
能量		噪声、热辐射、电磁波、放射线等

的危害状态称为大气污染或气体污染。使空气受到污染的物质有两大类：一是气体污染物；二是固体或液体颗粒物，悬浮在空气中形成气溶胶。其中气体污染物是指那些在常温常压下为气态的有害物质以及某些有害固体或液体的蒸气。主要有二氧化硫、一氧化碳、二氧化氮、碳氢化物、臭氧等 5 种气体污染物。表 4-2 列出主要气体污染物的特征。

污染物浓度通常以 mg/m^3 或$\mu g/m^3$ 表示。但也有采用百万分之一作为单位的，即

$$1ppm = \frac{1\text{ 单位气体污染物体积}}{10^6\text{ 单位体积(污染物 + 空气)}} = 0.0001\%\text{(体积比)}$$

使用理想气体方程可将 mg/m^3 和$\mu g/m^3$互换。

颗粒物悬浮在大气中的微粒统称为悬浮颗粒物，简称为颗粒物。这些微粒可以是固体，也可以是液体，因其对生物的呼吸、环境的清洁、空气的能见度以及气候因素等造成不良影响，所以是大气中危害最明显的一类污染物。其中大气中主要的颗粒物有烟、尘、雾等，不同颗粒物的粒径各不相同，如表 4-1 所示。粉尘是一种尺寸较大的固体颗粒，在

材料的制造和处理过程中产生的各种粒子，如煤粉、石墨粉、水泥、尾矿灰尘等就是典型的粉尘。烟雾通常是指金属氧化物，其尺寸非常小，主要是由材料的升华、蒸馏、煅烧或化学反应过程中产生的蒸气经冷凝而形成的。如在有色金属的冶炼过程中，铅或锌蒸发而形成的氧化铅或氧化锌烟雾。烟是由碳氢化合物不完全燃烧而形成的固体微粒，如煤烟属于典型的烟类。雾是由蒸气凝结或化学反应形成的液体颗粒，其中硫酸雾就是一个典型的例子。

表 4-2 主要气体污染物特征

名 称	分子式	重要性质	在大气污染中的特征	环境危害
二氧化硫	SO_2	无色气体，强烈窒息性气味，易溶于水	产生于矿物燃料（煤、石油）燃烧和材料生产过程	对人体健康有害，腐蚀建筑物和生产设备，并能导致发生酸雨
氮氧化合物	NO_x	NO：无色气体，不大活泼；NO_2：有毒，棕-橙色气体	产生于高温，高压燃烧过程	对人体健康有害，腐蚀建筑物和生产设备，并能导致发生酸雨和光化学烟雾
一氧化碳	CO	有毒，无色、无臭气体	产生于不完全燃烧过程	威胁人体健康
二氧化碳	CO_2	无色、无臭气体	产生于自然过程工业生产和燃烧过程	温室效应
臭 氧	O_3	很活泼	产生于形成光化学烟雾过程	对人体健康有害
碳氢化合物	C_xH_y		产生于汽车、化学工业	导致发生光化学烟雾

4.1.1.2 水体污染

水是一种宝贵的自然资源。地球上水体总储量约有 $13.6\times10^{11}m^3$。其中绝大部分是海水，而地球上全部地面和地下的淡水量之和仅占总水量的 0.63%。因而，地球上的淡水资源是极其有限的。然而材料的生产和加工都离不开水资源，例如生产 1t 钢需要 49t 水资源。水体污染是指排入水体的污染物在数量上超过了该物质在水体中的本底含量和自净能力即水体的环境容量，从而导致水体的物理特征、化学特征发生不良变化，破坏了水中固有的生态系统，破坏了水体的功能及其在人类生活和生产中的作用。水体受到污染，不仅妨碍了工农业生产，影响水生生态系统，还直接或间接地危害人体的健康。下面对水体中的几类主要污染物分别给予讨论和分析。

A 悬浮污染物

水中固体污染物质主要是指固体悬浮物。大量悬浮物排入水体中，造成外观恶化、混浊度升高，改变水的颜色。悬浮物沉于河底淤积河道，危害水体底栖生物的繁殖，影响渔业生产；沉积于灌溉的农田，则会堵塞土壤孔隙，影响通风，不利于作物生长。悬浮固体物质是水中含有的不溶性物质，是水质污染在外观上的重要指标。浑浊的水中常含有大量的悬浮固体物，悬浮固体物质颗粒上会吸附一些有毒有害的离子，并随着悬浮固体物质迁移到很远的地方，从而使污染扩大化。例如，水中的泥沙类的无机物，颗粒较轻的以悬浮状态存在于水中，颗粒较重的多数在静置时会自行沉降；水中动植物腐败而产生的有机物质，由于颗粒较轻则多浮在水面上。

B 无机污染物

在金属工业生产过程中的无机污染是指各种酸、碱性物质、有害的金属和盐类等排入水中造成的水质污染。其中水体酸污染主要来源于冶金、金属加工中的酸洗工序。水体碱性物质污染是来源于碱法造纸、化学纤维材料等工业废水。水体遭到酸、碱污染之后，其酸碱度将发生变化。当水体的 pH 值小于 6.5 或大于 8.5 时，水中的微生物生长将受到抑制，这导致水体自净化能力受到阻碍，并可腐蚀水下各种设备与船舶。无机物污染中对环境影响较大的是重金属污染。重金属污染与其他有机化合物的污染不同。不少有机化合物可以通过自然界本身物理的、化学的或生物的净化，使有害性降低或解除。而重金属具有富集性，很难在环境中降解。例如 Hg 或 Cd 等难分解的有害物质，在食物链中，元素的浓缩系数是逐渐增加的，当浓度为 5×10^{-11} mg/L 的 Cr 从海水中转换到鱼类体内时，其浓度可达 3.5×10^{-2} mg/L，即浓缩了 1000 万倍。此外有些重金属还可被微生物转化，如，无机汞通过微生物可转化为毒性更高的有机汞。目前由于在重金属的开采、冶炼、加工过程中，由于重视不够，已造成严重的重金属污染，如在日本九州熊本县水俣镇发生“水俣病”正是由有机汞污染水体所致。钢铁工业生产中排出的废水中也含有铁、锰、铬、铅、锌等重金属离子。有色金属工业生产中排出的废水中含有锰、铬、铅、锌、镍、铜、钴、镉、汞、锂、铝和钛等重金属离子。现阶段对我们人类和环境造成危害的重金属中毒性较大的有铬、铅、砷、镉、汞等，其主要来源与危害见表 4-3。

表 4-3 水中污染物质的主要来源

污染物质	主要来源	主要危害
镉及其化合物	金属矿山、冶炼厂、电镀厂、镉电池厂、化工厂	取代骨骼中的钙，使骨骼严重软化，骨头寸断；镉会引起胃脏功能失调，干扰人体和生物体内锌的酶系统，导致高血压症上升
铅及其化合物	金属矿山、冶炼厂、汽油、电池厂、油漆厂、铅再生厂	通过皮肤、消化道、呼吸道进入体内与多种器官亲和，对神经、血液、消化、心脑血管、泌尿等系统造成损害
铬及其化合物	金属矿山、冶炼厂、电镀厂、合金制造厂、催化剂制造厂	饮用，可致腹部不适及腹泻等中毒症状；引起过敏性或湿疹；呼吸进入，对呼吸道有刺激和腐蚀作用，引起咽炎、支气管炎，经常接触或过量摄入者，易得鼻炎、结核病、腹泻、支气管炎、皮炎等
汞及其化合物	炼汞厂、化工厂	血液中的金属汞进入脑组织后，逐渐在脑组织中积累，达到一定的量时就会对脑组织造成损害。另外一部分汞离子转移到肾脏
砷及其化合物	铜矿厂、冶炼厂、油漆厂	进入人体后主要蓄积于肝、肾、肺、骨骼等部位，与细胞中的酶系统结合，使酶的生物作用受到抑制失去活性，发生消化系统、神经系统和皮肤病变等

除有害的金属之外，还有一些毒性很强的盐类物质，如氰化物，氰化物以各种形式存在于水中，可对细胞中氧化酶造成损害，其毒性很大。饮用水中含氰量不得超过0.01mg/L，地面水不得超过0.1mg/L。氰化物主要来自各种含氰化物的工业废水，如电镀废水、有色金属冶炼废水、炼焦废水等。

C 有机污染物

当大量有机物（如碳氢化合物、蛋白质、脂肪、木质素等）排入水中时，它们将被水中的好氧微生物分解，并在分解过程中消耗水体内的溶解氧，使水中的溶解氧急剧降低，因此产生厌氧微生物，同时有机物又被厌氧微生物分解，发生腐败现象，产生甲烷、硫化氢、氨等恶臭物质，使水变质发臭。其污染程度或消耗氧的程度可以用溶解氧（DO）、生化需氧量（BOD）、化学需氧量（COD）和总需氧量（TOD）等各种指标来表示。溶解氧反映水体中存在的氧的数量，而其他几种指标反映水体中有机污染物所消耗的氧量多寡。例如，钢铁工业的焦化厂废水对水体的污染程度，通常是以微生物摄取有机物时消耗的氧量来表示，即生化需氧量（BOD）。应注意的是 BOD 并不是对某一污染物的直接测量，而是测量细菌或微生物分解有机物所需的氧量。

4.1.1.3 固体污染

金属工业固体废物是指采矿、选矿、冶炼和加工过程及其环境保护设施中排出的固体或泥状的废弃物。其种类包括：采矿废石、选矿尾矿、冶炼弃渣、污泥和工业垃圾等。随着金属生产的发展和社会的进步，固体废弃物的排放量日趋增加。这主要由于传统的材料生产方式在开发利用自然资源时，利用率极低，据统计资料表明，原材料的70% ~90%变成了废弃物。例如，每燃用1t原煤，即产生矸石和灰渣600 ~800kg；冶炼1t钢也需要约10t左右的各种矿石作为原料。由此可见废物的产生量远远大于产品的产量。

在环境工程中，对固体废弃物有几个常用的术语，如：处理、处置、利用和管理，下面分别给予简介。固体废弃物的处理是指将固体废物治理到一定程度的过程，该程度尚未达到无害地排放到环境所容许的标准。固体废弃物的处置是指将固体废弃物处理到无害地排放到环境所容许的标准的最终过程。固体废弃物的利用，或称之为固体废弃物的资源化，为废物循环、回收等被再利用的过程，也就是将废物转化为原料、材料的过程，或直接做成产品的过程。而固体废弃物的管理指废物产生、收集、运输、储存、利用、处理和处置过程中一切技术与法律行为的总和。与废水、废气相比较，固体废弃物具有下列几个显著的特点：固体废弃物是各种污染物的终态，它往往浓集了许多污染成分。在自然条件下，固体废弃物中的有害成分的一部分会转入大气、水体和土壤，具有潜在的、长期的危害性。固体废弃物占用和污染大量土地，直接影响人类生活和农业生产。

4.1.2 金属材料的可循环再生设计

金属材料生态设计的方向是追求低环境负载性、安全性、功能性和经济性。节省资源和能源，降低环境负载最有效的途径是可循环再生性，所以目前研究的重点是可循环金属材料设计。金属材料是易于循环再利用的材料。若要使金属材料充分扮演好环境材料这个角色，就必须充分利用循环使用的特点以降低环境负担。金属材料可循环再生的理想状态是“高纯度化”和“组成单一化”，但实际金属材料常作为结构材料，要求具有较好的力学性能，而这种高强度一般是通过合金化来实现的。也就是说，在冶炼金属过程中加入一定量的合金元素（如碳、硅、磷、铜、锡、铅、铝、锰、铬、钼、镍及稀有金属等），目的是改善金属的组织结构、力学性能，使其满足各种使用要求。这里以钢铁为例，介绍不同合金元素对钢材性能的影响，如表 4-4 所示。由表 4-4 可知，合金元素对钢材性能有着极其重要的作用。

表 4-4 主要合金元素对钢性能的影响

元素名称	对性能主要影响
Al	主要作用为细化晶粒和脱氧，在渗氮钢中能促成渗氮层，含量高时，能提高高温抗氧化性，耐 H_2S 气体的腐蚀作用，固溶强化作用大，提高耐热合金的热强性，有促使石墨化的倾向
B	微量硼能提高钢的淬透性，但随钢中碳含量增加，淬透性的提高逐渐减弱以至完全消失
C	含量增加，钢的硬度和强度也提高，但塑性和韧性随之下降
Cr	提高钢的淬透性，并有二次硬化作用，增加高碳钢的耐磨性，含量超过 12% 时，使钢具有良好的高温抗氧化性和耐氧化性介质腐蚀作用，提高钢的热强性，是不锈耐酸钢及耐热钢的主要合金元素，但含量高时易产生脆性
Cu	含量低时，作用和镍相似，含量较高时，对热变形加工不利，如超过 0.30% 时，在热变形加工时导致高温铜脆现象，含量高于 0.75% 时，经固溶处理和时效后可产生时效强化作用。在低碳合金钢中，特别是与磷同时存在，可提高钢的抗大气腐蚀性，2% ~3% 的铜在不锈钢中可提高对硫酸、磷酸及盐酸等的抗腐蚀性及对应力腐蚀的稳定性
Mn	降低钢的下临界点，增加奥氏体冷却时的过冷度，细化珠光体组织以改善其力学性能，为低合金钢的重要合金元素，能明显提高钢的淬透性，但有增加晶粒粗化和回火脆性的不利倾向
Mo	提高钢的淬透性，含量 0.5% 时，能降低回火脆性，有二次硬化作用。提高热强性和蠕变强度，含量 2% ~3% 时，提高抗有机酸及还原性介质腐蚀能力
N	有不明显的固溶强化及提高淬透性的作用，提高蠕变强度，与钢中其他元素化合，有沉淀硬化作用，表面渗氮，提高硬度及耐磨性，增加抗蚀性，在低碳钢中，残余氮会导致时效脆性
Nb	固溶强化作用很明显，提高钢的淬透性（溶于奥氏体时），增加回火稳定性，有二次硬化作用，提高钢的强度、冲击韧性，当含量高（大于碳含量的 8 倍）时，使钢具有良好的抗氢性能，并提高热强钢的高温性能（蠕变强度等）
Ni	提高塑性及韧性（提高低温韧性更明显），改善耐蚀性能，与铬、钼联合使用，提高热强性，是热强钢及不锈耐酸钢的主要合金元素之一
P	固溶强化及冷作硬化作用很好，与铜联合使用，提高低合金高强度钢的耐大气腐蚀性能，但降低其冷冲压性能，与硫、锰联合使用，改善切削性，增加回火脆性及冷脆敏感性
Pb	改善切削加工性
S	改善切削性；产生热脆现象，恶化钢的质量，硫含量高，对焊接性产生不利影响
Si	常用的脱氧剂，有固溶强化作用，提高电阻率，降低磁滞损耗，改善磁导率，提高淬透性、抗回火性，对改善综合力学性能有利，提高弹性极限，增加自然条件下的耐蚀性。含量较高时，降低焊接性，且易导致冷脆。中碳钢和高碳钢易于在回火时产生石墨化
Ti	固溶强化作用强，但降低固溶体的韧性，固溶于奥氏体中提高钢的淬透性，但化合钛降低钢的淬透性。改善回火稳定性，并有二次硬化作用，提高耐热钢的抗氧化性和热强性，如蠕变和持久强度，且改善钢的焊接性

续表 4-4

元素名称	对性能主要影响
V	固溶于奥氏体中可提高钢的淬透性，但化合状态存在的钒会降低钢的淬透性，增加钢的回火稳定性，并有很强的二次硬化作用，固溶于铁素体中有极强的固溶强化作用。细化晶粒以提高低温冲击韧性，碳化钒是最硬、耐磨性最好的金属碳化物，明显提高工具钢的寿命，提高钢的蠕变和持久强度，钒、碳含量比超过 5.7 时，可大大提高钢抗高温高压氢腐蚀的能力，但会稍微降低高温抗氧化性
W	有二次硬化作用，使钢具有红硬性，提高耐磨性，对钢的淬透性、回火稳定性、力学性能及热强性的影响均与钼相似，稍微降低钢的抗氧化性
Zr	锆在钢中作用与铌、钛、钒相似，含量小时，有脱氧、净化和细化晶粒的作用，提高钢的低温韧性，消除时效现象，提高钢的冲压性能

注：各成分的含量都指质量分数。

金属材料的生态设计既要满足性能的要求，又要适应环境的需求，以提高金属材料的可循环性能。因此，生态金属材料设计过程，合金元素的添加要遵循以下几条原则：

（1）低合金化。低合金化，即在保持材料性能指标基本不变的前提下，尽量降低材料的合金元素含量、种类的数目或选择易于二次分离的合金元素。传统的金属材料为了满足各种性能要求，通常在一种金属材料中添加多种合金元素，而在金属材料的废屑或废料重熔冶炼过程中，除去合金元素和杂质是相当困难的，这使金属再生循环变得困难，降低了可循环再生性。因此过多合金元素强化金属性能不利于金属的可循环再生。20 世纪 80 年代以来的研究表明金属材料是较好的可循环再生材料，并已经积累了很多理论基础和实践例证，但整体上说仍不够成熟。对于金属材料的可循环再生设计，既要满足性能要求，又要减少合金元素添加种类和数量。关于合金元素最少化的可能性，首先可以通过对高纯金属性质的研究，改善材料的组织结构来提高性能。如日本开发"超级钢"，新一代钢铁材料的发展目标是强度、韧性同时提高 1 倍，并保持使用寿命延长 1 倍，技术途径是通过"高洁净、均匀化、超细晶"来实现的，通过微观结构控制技术的发展来生产"超细颗粒的结构钢"，从而大大改善其机械强度和各种功能，探索纯铁可达到的最优的潜在性能。另外通过控制金属组织复相化，平衡材料各种性能，实现可循环再生复合。复相组织金属由于不加入妨碍再生的元素，所以电炉重熔就可以不用返回到熔矿炉循环再生。近年，高层建筑耐震设计需要高张力钢，要求具有高强度，而且有低降伏强度比，通过控制压延、热处理和两相析出热处理等技术，得到平衡两种性能的软质相和硬质相复合组织，成为铁素相围绕网状与马氏体相的复相组织钢。

合金元素再生循环性的选择应充分考虑到金属材料在再生循环时合金元素的分离问题。废弃金属材料在再生过程中，由于某些合金元素的化学特性，会受到金属冶炼和提纯工艺的限制而很难去除。如钢水中的铝杂质几乎能全部被除去，而铝熔体中的铁杂质则很难去除干净。当然去除的杂质还与沸点、蒸气压等诸多因素有关。对于钢铁材料而言，可将杂质元素分成四类：

1）几乎全部残留于钢水中的元素，如 Cu、Ni、Co、Mo、W、Sn、As；

2）不能完全除去的元素，如 Cr、Mn、P、S、C、H、N；

3）与沸点和蒸气压等无关的元素，如 Zn、Cd、Pb、Sb；

4）从钢中几乎能全部除去的元素，如 Si、Al、V、Ti、Zr、B、Ca、Nb、RF 等。

综上所述，对于废弃的合金钢循环再生时，某些无法二次分离的合金元素（如 Cu、Ni、Mo、Sn 等）残留在钢水中，经过多次循环再生后，该类合金元素的含量会发生累计增加，接近极限，合金元素在金属内部的富集极大地影响了金属材料的性能。

此外，可循环再生的另一障碍是通过各种途径混入的杂质，例如，电器导线和电动机在回收时很容易混入铜、铬、锡、锌等元素，这些杂质元素在晶界处析出，这种杂质在晶粒间偏析往往造成晶间脆化现象，不仅影响材料的力学性能，而且影响材料的加工性能。这种杂质的传统的分离方法通常利用与氧的亲和力和蒸气压不同来分离杂质元素，但该种方法具有一定的局限性，如铜和锡与氧的亲和力和蒸气压相近，因此很难分离。目前科技工作者除了在努力研究各种分离方法以外，也在尝试通过改善组织结构控制来降低杂质原子对材料性能的影响。如通过晶粒超细化来增大晶界或相界面积，以降低晶界或相界处的夹杂物浓度。杂质原子在材料中均匀固溶，杂质在晶粒间单位面积浓度不变，那么晶粒越细小，则晶粒间面积增加，杂质的容纳量就增加。例如，结晶粒径是原粒径的 1/2，杂质容纳量就增加 1 倍。

（2）合金元素无害化。金属合金化添加元素的选择首先要保证合金元素无毒无害，即采用对环境影响小、毒性小的元素作为合金元素，保证金属材料在使用和废弃阶段对环境友好。国际环境保护机构已列出 17 种对人体和环境有毒害的元素，如铅、砷、钴、镉、汞等。然而在众多的传统材料中经常加入有毒的重金属来提高材料的各种性能，并在电子、电器、汽车、航空、航天、机械加工等行业大显身手。如铅黄铜和砷黄铜均是常用的加工黄铜。尤其铅黄铜具有优异的切削性能及自润滑的特点，能满足各种形状零部件的机加工要求，有着广泛的应用。迄今为止，世界每年约有 5 万吨铅通过电子废弃物进入人类生活环境，废弃产品中的铅通过雨水尤其是酸雨可形成可溶性铅化合物而进入地下水中，导致水源污染，逐步破坏生态平衡，威胁人类安全。目前无铅黄铜、无铅焊料、无铅机械加工钢等类金属材料的研究已经引起人们的关注。因此选择无毒的或对环境无害的合金元素来替代有毒元素是必不可少的。

（3）合金元素廉价易得。根据金属的资源量调查表明，地球上多数稀有金属可采掘年数只有几十年。金属元素矿石是以氧化物、碳化物等化合物形式存在，矿石中金属元素含量各不相同，从经济和技术高度考虑，一般以采掘和提取高品质矿石来保障资源供给，在高品质矿藏枯竭后，即使提取技术进步，也难以避免生产效率低下、尾矿增多、开采量过大等一系列问题。因此在合金元素选取时尽量采用资源丰富、廉价易得的元素代替昂贵稀缺的合金元素，降低材料生产的环境负荷，研究开发具有高性能、低环境负荷的新金属材料。如提高碳或硅含量来产生二次硬化效应可降低高速钢合金含量，节约 W 和 Mo 资源，同时冶炼过程中碳含量高可减少 CO_2 的排放量，减少了环境污染，对环境协调发展具有重要作用。

4.1.3 再生金属资源利用

世界上的自然矿物资源被称为原生资源或第一资源，其储量是有限的，许多种矿产资源已趋贫瘠，开采提炼难度增加，使生产成本提高。据统计，具有经济开采价值的铁矿储量还可以维持170年，铝260年，而铜和钼不足70年。因此节约和合理使用资源显得十分重要。再生金属资源指的具有再回收利用价值的各种金属废弃物，也有称之为金属的再生资源。金属物资具有再生力很强的特性，现已成为当今世界的宝贵资源，利用好这些再生资源不仅可以提高资源利用率，而且能够减少污染，保护生态环境。目前废钢铁作为电炉炼钢原料已得到普遍应用，而废弃铜、铝、锌、铅等有色金属由于再生能力较强也引起足够的重视。2010年中国再生金属产业总节能2568.3万吨标煤，其中再生铜559.4万吨标煤、再生铝1927万吨标煤、再生铅53万吨标煤、再生锌28.9万吨标煤。另外，去年再生金属产业的总节水达到14.9亿吨，少排放固体废物12亿吨，少产生二氧化硫41.3万吨。再生金属产业已经成为关乎国家利益的资源竞争的支柱产业。

4.1.3.1 废钢铁的回收利用

铁矿石属于不可再生的自然资源，且该资源十分紧张。同时，由于现代工业的发展，世界废钢资源正在逐年增加。废钢铁是可回收的再生资源，是电炉炼钢必不可缺的原料，是钢铁工业可持续发展的重要资源。另外，废钢铁也是机器制造工业、轻工业、农业等各行业的原料。据不完全统计，截至2010年，世界废钢资源历史积蓄量已超过140亿吨，其中中国为12亿吨。面对如此庞大的废钢资源，逆向物流被越来越多的人所关注。长期以来，钢铁企业对逆向物流的重视程度不够，导致废钢铁的无序回收，造成了严重的资源浪费及环境污染。据权威部门统计，我国每年至少有500万吨废钢铁、20多万吨有色金属、1400万吨废纸，以及不计其数的废塑料、废玻璃被白白浪费，没有得到回收利用。随着工业的发展和人民生活水平的提高，人们将不断地开采地下矿产资源，在金属生产过程中还要产生大量的工业废料、废气、废水等，严重污染环境，积极回收利用废钢铁也是解决环境污染的一项有力措施。

废钢铁的来源很广，从钢铁冶炼、钢铁产品制造到产品使用的各个阶段均会产生废钢铁。在高炉炼铁过程中可产生沟铁、铁水罐底、边沿残铁、铸铁机的散碎废铁等，每炼1t生铁可回收10～12kg的废铁；在炼钢过程中可产生铸余、中注管、汤道、凝钢、跑钢、边沿残钢、短锭、车间内判废钢等；在轧钢过程中，钢锭开坯至轧制成材要产生氧化铁皮、切头、切尾、切边和废次材等，以上这些废钢铁一般也被称为“返回废钢”或“自产废钢”，占废钢铁回收总量的30%～50%。在钢铁产品制造过程中，机械加工生产下来的钢铁屑沫，印头、切尾，边角余料、加工废件等这类废钢一般称为“工业废钢”，占废钢铁回收总量的20%～25%。钢铁产品使用阶段所产生的废钢数量较大、种类繁多，这给循环再生造成难度。在基本建设过程中产生下来一些不同类型的废钢。如金属结构工程多产生边角余料，切头、切边等；石油、化工和钢铁工业的基建工程产生的边角余料。在拆除工程中也会产生大量的废钢铁，如钢铁结构件、框架等。各种机械设备不断地进行更新改造要产生大量的废铁，这类废钢一般也叫做“折旧废钢”。例如航空、航海机械设备、军械武器装备、仪器、机床、动力设备、农业机械、运输工具、车和船等，这类废钢铁占废钢铁回收总量的25%～30%，此外还有一部分废钢铁资源分散于城乡各行各业、千家万户，零星分散，如日用器皿、细小五金、农业生产工具等。

在传统工艺中，产品设计往往只从经济和使用性能出发，而不考虑产品的回收再利用问题，这给废品的回收利用带来很大困难。废钢原料物理形态和化学成分比较复杂，从物理形态上来看有板状、块状、带状、丝状、粉状等类型；从化学成分上来看，废钢原料比精矿原料的杂质含量高，而且杂质的品种多，可能含有铜、锌、镍、锡、铅、锑等杂质，化学成分变化较大。此外大量金属制品还含有金属涂层（如 Sn、Zr）和非金属涂层（如油漆、塑料等），加上回收过程中不可避免地混入的其他材料，使得回收废钢铁化学成分复杂、品质低劣。利用回收的废钢为原料，循环利用中生产出的钢材性能就会退化。例如，制造汽车用的钢板，必须是杂质极低的钢材，而从废汽车回收的钢材经电炉熔炼后，不能达到汽车用钢的原有要求，只能用于生产建筑用的钢筋。当再生金属用于原用途时，由于其处理代价太大，经济上不合理或技术上不成熟，要根据再生钢的性质和需要，开发其他利用途径，作为另一种产品降级使用。合金钢经几次再生循环，钢中的 Cu、Ni、Sn、Mo 等元素的含量会由于累积效应而增高。这些元素最初是作为合金化元素加入钢中来提高性能的，但它们的累积效应对于钢材的热加工性能有不良影响。因此，在钢铁再生循环过程中应设法控制其含量。综上所述，应该大力研究和开发以下冶金技术：

（1）针对含有不能去除元素废钢的炼钢技术和精炼技术；

（2）再生循环钢中杂质无害化技术；

（3）钢材的可再生循环设计技术，即通过可再生循环设计来保证钢材具有良好的再生循环性能；

（4）废钢铁再生循环过程中的分离与分选技术。

4.1.3.2 铜的回收利用

铜是一种非常重要的有色金属，由于铜具有导电、导热、可塑性好等许多优良的性能，广泛用于电子、电器工业等领域。在自然界中，天然铜产出极少，目前世界上 80% 以上的铜是用硫化铜矿石冶炼出来的。铜矿开采后经过选矿、焙烧、熔炼、吹炼，成为粗铜，又经过火法精炼，除去硫和氧，可以得到品位 99% 以上的精炼铜。我国铜矿资源不足，富矿少、贫矿多，含铜品位较低，每年都需量进口铜精矿、粗铜和废旧铜。随着新的工业技术的发展，铜的消费增长较快，为弥补国内市场的铜不足，废旧铜的进口大幅增长，发展再生铜工业具有重要的社会意义。

随着我国铜蓄积量不断增加，废铜的产生量也会增加，按铜的使用周期 30 年来测算，从 1974 年到 2004 年我国累计铜的消费量为 3194 万吨，按回收率 85% 计算，废铜的蓄积量为 2696 万吨，这些资源已经陆续进入到废铜市场。预计到 2011 年国内可回收利用的废铜约 76 万吨，2020 年为 107 万吨。随着我国经济的发展，废铜产生量的增长幅度将会越来越大。

废铜按其产生的阶段不同，又可分为：工业生产过程中产生的一次废铜、加工过程中产生的新废铜、消费过程中产生的旧废铜。废杂铜主要来自三个方面：（1）有色金属冶炼过程中产生的废品和废料；（2）各种机械加工过程中产生的废品和废料；（3）使用过程中旧的、报废的仪器、仪表、工具和机器设备等。国内废杂铜尚没有制定较为完善的分类标准，基本上参照国外的标准，如表 4-5 所示。

目前国内外回收利用废杂铜的方法很多，主要可分为两大类：第一类是将高质量的废杂铜直接冶炼称紫精铜或铜合金后供用户使用，称直接利用；第二类是将杂铜先经火法处理铸成阳极铜，然后电解精炼成电解铜并在电解过程中回收其他有价元素。用第二类方法处理含铜废料时，通常又有 3 种不同的流程，即一段法、二段法和三段法。表 4-6 为废杂铜间接利用的三种流程及其适用的原料。

表 4-5 废杂铜分类标准

类 型	内 容
1 号废杂铜	纯度在 95% ~99% 以上，主要是由干净的非合金铜材料所组成，即：铜边角料、铜圈、干净铜管或管道、1 号铜线和粗导线（不包括被烧焦的和易碎的细铜线），此类废料可直接送加工厂使用
2 号废杂铜	含铜在 85% 以上，包括干净的、氧化的、带皮的铜边角料、铜圈、整流器部件、较干净的带少量焊锡的铜管材，氧化或带皮铜线（不是被烧焦的铜线）
3 号废杂铜	除含有上述 1 号、2 号废杂铜的成分外，还含有大量的含铜铸件，废轴承、废旧马达、各种电器设备、废旧变压器等。3 号废杂铜含铜量变化范围很大，最低铜含量达 20%，最高达到 70% ~80%

表 4-6 废杂铜间接利用的三种流程及其适用的原料

流 程	一段法	二段法	三段法
再生铜的种类	紫杂铜、残极、黄杂铜	板头、铜线、铸造铜垃圾和含铜废品	难于分类或混杂的紫杂铜、黑铜

（1）一段法。将分类过的黄杂铜或紫杂铜直接加入反射炉精炼成阳极铜的方法。其优点是流程短、设备简单、建厂快、投资少，但该法在处理成分复杂的杂铜时，产出的烟尘成分复杂，难以处理；同时精炼操作的炉时长，劳动强度大，生产效率低，金属回收率也较低。

（2）二段法。杂铜先经鼓风炉还原熔炼得到金属铜，然后将金属铜在反射炉内精炼成阳极铜；或杂铜先经转炉吹炼成粗铜，再在反射炉内精炼成阳极铜。由于这两种方法都要经过两道工序，所以称为二段法。鼓风炉熔炼得到的金属铜杂质含量较高，呈黑色，故称为黑铜。

（3）三段法。杂铜先经鼓风炉还原熔炼成黑铜，黑铜在转炉内吹炼成次粗铜，次粗铜再在反射炉中精炼成阳极铜。原料要经过 3 道工序处理才能生产出合格的阳极铜，故称三段法。三段法具有原料综合利用好，产出的烟尘成分简单、容易处理，粗铜品位较高，精炼炉操作较容易，设备生产率也较高等优点，但又有过程较复杂、设备多、投资大且燃料消耗多等缺点。

我国除规模较大的企业或需处理某些特殊废渣的企业外，一般的废杂铜处理流程多采用一段法和二段法。在废铜的利用方式上，据估算，废铜经再加工后，有约 1/3 以精铜的形式返回市场，即经过阳极炉熔炼之后生产电解铜，即通常所称的再生精铜；另外 2/3 以非精炼铜或铜合金的形式重新直接使用，生产铜线或铜合金。

4.1.3.3 铝的回收与再生

铝是一种银白色的轻金属，在自然界分布极广，铝在地壳中的含量约为 8.8%，为铁的 1/3，是世界第二大金属。近年来由于建筑工业大量使用铝门窗，食品工业中大量使用铝罐包装饮料以及汽车的轻量化，因此铝及铝合金的社会需求量日益增加。二次铝及铝合金是产品和消费量仅次于钢铁的金属材料。从人类社会可持续发展的角度考虑，使用铝及铝合金代替钢铁和铜合金、不锈钢等，可以减少材料工业对枯竭性矿物资源铜、铬、镍等的消耗。但是，铝材又是生产过程中环境负荷最大的金属材料之一。目前采用电解方式冶炼1t原生铝需要耗电约1.5×10^4kW·h。而以废旧铝制品为原料炼制的再生铝，每吨再生铝只需要20度电。同时整个过程还节约10.5t水、11t固体材料。考虑综合成本，每生产1t再生铝比生产1t原生铝生产费用节省40%～50%。因此，从可持续发展的角度考虑，制铝工业应逐步转移到以废铝再生循环利用为基础上来。在设计铝合金时，也要以材料的易于再生循环利用为主要原则。

废杂铝的回收利用具有丰富的资源。铝基本上分为两类：一类是工业用的纯铝；另一类是铝合金，铝合金又分为压力加工铝合金和铸造铝合金。压力加工铝合金可以制成板、带、棒线、线材等产品；铸造铝合金因其塑性低，只适宜于生产各种形状的铸件。根据铝的塑性高低、化学元素的含量，以及加工利用的要求，在回收工作中，把废杂铝分为废熟铝，废生铝，铝合金和废铝屑、末、灰、镏四类，具体内容如表4-7所示。

表4-7 废杂铝的分类

种 类	特征与具体包含内容
废熟铝（熟钢精）	熟铝含纯铝99%以上，质地比较柔软，能碾压成片，能拉丝，能冲压各种器皿。废熟铝包括工业生产中产生下来的边角余料，生产设备淘汰替换下来的熟铝零件、废电线、电缆、板、管、棒废材以及熟铝制成的废旧日用器具等
废生铝（生钢精）	生铝含纯铝98%以下，含铁、硅、铜等杂质较多，因此性质脆硬，不能压延，只能铸造；废生铝包括机器设备上替换下来的零件，再生铝锭，汽车活塞，发动机机体，铝制再生器皿、用具等
废铝合金	包括报废的飞机机身、机翼，客轮，战车的附件，各种高强度机械设备零件，以及生产飞机、轮船、汽车下来的边角余料等
废铝屑、末、灰、镏	工业部门生产下来的铝屑、末、渣、灰、镏等

废铝再生利用是一门综合性的技术，它包括废铝分选预处理、熔炼炉冶炼和熔体净化技术。回收来的废旧铝制品，必须经过预处理才能熔炼。不经预处理直接入炉熔炼，会使熔体局部过热，金属烧损增加，产品质量下降。例如，橡皮和塑料铝线要用简易电线剥皮机或人工剥皮去杂，严禁采用火烧的办法除杂，造成物资损失；大块废铝要进行解体、破碎，按生产单位的炉型大小，加工成合格的原材料；轻薄废铝占地面积大，可用打包机挤压成块，由于轻薄废铝中往往混有镀锌铁皮、不锈钢等杂质，因此打包前要进行严格分类除杂；散碎废铝、铝屑、末、灰、镏等，首先要进行挑选除杂，粉碎筛选，而后根据设备条件熔炼成铝锭。广泛使用再生铝的最大障碍是再生铝的性能较差。由于废铝回收后再生循环过程中化学成分不易控制，各种有害杂质难以去除，从而造成性能的下降。废铝中的有害杂质通常为Fe、Cu、Zn、Ni、Ti等，其中铁是最重要的有害元素，Fe和Al等元素形成FeAl等脆性金属间化合物，使再生铝合金的强度和断裂韧度急剧下降。由于生成的杂质相往往具有较高的电位，且破坏了铝合金表面氧化膜的连续性，从而大大降低了铝合金的耐腐蚀性能。因此，开发再生铝合金中的杂质无害化技术，就成为再生循环铝合金推广

应用的关键。

4.1.3.4 铅的回收与再生

铅是史前金属之一，很早就被人类发现和利用。我国发现铅也很早，约在纪元前2000年已使用铅铸造货币。铅在国民经济中占有重要的地位。随着我国科学技术和现代工业的迅速发展，铅的用途越来越广，用量也越来越大。我国再生铅回收利用起步较早，原料来源较多，85%以上来自废旧铅酸蓄电池，少量来自电缆包皮、耐酸器皿衬里、印刷合金、铅锡焊料及轴承合金。长期以来，中国在蓄电池销售中采取“交旧买新”的办法，废铅回收情况比较好，历年来是逐渐增长趋势。目前中国再生铅企业约有400余家，包括原生铅和再生铅冶炼厂、蓄电池制造厂等。近十年来，随着中国汽车、通讯、交通、电动自行车等行业快速发展，促进了铅酸蓄电池产业迅猛扩张，1992年全国铅酸蓄电池产量仅1000万kV·A·h，而2004年猛增到600kV·A·h，产量增长6倍。目前全国铅酸蓄电池生产厂也有几千家，2004年估计全国铅酸蓄电池行业耗铅量在100万吨左右，约占全国铅消费量的60%。工业发达国家铅酸蓄电池使用寿命一般为3~3.5年，而我国同类蓄电池只有1.5~2.0年，使用寿命短，更换频繁，每年有50万~60万吨废杂铅产自蓄电池行业。除了从废旧蓄电池中大量回收铅外，也从电缆包皮、耐酸器皿衬里、铅锑合金中回收铅，回收方法与废杂铜相似。目前工业发达国家，如美国、德国、英国、法国和日本再生铅产量已接近或超过原生铅产量，再生铅在全球铅工业中已占有重要地位。

4.2 无机非金属材料的设计与加工

无机非金属材料的提法是20世纪40年代以后，随着现代科学技术的发展从传统的硅酸盐材料演变而来的。它是与有机高分子材料和金属材料并列的三大材料之一。其中无机非金属材料因原料资源丰富、成本低廉、产品应用范围广，能在许多场合替代金属或有机高分子材料，使材料的利用更加合理和经济，从而日益受到人们的重视，成为材料领域研究和开发的重点。

4.2.1 无机非金属材料的分类及特点

无机材料是由硅酸盐、铝酸盐、硼酸盐、磷酸盐、锗酸盐等原料和（或）氧化物、氮化物、碳化物、硼化物、硫化物、硅化物、卤化物等原料经一定的工艺制备而成的材料，是除金属材料、高分子材料以外所有材料的总称。在晶体结构上，无机非金属材料的元素结合力主要为离子键、共价键或离子-共价混合键。这些化学键所特有的高键能和键强赋予这一大类材料以高熔点、高硬度、耐腐蚀、耐磨损、高强度和良好的抗氧化性等基本属性。同时有些材料还因其特殊结构而具有导电、隔热、铁电、磁性、压电、超导等特殊性。正是由这些基本属性和特殊性决定了无机非金属材料在人类发展史、国民经济各领域和日常生活中的作用与地位。其应用从建筑及日常生活领域发展到冶金、化工、交通、能源、窑炉、建筑、机械设备、电工电子、食品、光学、医药、照明、新闻、情报技术以及尖端科技领域。

无机材料种类繁多，用途各异，大致可分为陶瓷、玻璃、水泥、耐火材料等。随着科学技术的发展，又不断出现许多具有特殊性能和用途的新型无机非金属材料，如新型陶瓷、特种玻璃、人工晶体、半导体材料、薄膜材料、无机纤维等。下面主要介绍几种重要的无机材料。

4.2.1.1 陶瓷

陶瓷是人类生活和生产中不可缺少的部分。它的生产和发展经历了由简单到复杂、由粗糙到精细、从低温到高温的过程。目前，人们习惯上将其分成两大类，即普通陶瓷和新型陶瓷。普通陶瓷是用黏土类及其他天然矿物原料经过粉碎加工、成形、煅烧等过程而得到的日用陶瓷、建筑陶瓷、化工陶瓷、电瓷等传统的陶瓷产品；而新型陶瓷是采用人工精制的无机粉末原料，通过结构设计，精确的化学计量，合适的成形方法和烧成制度，并经过加工处理使之符合使用要求的无机非金属材料，它可分为结构陶瓷和功能陶瓷。由于组成、性能、工艺及用途各不相同，因此，上述两大类陶瓷又可细分为许多品种，详见表4-8～表4-10。

表4-8 普通陶瓷的主要种类、组成、性能及应用

分类	主要组成	性能特点	应用范围
日用陶瓷	$K_2O/MgO-Al_2O_3-SiO_2$ $CaO-Al_2O_3-SiO_2-P_2O_5$	较高的半透明度、机械强度、硬度，釉面平整、光滑，较好的热稳定性和化学稳定性	日用餐茶具、陈设瓷、美术用瓷等
建筑卫生陶瓷	$K_2O-Al_2O_3-SiO_2$ $CaO-Al_2O_3-SiO_2$	较好的热稳定性、规整度、较高的机械强度，较好的白度等	卫生间器皿、建筑装饰材料等
电瓷	BaO（$MgO/CaO/ZrO_2$）$-Al_2O_3$ $-SiO_2$ $Al_2O_3-SiO_2$	介电系数、高频电场下的介电损耗、机械强度、介电强度、比体积电阻、导热系数小	安装、固定、支撑、保护、绝缘、隔离及连接电力设施等
化工化学陶瓷	$R_2O-Al_2O_3-SiO_2$	耐化学腐蚀性、热稳定性好、不渗透、机械强度高	石油化工、化肥、制药、食品、造纸、冶金、化纤等

表4-9 结构陶瓷的主要种类、组成、性能及应用

分类	典型材料	性能特点	应用范围
结构陶瓷	氧化铍陶瓷	良好的热稳定性、化学稳定性、导热性、高温绝缘性及核性能	散热器件、高温绝缘材料，反应堆中减速剂，防辐射材料等
	氧化锆陶瓷	耐火度高，比热容和导热系数小，化学稳定性和高温绝热性好	冶炼金属的耐火材料，高温阴离子体，氧传感器，刀具等
	氧化镁陶瓷	介电强度、高温比体积电阻高，介电损耗低，高温稳定性好	碱性耐火材料，冶炼高纯度金属的坩埚等

续表 4-9

分类	典型材料	性能特点	应用范围
结构陶瓷	氧化铝陶瓷	硬度、机械强度高，良好的化学稳定性和透明度	装置瓷，电路基板，磨具材料，刀具、灯管、红外检测材料，耐火材料等
	氮化硅陶瓷	高温稳定性和蠕变好，摩擦系数、密度、线膨胀系数小，化学稳定性好，强度高	燃气轮机部件，核聚变屏蔽材料，耐热、耐腐蚀材料，刀具等
	碳化硅陶瓷	较强的硬度、强度和韧性，良好的导热、导电性	耐磨材料、热交换器，耐火材料，发热体，高温机械部件，磨料、磨具等
	氮化硼陶瓷	熔点高、密度、线膨胀系数小，良好的绝缘和化学稳定性，吸收中子和透红外线	高温固体润滑剂，绝缘材料、反应堆的结构材料，耐火材料，场致发光材料等
	氧化铍陶瓷	具有良好的热稳定性、化学稳定性、导热性、高温绝缘性及核性能	散热器件、高温绝缘材料，反应堆中减速剂，防辐射材料等

表 4-10 功能陶瓷的主要种类、组成、性能及应用

分 类	典 型 材 料	应 用 范 围
介电陶瓷	TiO_2，La_2TiO_7，$Ba_2Ti_9O_{20}$	陶瓷电容器，微波陶瓷等
铁电陶瓷	$BaTiO_3$，$SrTiO_3$	陶瓷电容器
压电陶瓷	PZT，PT，LNN	超声换能器、谐振器、压电点火、压电电动机，表面波延迟元件等
高温超导陶瓷	La-Ba-Cu-O Y-Ba-Cu-O	超导材料
软磁铁氧体	Mn-Zn，Cu-Zn，Ni-Zn Cu-Zn-Mg 铁氧体	电视机、计算机芯片，温度传感器，电波吸收器等
硬磁铁氧体	Ba，Sr 铁氧体	铁氧体磁铁
记忆铁氧体	Li、Mn、Ni、Mg 和 Zn 与 Fe 形成的尖晶石型铁氧体	计算机磁芯等

4.2.1.2 玻璃

自然界中，物质存在着 3 种聚集状态，即气态、液态和固态。玻璃具有特殊的状态，从宏观来看，玻璃具有固定形状，其力学性质类似于固体，是具有一定透明度的均匀脆性体，类似固态，而从微观结构来看，玻璃态物质中的质点呈近程有序，远程无序，其结构类似液体。因而玻璃态介于固体与液体之间的聚集状态，属于非定型态。玻璃由于其独特的结构使得在用作材料时具有众多优点，并在众多领域有着广泛的应用。例如，(1) 组成可以连续改变，可在广阔范围内改变其各种性质，如密度、电性、光性、热性质等；(2) 可以制成大体积的透明性材料，玻璃是保持着液体状态的均匀性物质，是透明的固体，而且它的透光性和折射率，可通过组成的改变加以调整，便于制成各种用途的光学材料；（3）玻璃较易进行大批量生产，玻璃可以用大容量的池窑或坩埚熔化，只要能将原料充分熔化，升温速度和温度并不要求严格控制，有利于大批量连续性生产；（4）便于使用各种成形方法制成不同形状的制品，玻璃在可加工状态下如同胶状的黏稠液体，而且塑性变形的温度范围非常宽，可以用吹泡法、滚压法、拉伸法、模压法等各种加工方法制成板材、管材、薄膜、纤维等任意形状的制品；（5）化学稳定性良好，玻璃耐酸碱的化学侵蚀性强，可作金属的防腐蚀涂层和耐酸器皿的保护层；（6）玻璃致密性良好，对气体和液体无透过性，可以用作密封容器和焊接用的材料；（7）绝缘性良好，可用作各种电绝缘材料。

玻璃的分类方式很多，按组成可分为：元素玻璃、氧化物玻璃、非氧化物玻璃。按玻璃的主要用途及使用性能可分为：建筑玻璃（平板玻璃、压延玻璃、钢化玻璃、磨光玻璃、中空玻璃等品种）、日用轻工玻璃、仪器玻璃、光学玻璃和电真空玻璃。

4.2.1.3 水泥

水泥是建筑工业三大基本材料之一，使用范围广，用量大，素有“建筑工业的粮食”之称，生产水泥虽需较多能源，但是水泥和砂、石等集料所制成的混凝土则是一种低能耗型建筑材料，其单位质量的能耗只有钢材的1/5～1/6，铝合金的1/25，比红砖还低35%。根据预测，22世纪的主要建筑材料还将是水泥和混凝土。水泥的生产和研究仍然极为重要。凡是细磨成粉末状，加入适量水后成为塑性浆体，既能在空气中硬化，又能在水中硬化，并能将砂、石等散粒或纤维材料牢固地胶结在一起的水硬性胶凝材料，通称为水泥。水泥还有许多优点：（1）水泥浆具有良好的可塑性，与砂、石拌和后可流筑成各种形状尺寸的构件，满足设计要求；（2）适应性强，还可用于海上、地下，深水或者严寒、干热的地区，以及耐侵蚀、防辐射，核电站等特殊要求的工程；（3）可与纤维或者聚合物等多种无机、有机材料匹配，制成各种水泥基复合材料，有效发挥材料潜力；（4）耐久性好，与普通钢铁相比，水泥制品不会生锈，也没有木材易于腐朽的缺点，更不会有塑料年久老化的问题，因此，水泥不但大量应用于工业与民用建筑，还广泛应用于交通、城市建设、农林、水利以及海港等工程，此外，宇航工业、核工业以及其他新型工业的建设，也需要各种以水泥基为主的新型复合材料。

水泥的种类很多，按其用途和性能，可分为：通用水泥、专用水泥及特性水泥三大类。通用水泥用于大量土木建筑工程的一般水泥，如硅酸盐水泥、普通硅酸盐水泥、矿渣硅酸盐水泥、火山灰质硅酸盐水泥和粉煤灰硅酸盐水泥等。专用水泥则指有专门用途的水泥，如油井水泥、砌筑水泥等。特性水泥是某种性能比较突出的一类水泥，如快硬硅酸盐水泥、低热矿渣硅酸盐水泥、抗硫酸盐硅酸盐水泥、膨胀硫酸铝酸盐水泥、自应力铝酸盐水泥、铝酸盐水泥、硫铝盐水泥、氟铝酸盐水泥、铁铝酸盐水泥以及少熟料或无熟料水泥等几种。目前水泥品种已达100余种。

4.2.1.4 耐火材料

耐火材料是指用于热工设备中能够抵抗高温作用（耐火度不低于1580℃）的结构部件和高温容器无机非金属材料和制品，也包括天然矿物和岩石。耐火材料主要应用于冶金工业以及硅酸盐、化工、机械、动力等工业部门用的窑炉等热工设备；也是某些高温容器以及近代高科技工业（火箭、热核反应堆等）不可缺少的耐高温材料或零部件。耐火材料由于长期使用在各种不同加热条件的高温设备中，因此，其必须具有以下主要性能：（1）

高的耐火度，耐火材料应具有在足够高的温度下而不软化、不熔融的性能；(2) 良好的荷重软化温度，耐火材料能够承受窑炉的荷重和在操作过程中所作用的应力，并在高温下不丧失结构强度，不发生软化变形和坍塌；(3) 高温下的体积稳定性，要求耐火材料在高温下体积稳定，不致产生因过大的膨胀或收缩使炉窑砌体由于制品的膨胀而崩裂，或由于收缩过大，出现裂缝，降低砌体的使用寿命；(4) 优良的热震稳定性，当温度急剧变化或各部位砌体受热不均匀时，砌砖体内部会产生应力而使材料开裂、剥落、造成炉体损坏。因此，要求耐火材料具有一定的热震稳定性；(5) 良好的抗蚀性，耐火材料在使用过程中，常常受到液态溶液、炉尘、气态介质或固态物质的化学作用，制品被侵蚀损坏。因此耐火材料必须具有强的抵抗这种蚀损的性能。此外要求耐火材料具有一定的耐磨性，在某些特殊条件下有一定的透气性、导热性、硬度等，同时要求外形和尺寸准确。

耐火材料种类繁多，通常按耐火度高低分为普通耐火材料（1580～1770℃）、高级耐火材料（1770～2000℃）和特级耐火材料（2000℃以上）；按化学特性分为酸性耐火材料、中性耐火材料和碱性耐火材料。酸性耐火材料以氧化硅为主要成分，常用的有硅砖和黏土砖。硅砖是含氧化硅94%以上的硅质制品，使用的原料有硅石、废硅砖等，其抗酸性炉渣侵蚀能力强，荷重软化温度高，重复煅烧后体积不收缩，甚至略有膨胀；但其易受碱性渣的侵蚀，抗热震性差。硅砖主要用于焦炉、玻璃熔窑、酸性炼钢炉等热工设备。黏土砖以耐火黏土为主要原料，含有30%～46%的氧化铝，属弱酸性耐火材料，抗热震性好，对酸性炉渣有抗蚀性，应用广泛。中性耐火材料以氧化铝、氧化铬或碳为主要成分。含氧化铝95%以上的刚玉制品是一种用途较广的优质耐火材料。以氧化铬为主要成分的铬砖对钢渣的耐蚀性好，但抗热震性较差，高温荷重变形温度较低。碳质耐火材料有碳砖、石墨制品和碳化硅质制品，其线膨胀系数很低，导热性高，耐热震性能好，高温强度高，抗酸碱和盐的侵蚀，尤其是弱酸碱具有较好的抵抗能力，不受金属和熔渣的润湿，质轻，广泛用作高温炉衬材料，也用作石油、化工的高压釜内衬。碱性耐火材料以氧化镁、氧化钙为主要成分，常用的是镁砖。含氧化镁80%～85%以上的镁砖，对碱性渣和铁渣有很好的抵抗性，耐火度比黏土砖和硅砖高。主要用在平炉、吹氧转炉、电炉、有色金属冶炼设备以及一些高温设备上。

此外，还有用于特殊场合的耐火材料。在特殊场合应用的耐火材料有高温氧化物材料，如氧化铝、氧化镧、氧化铍、氧化钙、氧化锆等，难熔化合物材料，如碳化物、氮化物、硼化物、硅化物和硫化物等；高温复合材料，主要有金属陶瓷、高温无机涂层和纤维增强陶瓷等。

4.2.2 无机非金属材料与生态环境破坏

无机金属材料在提取、制备、生产、使用及废弃过程中，常常消耗大量的天然资源和能源，并排放大量的污染物，如向大气中排放大量的有害气体（CO_x、SO_x、NO_x 等），向地域环境排放大量固体废弃物，向水域环境排放大量污水，造成环境污染。

4.2.2.1 资源和能源消耗高

传统的无机非金属材料工业是能源消耗大户，无机非金属材料生产中都要经过高温燃烧（烧结）过程，因此能耗高。就我国建筑材料生产而言，目前每年生产各种建筑材料要消耗资源50亿吨以上，消耗能源超过2.3亿吨标煤。我国无机非金属材料产业单位能耗一般是西方先进国家的两倍左右，高的单位能耗不仅消耗能源，而且是污染物高排放的最直接原因，例如：水泥工业每年消耗标煤 9106 万吨，电力 650×10^{8}kW·h。我国水泥生产能耗远高于世界先进水平，以每吨熟料的综合能耗计算，世界先进水平为 117kg 标煤，我国为 173.5kg 标煤，高出达 50% 以上。在国外，全氧燃烧技术已经在玻璃行业中得到了较为广泛的应用，而仅有为数不多玻璃纤维生产线使用了该项技术。无机非金属材料的生态化改造应该从降低能耗入手。

在资源的消耗方面，水泥和陶瓷工业更为突出。由于大量的无序开采，未能充分利用有限资源，造成了极大浪费。例如，生产水泥熟料的主要原料是相对优质的石灰石，其化学成分须满足 CaO 含量不低于 45%、MgO 不高于 3% 的要求。我国符合水泥生产要求，可以使用的量仅约 250 亿吨。目前每年生产水泥消耗的优质石灰石约 5.5 亿吨，因此该储量仅可生产水泥熟料约 200 亿吨，仅能提供约 40 年的水泥生产需要。此外无机非金属材料对土地资源的占用和消耗巨大。例如我国黏土砖、水泥等几大项材料的生产企业 10 万多家，占地 $40\times10^{4}hm^{2}$（$1hm^{2}=10^{4}m^{2}$）以上，破坏绿色土地 $5\times10^{4}hm^{2}$，消耗原料 50 亿吨，其中消耗的黏土和石灰石达 20 亿吨，破坏农田 $0.7\times10^{4}hm^{2}$，可耕土地大量减少。对于我国这种人口众多、人均土地偏少的国家是很严重的资源浪费。

4.2.2.2 排放物污染

无机非金属行业如陶瓷、耐火材料、水泥和玻璃等生产企业一直是国家环保规划重点治理的行业之一。在无机非金属材料生产过程中产生大量的废水、废气、固体废弃物和噪声等，对环境污染极大。据不完全统计，陶瓷工业企业废水排放量约 3.8 亿多吨，占全国工业废水排放量（243.1 亿吨，2005 年的统计数据，以下同）的 1.6%，废水中化学需氧量排放量（11.4 万吨）占全国化学需氧量排放总量（1414.2 万吨）的 0.8%，废水中氨氮排放量（1.2 万吨）占全国排放总量（149.8 万吨）的 0.8%。目前，陶瓷工业废水排放标准执行《污水综合排放标准》（GB25464—2010）的有关规定，对陶瓷生产过程中产生的废水进行处理，达到标准后才可排放，图 4-1 给出陶瓷工业生产废水处理工艺流程图。在燃料方面，北方的陶瓷企业以煤气、石油液化气和压缩天然气为主，南方地区以油、煤和自制发生炉煤气为主，但同时大量存在的小手工作坊式陶瓷企业仍以燃煤和重油为主。据调查统计，燃煤、重油、柴油等陶瓷辊道窑 SO_2 排放浓度约为 800～5000mg/m^3，NO_x 排放浓度为 200～800mg/m^3，目前大部分窑炉未进行脱硫除尘；喷雾干燥塔处理前 SO_2 浓度约为 500mg/m^3，粉尘浓度为 200～800mg/m^3，经处理后 SO_2 浓度可达或小于 200mg/m^3，粉尘浓度可达或小于 100mg/m^3。此外，陶瓷、玻璃和耐火材料及一些先进陶瓷材料，采用大量铅、氟、铜、铬、砷等有毒化合物作为添加剂，并以废水、废气形式排入环境中，对人体健康造成严重危害。

建筑材料中水泥生产的环境负荷也很高，生产 1t 水泥熟料约需原料 1.3t 石灰石，在水泥生产过程中约需消耗 0.135t 煤，同时由于石灰石分解和煤燃烧，约排放 0.1t 二氧化碳，0.86kg 二氧化硫，1.75t 氮化物，以及 30kg 粉尘，特别是温室气体二氧化碳排放量巨大，全球大气中约有 55% 二氧化碳是由水泥生产排放的。有些混凝土、砖、石材等含有放射性元素，在衰变过程中放出氡气并伴有放射性，严重威胁人的身体健康。

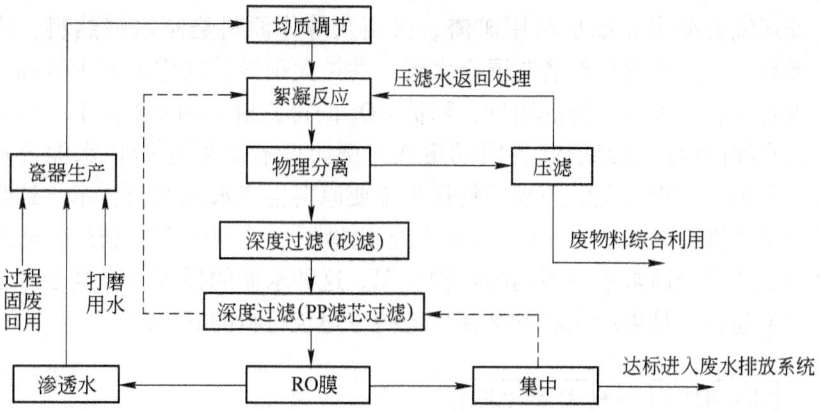

图 4-1 陶瓷工业生产废水处理工艺流程图

4.2.2.3 难以再循环利用

金属材料可以重新回炉熔炼，热塑性树脂可以重塑成形，热固性树脂也可以回收能源(燃烧、炼油)，但是，无机非金属材料却很难再循环利用。由于无机非金属材料的自身特点，其废物很难破碎，即使能够粉碎再利用，其能耗也要比直接使用矿物原料高得多，带来更大的二次污染，同时性能大大下降。即使少量利用的也多是低附加值，如铺路等。由于无机非金属材料再循环利用困难，固体废物数量巨大，尤其是建筑陶瓷、日用陶瓷、工业陶瓷等废物堆积如山，基本不能回收再利用。目前很多固体废物占用大量耕地，对地表带来严重破坏。

此外新型陶瓷、电子玻璃成分复杂，含量大量有毒元素，污染严重，已在世界范围造成严重的环境问题。所以，对固体废物的低能耗、高附加值资源化再利用，是无机非金属材料生态化改造的难点。

4.2.3 生态建材的设计与加工

人民的消费水平和生活质量明显提高，尤其是居住条件将有较大的改善，不仅居住面积增加，生活环境质量也有较大的提高。针对目前新的环境状况，传统建筑材料已经无法满足人们需求，而应发展具有更好环境协调功能的生态建筑材料。生态建筑材料的发展趋势是矿业、工业废弃物的高附加值利用，材料的多功能化、复合化，传统建筑材料和环境功能建筑材料一体化。生态建筑材料主要包括两大类：生态协调性建筑材料，即材料生命周期各阶段节省资源、节省能源、可循环再生、无环境污染或很小污染的材料；净化和修复功能性生态建筑材料，例如净化空气材料，抗菌、防霉、调湿、抗辐射材料，红外辐射效应材料，负离子效应材料等改善环境功能材料及保健功能材料。

4.2.3.1 生态水泥的设计与加工

生态水泥主要指在生产和使用过程中尽量减少对环境影响的水泥。具体来讲，生态水泥要符合以下要求：充分合理利用资源，大量节省能源；生产和使用过程中尽量减少或杜绝废气、废渣、废水和有害有毒物质排放，大量消纳本行业或其他工业难以处理的废物及城市垃圾。从水泥的原料上来讲，生态水泥利用城市垃圾焚烧灰和下水道污泥等作为主要原料，经过烧成粉磨形成水硬性胶凝材料，利用水泥生产的特点，掺加大量固体废弃物作为原料等。低环境负荷水泥添加料用矿渣、火山灰等作原料烧制水泥熟料，或者以粉煤灰、石灰石微粉、矿渣作混合料磨制混合水泥，并扩大用量。这样可减少普通硅酸盐水泥的用量，减少石灰石等天然资源的用量，降低 CO_2 的排放量。图 4-2 为生态水泥生产流程图。目前生态水泥的生产已经引起各国的重视，例如日本秩文-小野田水泥公司用城市生活垃圾的焚烧灰和下水道污泥的脱水干粉作为主要原料生产水泥的新技术。这项新技术的特点是，将城市垃圾焚烧灰中含 5% ~10% 的氯化物不加处理就直接利用，通过不同的烧制方法就可以生产出与通常水泥不同的特种水泥。这种水泥的强度大大高于普通水泥，而且重金属含量不超标，是生产块状预制板、地砖等建筑材料的好原料。

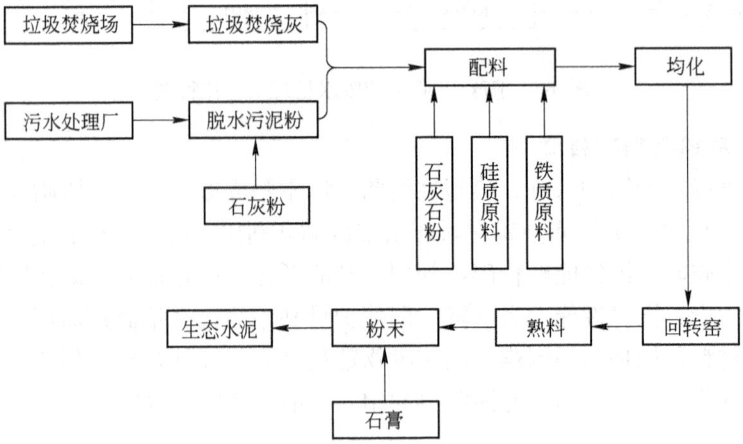

图 4-2　生态水泥生产流程

除从水泥原料上改进外，在水泥生产过程中也尽量减少能源（煤和电力）消耗，降低 CO_2 的排放量。目前主要措施是采用可燃废弃物作为水泥窑处理的燃料，在水泥窑的高温条件下，有机物完全被分解，有毒气体离子与窑中的碱性气体进行中和，微量重金属元素进入水泥矿物晶格。水泥工业在生产过程中几乎不产生废物，是一种零排放工业、环境净化工业。可燃废物包括废轮胎、废油、废油漆、涂料、石蜡、树脂渣、废塑料、木炭渣、化纤、棉织物、石油渣、煤矸石等。欧洲国家有 113 家的水泥厂采用代用燃料，取代率为 10% ~30%，每年节省 250 万吨煤，少排放的 CO_2 量相当于 250 万辆轿车年排放的 CO_2 量；美国有些水泥厂 100% 使用废机油作燃料；美国和加拿大年报废 2.75 亿只轮胎，其中 15% 被用作水泥厂燃料。当然，水泥代用燃料的使用要有严格的规章。欧洲和北美对由代用燃料和代用原料生产的水泥进行了独立的科学检测，结果表明，从此类水泥混凝土浸出的重金属含量大大低于饮用水的容许量。水泥工业使用代用原、燃料，大量节省了天然的原、燃料，大幅度减少温室气体 CO_2 的排放，解决了废弃物污染环境问题，对环境、社会、可持续发展做出了贡献。

4.2.3.2　生态混凝土的设计与加工

生态混凝土是 1995 年日本混凝土工学协会与生态混凝土研究委员会首先提出的，所谓生态混凝土，就是通过材料筛选、添加功能性添加剂、采用特殊工艺制造出来的具有特殊结构与功能，能减少环境负荷，提高与生态环境的相协调性，并能为环保做出贡献的混凝土，其意义是减轻地球环境负荷、与生态体系协调发展、创造舒适环境的混凝土材料。按照上述含义，生态混凝土可分为环境友好型与生物适应型两类。

A 环境友好型混凝土

环境友好型混凝土也是减轻环境负荷型生态混凝土。该种混凝土在制造、使用以及废弃各个环节对环境产生影响较小。生态混凝土制造时采用生态水泥配制混凝土，节约矿产资源和能源，降低环境负荷。生态混凝土通常使用技术和方法来提高混凝土的耐久性或通过加强设计、搞好管理来提高建筑物的寿命，延长了混凝土建筑物的使用寿命，就相当于节省了资源和能源，减少了 CO_2 排放量，从而达到降低混凝土环境负担的目的。废弃混凝土的胶结材、混合材或集料也可用作制作水泥的原料，进行多次重复使用，不仅有效解决废弃物处理问题，而且节约石灰石资源以及 CO_2 排放等问题，降低使用过程中的环境负荷。环境友好型生态混凝土除了在制备和废弃过程中降低环境负担之外，环境友好型混凝土在使用过程中还应具有以下一些功能：

（1）隔热和飘浮等。形成独立空隙的加气混凝土板具有良好的隔热性，而且比强度与密度的比值大于普通混凝土。以不具有吸收性的超轻质骨料或泡沫苯乙烯为骨料的混凝土可在水中飘浮，可用于浮桥、浮码头等。轻质混凝土也是生态建筑设计一直追求的生态建筑材料，它能降低建筑和材料的自重，对建筑和材料的生命周期，降低资源消耗、能耗和环境污染均有重要意义。轻质混凝土还具有隔声、减振、保温等功能，降低了服役运行时的环境负荷。

（2）路面排水性。除透水性、隔热性之外，在城市内的人行道、轻车道和停车场等采用生态混凝土以追求舒适性，不仅能够使雨水还原于地下，而且在路面下形成微生物栖息的良好环境，对通过的水产生净化作用。

（3）消声和吸收有害气体。生态混凝土含有大量的孔隙，10cm 厚的表面积约为普通混凝土单侧表面积的 400 多倍。声音进入多孔材料以后变成摩擦热及振动能而被吸收，如果多孔材料的孔径大或内部设置有空间时，声音与声音由于相互缓冲而消失。因而根据噪声频率考虑骨料、材料的性能及构件厚度和排列，则能进一步提高生态混凝土的消声性。若在骨料和胶结材料中使用特定的气体（CO_2、SO_2、NO 等）吸收物质（如采用离子交换容量大的人造沸石无机材料）以后，就能够吸收有害气体从而实现无公害化。

（4）湿度调节和蓄热功能。如在房间内部装配特殊的生态混凝土材料，则在潮湿时能够吸潮，在干燥时则能够加湿，起到自动调节湿度的作用。研究还发现，生态混凝土使用相对密度为 5 左右的骨料时，可储存从工厂排出的热能和太阳热能，当导热体的温度差高于 10℃时，通过加热泵可用于发电或空气调节。

B 生物相容型生态混凝土

生物相容型生态混凝土是指能与动物、植物等生物和谐共存的混凝土。栖息在地球上的 3000 万种生物每年消失 0.3% ~0.5%，每年以微生物为主有几百种的生物从地球上消失，在日本栖息的 174 种哺乳动物中有 80 种处于危险之中。所以，为了保护濒临灭绝的生物种群，在河流的整治中不应再像以往那样用普通混凝土铺设表面，应向重视生物的自然型河流改造方向转变，打造一个恢复环境的 21 世纪。

（1）植物相容型生态混凝土。该混凝土是指在具有连续空隙的混凝土上直接播种草坪和各种杂草类的种子及移植草苗，或者在混凝土表面覆盖土层后进行播种或移植，使植物在其上能够茁壮生长。植物相容型混凝土通常用于边坡治理（包括河流、大坝、蓄水池）及道路两侧的倾斜面治理等。

（2）海洋生物、淡水生物相容型混凝土。该种混凝土放置在河流、湖泊和海滨等水域后，在其凹凸不平的表面和连续空隙内有陆地和水中的小动物附着栖息，因彼此的相互作用和共生作用而形成食物链，这种混凝土能够作为小动物的生存基础。在水中，混凝土的表面附着栖息藻类、贝类和水生小动物，在连续空隙内栖息原始生物，从而创造了多样性生物的生存基础。

（3）净化水质混凝土。该混凝土通过附着在其内、外表面上的各种微生物能够间接地净化河流和湖泊的水质。厌氧菌、氨氧化菌、硝酸氧化菌等菌类附着后，使有机物和氨分解并无机化。这些无机物与 CO_2 通过光合作用进行初级生产而生成有机物，然后从二级生产向多元生产发展，形成食物链。图 4-3 即为由超轻质混凝土建造的漂浮结构上种植水生植物和杂草的示意图。

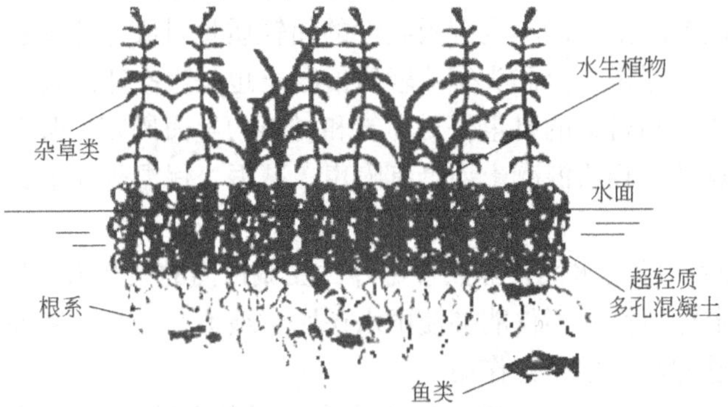

图 4-3 超轻质多孔混凝土的漂浮结构

4.2.3.3 生态玻璃的设计与加工

普通平板玻璃生产消耗的主要原材料有砂岩、白云石、石灰石、长石、纯碱和芒硝；辅助用料有锡液。由于我国玻璃硅质原料的储量比较丰富。因此，玻璃硅质原料的消耗在资源消耗中不是很明显。玻璃使用对环境的影响较大，建筑玻璃在选材和使用不当的情况下会对环境和健康造成有害影响，有害影响归纳为光污染、色污染、热污染、视觉污染和采光障碍等 5 种。由于热反射玻璃的可见光反射率过高，造成炫目的阳光反射，应控制可见光反射率在 20 以下。很多品种的建筑玻璃是有色的，无论是本体着色还是深加工着色都会造成室内的滤色光环境。热污染与光污染相伴发生，应减少或避免反射光对人群和其他建筑的照射。玻璃幕墙产生的映像畸变称为视觉污染，尤其是主要街道和繁华地区的映像扭曲造成的视觉不安定。因此，生态玻璃的生产主要体现在建筑节能方面。

A 单片着色玻璃

着色玻璃的遮阳系数 *Sc* 低于透明玻璃。它通过吸收太阳能而减弱其进入室内，它的隔热性能优于透明玻璃。这种玻璃属于吸热玻璃，其吸收率偏高，因而在阳光照射下极易吸热升温，夏季用手触摸玻璃可感觉到烫手。尽管它降低了玻璃的遮阳系数 *Sc* 并限制了阳光的直接透过，但它向室内的温差传热量也因此而升高，所以它是以部分损失温差传热为代价来降低太阳能直接透过的。着色玻璃可用于夏季空调能耗为主的南方地区，尽管这不是最好的选择，至少它优于单片透明玻璃，其夏季的隔热性能比单片透明玻璃提高了约30%。

B 透明中空玻璃

透明中空玻璃是指由两片或更多片平板玻璃组成，在两层玻璃之间用金属框架隔开，周边密封形成封闭空间，并在内部充入干燥的空气或其他惰性气体而构成。与单片玻璃相比，透明中空玻璃的传热系数显著降低，通过温差传热而损失的热能至少降低了40%，明显改善了对冬季暖气的阻挡效果。透明中空玻璃主要适用于以暖气能耗为主的北方寒冷地区的民用住宅。

C 着色中空玻璃

着色中空玻璃将着色玻璃的隔热性和中空玻璃的保温性融为一体，它的隔热性能优于透明中空玻璃和单片着色玻璃，但保温性能与透明中空玻璃相差无几。因此适合于民用住宅使用。需要注意的是这种玻璃的吸热性极强，在温差大的地区使用时，应采取措施防止其因局部受热不均而导致的热应力破裂。

D 单片热反射镀膜玻璃

热反射镀膜玻璃由于镀膜具有镜面效果，周围景观及天空中的云彩出现在玻璃上，构成一幅美丽的图画。它除具有亮丽的外观装饰效果外，可限制太阳热辐射直接进入室内，明显降低冷气设备的运行费用。在夏季白天和光照强的地区，热反射玻璃的隔热作用十分明显，能有效限制进入室内的太阳热能。

E 热反射中空玻璃

热反射镀膜中空玻璃集镀膜与中空两种优点于一身。于玻璃内表面涂一层透明热反射薄膜，可大大降低其导热性能，提高隔热性能。不但对太阳直接辐射有所控制，同时也更有效地限制了温差传热损失。它的综合节能效果高于着色中空玻璃15%以上。这种玻璃结构是一种较为理想的配置，适用于我国的几乎所有地区。在极寒冷的地区使用热反射镀膜中空玻璃，尽管它能有效地阻挡暖气的热损耗，但它同时也会限制进入室内采暖的阳光。

F Low-E 中空玻璃

Low-E 膜层的作用首先是反射远红外热辐射，有效降低玻璃的传热系数；其次是反射太阳中的热辐射，有选择地降低遮阳系数。与热反射镀膜玻璃相比，Low-E 玻璃阻挡同样数量的太阳热能时并不过多地限制可见光透过，太阳光经 Low-E 玻璃过滤后成为了“冷光源”，这对建筑物采光极为重要。Low-E 中空玻璃则具有更低的传热系数、更大的遮阳系数。表 4-11 给出常用节能玻璃的性能指标。传统型 Low-E 玻璃具有较高的透光率（$>60\%$）和遮阳系数（$Sc>0.5$），它更适合于北方寒冷地区使用，冬季可使更多的阳光热能进入室内以利于采暖。但夏季也必然有更多的阳光热能进入室内影响制冷，因制冷能耗所占的比重小，综合节能效果仍然明显。遮阳型 Low-E 玻璃具有较低的遮阳系数（<0.5）和透光率（$<60\%$）。它适用于我国绝大部分地区，冬季可有效地阻止室内暖气泄向室外，夏季可有效地阻挡太阳热能及其他热辐射能进入室内。对于只用空调而不用暖气的极热地区的建筑，选择更低遮阳系数的 Low-E 玻璃是最合适的。

表 4-11 常用节能玻璃性能比较

玻璃品种	无色	绿色	灰色	透明中空	绿中空	单片热放射镀膜	热反射中空
透光率/%	89	73	43	81	66	40	37
遮阳系数 *Sc*	0.99	0.65	0.69	0.87	0.52	0.55	0.44
传热系数 $/W \cdot m^{-2} \cdot K^{-1}$	5.58	5.57	5.58	0.72	2.71	5.06	0.54

G 主动节能型玻璃

目前使用的玻璃幕墙材料属于被动性节能，无法根据人们的需要改变幕墙的性能，因此发达国家都在努力开发主动性建筑窗户节能材料。其中比较著名的是光致变色玻璃，它是根据太阳光的强度自动调节透光率的一种调光玻璃。例如日常生活中常见的变色眼镜，在光线强的时候颜色变深降低透光率，而当光线较弱时又完全恢复透明的状态，达到最大透光率。此外，还有电致变色、热致变色等主动性节能玻璃。它们的特点都是当某一外界能量(如光、电或热等)作用于窗户时，其透过率、反射率或发射率将会产生变化，如撤去外界能量时，则恢复到原来的状态。目前这种材料由于价格太贵，在建筑上大量应用为时尚早。

4.2.4 陶瓷生态材料的设计与加工

中国建筑卫生陶瓷的产量已连续 15 年位居世界第一，而日用瓷和工艺美术瓷则连续 30 年位居世界第一。2007 年陶瓷砖年产量是 $52 \times 10^8 m^2$，约占世界总产量的 60%，消耗能源 3100 万吨标准煤和约 1.2 亿吨陶瓷原料；而卫生瓷产量高达 1.2 亿件，消耗了约 140 万吨标准煤和 16 万吨陶瓷原料；此外，还生产了约 200 亿件日用瓷和陈设艺术瓷，约消耗 200 万吨标准煤和 240 万吨陶瓷原料。我国陶瓷行业的成就无疑是巨大的。但我国是一个能源和资源相对贫乏的国家，陶瓷行业是一个高能耗行业，从原料的制备到制品的烧成等各工序，燃料、电力等能源成本占整个陶瓷生产成本的 23% ~40%，因此，实现节能减排可促进企业良性发展，也是陶瓷工业的内在要求。在陶瓷生产中，烧成温度越高，能耗就越高。按热平衡计算，若烧成温度降低 100℃，则单位产品热耗可降低 10% 以上、烧成时间缩短 10%、产量增加 10%、热耗降低 4%。由此可见，降低陶瓷产品的烧成温度对于节能具有十分重要的意义。低温烧成的陶瓷产品，其关键在于开发与利用低温快烧的生产工艺。目前陶瓷生态材料的低温快烧的生产工艺有热压烧结法、微波烧结法、放电等离子烧结法和自蔓延合成法等。

4.2.4.1 热压烧结方法

热压烧结即在高温下施加单向应力，可以使烧结体达到全致密。热压造成颗粒重排和塑性流动、晶界滑移、应力诱变孪晶、蠕变以及后阶段体积扩散与重结晶相结合等的物质迁移机理。热压烧结将压力的影响和表面能一起作为烧结驱动力，因此通过热压烧结可以降低陶瓷的烧结温度和烧结时间，并提高陶瓷致密度，也容易得到细小的晶粒组织，提高陶瓷基体的力学性能。

热压烧结是在普通的热压设备中进行的，其主体是一个密闭容器，可以抽真空或通入流动的氩气或氮气作保护气氛。加压方式采用液压，近似于普通加压加热，方法有电阻直接加热、电阻间接加热、感应直接加热和感应间接加热。模具常用石墨铸成。主要用于无压烧结工艺难以烧结的材料，如 Al_2O_3、BeO 、AlN、B_4C 等陶瓷的烧结。例如：采用无压烧结 B_4C 陶瓷时，要获得致密陶瓷，烧结温度高达2400℃左右。而采用热压烧结 B_4C 陶瓷，在热压条件 30～35MPa、烧结温度在 2000～2100℃；烧结体具有良好的综合性能：致密度 0.92%～0.98%，粒径 3～5 μm，抗折强度 400～500MPa。因此热压烧结方法的烧结温度低，烧结时间短，因此可以降低陶瓷制备过程中所消耗的能源，降低环境负荷。

热等静压烧结是热压烧结的一种，也是借助高温高压的共同作用促进材料致密化的一种烧结工艺。通过以密闭容器中的高压惰性气体或氮气为传压介质，工作压力可达200MPa。在高温高压的共同作用下，被加工件的各向均衡受压。故加工产品的致密度高、均匀性好、性能优异。与普通烧结方法相比，热等静压烧结具有生产周期短、工序少、能耗低、材料损耗小等特点，是一种环境友好型陶瓷制备技术。

4.2.4.2 微波烧结法

陶瓷的微波烧结技术是近年来迅速发展起来的一种新的陶瓷烧结工艺，与常规烧结方法相比，微波烧结不但可以实现低温烧结，而且能加速加热和烧结过程，由于微波烧结具有内外整体加热、温度场均匀、热应力小、能效高、无污染等优点，其在高科技陶瓷的发展中将会有广泛的应用前景。人们已经通过微波法合成了许多物质，包括碳化物、氮化物、复杂氧化物、硅化物、硅酸盐以及磷灰石等。这些材料无论是在工业生产还是科学研究方面都是很重要的。

微波是一种普遍存在的电磁波，其波长在 0.01～1m 之间，位于红外辐射和无线电波之间，相应频率为 0.3～300GHz。波长在 1～25cm 之间的微波常用于雷达发射，其余的微波则广泛应用于通讯行业。用于加热的微波波长一般为 12.2cm（2.45GHz）或 32.8cm（915MHz）。微波加热是电磁能以波的形式辐射到介质内部，利用介质的介电损耗发热。与常规加热相比，微波加热不需热的传导和对流，在极短时间内使介质分子达到活化状态，加剧分子的运动与碰撞，可大大加快反应速度，缩短反应周期，并因内外同时加热，体系受热均匀，无滞后效应。多数无机材料在常温下就可以与微波发生强烈的相互作用。表 4-12 列出了一些具有这样性质的矿物和无机化合物，并且给出了采用普通家用微波炉加热时这些材料的微波活性。一些硫族化物，例如：HgS、MoS_2、As_2S_2、ZnS 等，它们也可以与微波相互作用，但是这些材料加热的速度比较慢，因此没有被列在表中。表 4-12 中还包括一些过渡金属的氧化物、卤化物等，这些材料也可以利用微波进行快速加热。此外，各种类型的碳粉都可以与微波发生相互作用，使用功率为 1kW、频率为 2.45GHz 的普通家用微波炉加热无定形碳的粉末，仅 1min 的时间便可以加热到 1550K。

表 4-12 部分元素、矿物和化合物的微波活性

元素/矿物/化合物	微波照射时间/min	温度/K	元素/矿物/化合物	微波照射时间/min	温度/K
Al	6	850	NiO	6.25	1578
C（无定型）	1	1556	V_2O_3	11	987
C（石墨）	6	1053	WO_3	6	1543
Co	3	970	Ag_2S	5.25	925
Fe	7	1041	Cu_2S（辉铜矿）	7	1019

续表 4-12

元素/矿物/化合物	微波照射时间/min	温度/K	元素/矿物/化合物	微波照射时间/min	温度/K
Mo	4	933	$CuFeS_2$（黄铜矿）	1	1193
V	1	830	FeS_2（黄铁矿）	6.25	1292
W	6.25	963	MoS_2	7	1379
Zn	3	854	PbS	1.25	1297
TiB_2	7	1116	PbS（方铅矿）	7	956
Co_2O_3	3	1563	CuBr	11	995
CuO	6.25	1285	CuCl	13	892
Fe_3O_4	2.75	1531	ZnBr	7	847
MnO_2	6	1560	$ZnCl_2$	7	882

微波加热不同于传统加热，传统加热是通过辐射、对流、传导三种方式由表及里进行的，而微波加热是材料在电磁场中由介电损耗而引起的体加热，其具有如下特点：

（1）体加热性。微波加热时，微波进入介质内部直接与介质作用，微波能依靠介电损耗而升温，具有体积加热性，因此可以在被加热物质的不同深度同时产生热量，加热均匀，温度梯度小，有利于固化反应的进行。

（2）选择性加热。由于物质吸收微波的能力取决于自身的介电特性，不同介质吸收微波的能力是不同的，对良导体，微波几乎全部被反射，因此良导体很难被微波加热；对电导率低、极化损耗又很小的微波绝缘体介质，微波基本上是全射透，一般也不易加热；而对那些电导率和极化损耗适中的介质，很容易吸收微波而被加热，因此微波能够对混合物中的各个组分进行选择性加热。在某些气固相反应中，同时存在气固界面反应和气相反应，气相反应有可能使选择性减小，利用微波选择性加热的特性就可使气相温度不致过高，从而提高反应的选择性。

（3）升温控制独特。微波加热是随微波的产生或消失而开始或终止的，微波加热无滞后效应，当关闭微波源后，再无微波能量传向物质，利用这一特性可进行对温度控制要求很高的反应。因此微波加热还具有热效应高、化学污染小或无污染、方法简便的特点，对环境影响较小。

与传统固相法相比，微波加热最大的特点是反应速度大幅度提高，传统固相法需几天完成的反应，微波固相法仅需十几分钟或几个小时即可完成，且产率较高。例如：TiO_2、$BaCO_3$、Pb_3O_4混合后用60MPa的压力把混合物压成圆片，放在微波场中，在750℃温度下辐照10min，合成了$(Pb_xBa_{1-x})TiO_3$。而用传统合成法，在850℃的温度下至少需要2h，并且微波合成过程中减少了氧化铅的挥发损失。

4.2.4.3 放电等离子烧结

放电等离子烧结（简称SPS）是快速、低温、节能、环保的材料制备的一种全新技术，该技术是利用直接通电使粉末内部的自身发热而进行烧结，具有极高热效率，放电点的弥散分布能够实现均匀加热，脉冲大电流烧结过程可以看做是颗粒放电、导电加热和加压综合作用的结果。除加热和加压这两个促进烧结的因素外，颗粒间的有效放电可产生局部高温，可以使表面局部熔化、表面物质剥落；高温等离子的溅射和放电冲击消除了粉末颗粒表面杂质和吸附气体。与传统烧结方法相比，放电等离子烧结温度低，烧结时间短，获得陶瓷靶材晶粒细小、组织均匀，密度大、强度高，并且靶材形状可控、尺寸精确。因此具有升温速度快、烧结时间短、组织结构可控、节能环保等鲜明特点，可用来制备金属材料、陶瓷材料、复合材料，也可用来制备纳米块体材料、非晶块体材料、梯度材料等。据报道，生产 1 块直径 100mm、厚 17mm 的 ZrO_2（3Y）/不锈钢梯度材料（FGM）用的总时间是 58min，其中升温时间 28min，保温时间 5min，冷却时间 25min。与热压烧结相比，放电等离子烧结技术的烧结温度可降低 100～200℃。

放电等离子烧结工艺是将金属等粉末装入石墨等材质制成的模具内，利用上、下模冲及通电电极将特定烧结电源和压制压力施加于烧结粉末，经放电活化、热塑变形和冷却完成制取高性能材料的一种新的粉末冶金烧结技术。放电等离子烧结具有在加压过程中烧结的特点，脉冲电流产生的等离子体及烧结过程中的加压有利于降低粉末的烧结温度。同时低电压、高电流的特征能使粉末快速烧结致密。

4.2.4.4 自蔓延合成法

自蔓延高温合成是一种节能、快速的合成方法。自蔓延高温合成技术是利用外部提供必要的能量诱发放热化学反应（点燃），形成反应前沿（燃烧波），此后化学反应在自身放出热量的支持下继续进行，表现为燃烧波蔓延整个反应体系，最后合成所需材料。该反应的蔓延速度很快，一般为 0.1～20cm，最高的可达 25cm/s。反应温度一般为 2000～3500K，最高可达到 5000K。图 4-4 为 SHS 反应过程示意图。

陶瓷材料烧结后通常气孔率较高，而这些气孔的存在，对材料的性能有很大影响。为了使材料具有更优异的性能，就要提高其致密度，通常采用下面的方法：加添加剂的无压烧结致密、加少量添加剂的热压烧结致密、热等静压烧结致密、等离子烧结致密、微波烧结致密等。这些方法通常称为两步法。最近的研究主要瞄准材料合成与致密同步进行的方法，即一步法：自蔓延高温合成致密化技术，该技术可归纳为如下几种：（1）采用轴向加压（HPSHS）和等静压自蔓延高温合成法；（2）高温等静压自蔓延高温合成法（HIPS-HS）；（3）SHS-挤压法；（4）熔铸技术；（5）热爆炸成形、轧制。

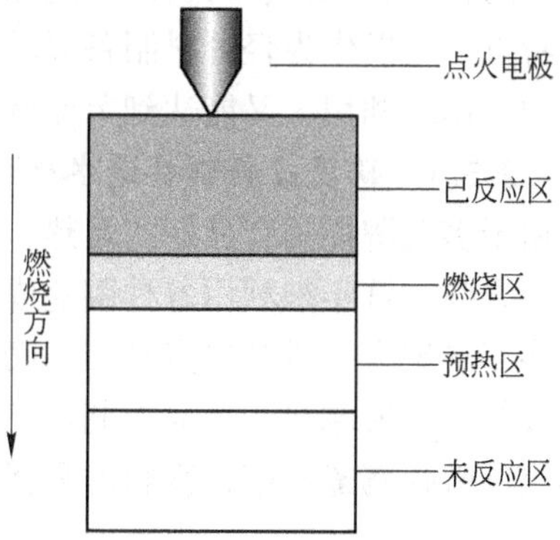

图 4-4 SHS 反应过程示意图

传统的陶瓷制备常常需要制粉、成形、烧结三大步，周期长，中间混入杂质机会多，控制因素多。SHS 致密技术是对传统工艺的突破，它将三步合一，精简工艺，缩短过程，成为一个崭新的方法。因此 SHS 方法的优点归纳起来有：（1）节省时间，能源利用充分；（2）设备、工艺简单；（3）产品纯度高（因为 SHS 能产生高温，某些不纯物质蒸发了），反应转化率接近 100%；（4）不仅能生产粉末，如果同时施加压力，还可以得到高密度的燃烧产品；（5）产量高（因为反应速度快）；（6）如要扩大生产规模不会引起什么问题，故从实验室走向生产所需时间短，而且大规模生产的产品质量优于实验室生产的产品；

(7) 能够生产新产品，例如立方氮化钽；(8) 在燃烧过程中，材料经历了很大的温度变化，非常高的加热和冷却速率，使生成物中缺陷和非平衡相比较集中，因此某些产物比用传统方法制造的产物更具有活性，例如更容易烧结；(9) 可以制造某些非化学计量比的产品、中间产物以及亚稳定相等。

以上主要介绍了低温陶瓷烧结技术，除了从陶瓷制备技术方面降低陶瓷烧结温度和烧结时间，降低陶瓷产业的能耗，我们还可以通过对陶瓷原料的改进来降低烧结温度和时间，可望能够清洁生产，产品具有高生态性能，采用具有纳米/微米尺寸颗粒作为陶瓷原料，由于纳米材料具有巨大表面和尺寸效应，烧结时的扩散速度大，烧结速度加快，缩短了烧结时间，降低了陶瓷烧结温度，节省能源。

4.2.5 陶瓷废弃物的循环利用

近年来，陶瓷工业快速发展，其废料也日益增多。陶瓷制品生产过程中，由于球磨、造粒、成形、干燥、施釉、焙烧、搬运及贮存等工序中产生废坯料、废釉料、烧成废料、研磨抛光渣和破损的陶瓷制品等陶瓷废料。据统计，全国陶瓷废料的年生成量在100万吨左右，陶瓷废料堆积如山。目前我国建筑卫生陶瓷废渣料的处理多数采用填埋法，不仅占用了大量土地，也污染了周围的土壤、水体、大气等，对生态环境造成危害。现在国内外对陶瓷废料的综合利用已十分关注。研究人员利用这些陶瓷废弃物开发了多种产品，如利用陶瓷废料当骨料制备透水砖；利用陶瓷抛光砖废料来生产免烧陶粒和轻质保温陶瓷砖；以陶瓷废料为主要原料，辅以水泥和高强黏结剂以制备免烧型广场道路砖；利用陶瓷废料生产的陶粒具有质轻、耐腐蚀、抗冻、抗震和良好的隔绝性、保温、隔热、隔声、隔潮等功能特点，可以作为轻骨料制备混凝土和墙体保温板，这些措施的采用既能保护环境，实现资源的循环利用，又能达到节能减排的目的。

4.2.5.1 陶瓷废料制备透水砖

由于多孔陶瓷具有良好的耐热、耐化学侵蚀性能且便于维护，因此成为过滤材料发展的主要方向。近年来利用各种陶瓷废料制备多孔陶瓷受到了人们的重视。我国一些研究者经过多年的努力，研制出多种利用陶瓷厂废料生产多孔陶瓷的工艺方法。利用破损陶瓷和陶瓷废料为主要原料，低成本制造高附加值的陶瓷透水砖。该方案的成功实施在一定程度上解决了破损陶瓷和陶瓷废料的环保问题，使资源得到循环利用，并能获得良好的经济效益。

按照这些方案来生产透水砖，陶瓷破损料和陶瓷废料的加入量最多可占到75% ~ 85%。以上研究解决了陶瓷生产中所产生的破损陶瓷和废料的再利用问题，特别是解决了抛光砖磨屑再利用难、洁具次品再利用技术可行但经济上不可行的难题，大大降低了透水砖的生产成本，有利于透水砖的推广。河南兴盛陶瓷有限公司的韩复兴等人对陶瓷废弃物生产多孔陶瓷进行了研究。首先将固体废弃物加工成一定粒度的粉料备用，将各种原料称量并混合均匀后，装入不锈钢模具中，放入电炉内烧制。配料中以土粉作填充料，瓷粉作骨料，粉煤灰和釉粉作发泡基础料，另有发泡剂煤粉和助泡剂硼酸、硝酸钠等。该方法所研制出的多孔陶瓷具有容量低、强度高等优良性能，适用于新的墙体材料，亦可用于制造广场透水砖。利用建陶厂固体废弃物生产多孔陶瓷，不需增添设备，废料利用率高，经济和社会效益好。另外有人以50% ~70% 陶瓷废料与30% ~50% 的瓷石、滑石等为基础物料，加入一定比例的黏结剂和发泡剂，如煤粉、木屑等，采用干压法成形，并在1150～1200℃范围烧成。采用合适的工艺条件，调节好颗粒级配、基础配料的粒度和配比、成形压力及烧成制度等，制得了透水系数为3.2×10^{-4}cm/s、抗折强度为18.4MPa、抗压强度为19.7MPa的环保型渗水砖。

4.2.5.2 陶瓷废料制备轻质陶粒和陶瓷材料

近年来，国内外开始利用工业废料生产轻质陶瓷材料。轻质陶粒体积质量小、内部多孔、形态与成分较均一、具有一定的强度和坚固性，因而具有质轻、耐腐蚀、抗冻、抗震和良好的隔绝性、保温、隔热、隔声、隔潮等功能特点，可以广泛应用于建筑、化工、石油等部门。在建筑方面，可以作为轻骨料制备混凝土和轻质墙体保温板，也可以作为填料填在空心墙或窑的衬层中进行隔热保温。例如通过在配方中引入一定比例含水量为35%的陶瓷抛光废渣，重新喷雾、成形、烧制，生产出具有高强及多孔结构的新型轻质建筑陶瓷材料。产品质量轻、强度高，便于运输施工，具有极低的材料导热系数，可应用于建筑物外墙，具有良好的建筑节能性能，是良好的绿色新型建筑材料，具有广泛推广的意义。武汉理工大学的王凯等人利用废陶瓷为主要原料，配合珍珠岩尾矿粉、赤泥等原料，经过粉碎、过筛、颗粒混合配料、混合湿磨、造粒成球、干燥、预热、烘烧、冷却、成品、破碎、过筛等工序在较低温度下可烧成性能指标符合要求的陶粒。缪松兰等人利用建筑陶瓷生产中产生的抛光渣为主要原料，成功制备了一种体积密度460～750kg/m^3，抗压强度9.8～13.1MPa，抗折强度5.7～7.1MPa，耐碱性98.1%～98.7%，导热系数0.121W/(m·K)，隔声量26～32dB，热稳定性350～20℃水中3次不裂和抗冻性−15～15℃冻融循环20次的轻质陶瓷材料。针对抛光渣可塑性低、烧成温度偏高等问题，研究人员添加了高可塑性的镁质黏土与熔剂性原料，采用可塑法成形或压制法成形，烧成温度低于1200℃，烧成时间2h左右，通过优化工艺制度与调整烧成制度，研制出了以闭口气孔为主，无渗透性的轻质陶瓷材料。

4.2.5.3 陶瓷废料制备传统陶瓷

A 制备瓷质仿古砖

广东金意陶陶瓷有限公司通过建设2500m^{2}固体废物处理中心，集中分类、收集、均化、处理陶瓷行业各类固体废物，稳定固体废物化学成分和理化性能。首次将陶瓷行业生产过程中所产生的各种陶瓷废渣（废泥、废坯、废砖、废渣和粉煤灰）同时加入仿古砖坯体配方中，并使仿古砖配方中固体废物利用率大于30%，产品吸水率小于0.5%。项目的成功实施，为建筑陶瓷行业开辟一条环保路，同时创造巨大的经济效益和社会效益。日本爱和陶公司的李玉峰通过稳定陶瓷废料的性能，经过多次试制和研发，也成功地利用陶瓷废坯、废泥作为主要原料生产仿古砖。

B 制备新型轻质陶瓷砖

以废陶瓷碎片为主要原料，加入适量在高温时能产生大量气体的原生矿物的混合物和无机复合矿化剂，通过优化配方和工艺，制得集轻质、高强、隔热、隔声、防渗、抗冻、耐化学腐蚀等特性于一身的多功能、高性能轻质玻化陶瓷，并已在电力行业湿法脱硫排烟系统中得到成功的应用。此外，广东金意陶陶瓷有限公司、佛山欧神诺陶瓷有限公司和华南理工大学等企业和科研机构也利用陶瓷废料开发出新型轻质建筑陶瓷砖。

C 制备外墙砖

利用超过70%的冶炼废渣、硫酸渣、隧道窑的炉灰等工业废渣和低于30%的可塑性黏土及少量坯体增强剂生产瓷质外墙砖，在较低温度下迅速共熔而形成足够玻璃相，烧成后产品吸水率达到有关标准。

D 陶瓷废料生产炉衬

在冶金、工业窑炉、水泥窑、垃圾焚烧炉等领域，一些窑炉内部带有酸性气氛（SO_2、H_2S）、碱性气氛（Na_2O、K_2O）。这些酸碱性物质或气体会对耐火材料炉衬造成严重腐蚀或者发生化学反应从而导致耐火材料结构破坏、损毁炉衬。一些陶瓷生产厂家的废瓷片、废地板砖及工业用后的废瓷、地板砖等硅酸盐废料具有吸水率低、较好的耐高温、耐酸和耐碱性能。采用陶瓷、地板砖等硅酸盐废料作为骨料，制备具有耐酸碱特性的混凝土浇注料。图4-5给出了再生陶瓷骨料生产的典型工艺流程。该混凝土具有较好的耐酸碱特性，应用于水泥窑、垃圾焚烧炉等中温窑炉（<1200℃）预热器等衬里部位，完全满足恶劣气氛的需要，且使用寿命在5年以上。

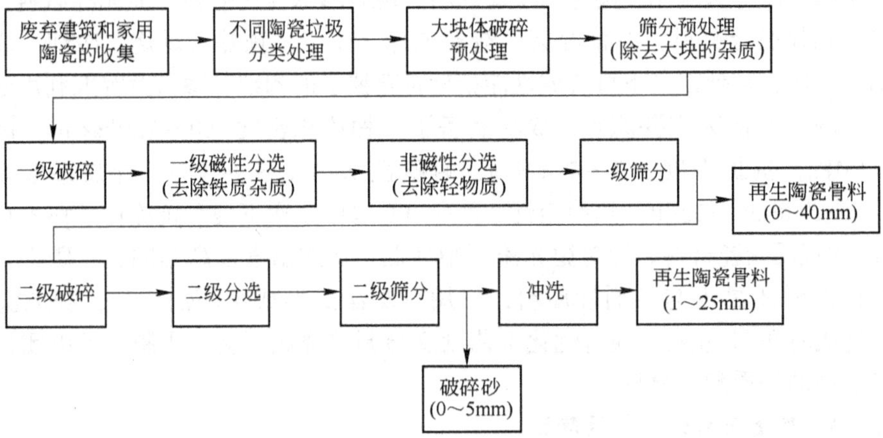

图4-5 再生陶瓷骨料生产的典型工艺流程

4.3 高分子环境材料的设计与加工

20世纪以石油化工为基础的高分子合成化学工业的诞生改变了我们生活的世界。如今多种多样质轻价廉、性能价格比高、有“第四代材料”之称的高分子材料已经遍及我们生活衣、食、住、行的每个角落，给我们带来了前所未有的生活便利，提高了生活品质。目前，全世界的高分子合成工业的规模已经达到年产1.5亿吨左右，超过了钢铁工业的年总产量。

4.3.1 高分子材料环境问题与协调化技术

4.3.1.1 高分子材料环境问题

高分子材料又称作聚合物材料，其应用领域之普及、覆盖面之广，可以用无处不在、无时不在来形容。但是，大量生产和使用高分子材料的同时也带来非常可怕的环境问题，首先，高分子材料的废弃物品种繁多，涉及飞机内装材料、汽车部件、橡胶轮胎、计算机、光盘、各种农用电器、农膜、包装材料、服装、鞋、帽、门、窗、地板、各种管道等废旧制品以及生产部门的边角料；其次，废弃物数量巨大，据有关部门估算，废弃塑料约占当年塑料产量的70%，废弃橡胶约为当年橡胶产量的40%，其中塑料包装材料是最主要的塑料垃圾源。如果不进行处理，全世界一年的塑料包装就有3000万吨左右，如我国1994年约使用了35×10^8只泡沫塑料餐具，社会上形象地称其为“白色污染”。大量高分子材料废物的长期积存对人类的生存环境造成了危害。

（1）原材料资源贫乏、利用率低。化学工业的起始原料主要是煤、石油和天然气等矿物资源。20世纪50年代后主要以石油和天然气为起始原料，至今约90%的基本有机原料和合成材料是石油化工产品，目前全世界已探明的石油储量只有超过$800\times10^8m^3$，每年消耗量却高达$30\times10^8m^3$；石油资源宝贵，但深加工能力还远不如人愿，据统计1t乙烯需消耗原材料约3t，更不乐观的是我国技术落后、原材料利用率更低，合成1t乙烯要消耗3.4t原材料，由此可见，高分子材料的基础原料面临着资源消耗严重的问题。

（2）高分子材料生产中的环境污染。任何一种高分子材料从原材料制成产品都要经过许多复杂的生产工艺，以位居世界产量最大的塑料——聚氯乙烯为例，我国在“国家化学建材产业‘十五’计划和2015年发展规划纲要”中提出“十五”和2015年化学建材产业的发展目标之一是大力发展聚氯乙烯管材和异型材，计划到2005年，在全国新建、改建、扩建工程中，塑料管道在全国各类管道中市场占有率将达到50%以上；塑料门窗在全国的建筑门窗市场占有率预计达20%，其中采暖地区要达到50%以上，约需塑料门窗$4000\times10^4m^2$。然而，目前聚氯乙烯型材在合成和加工过程中就存在很多污染问题，例如其原料氯乙烯对人体有伤害作用，会引起急性或慢性中毒，聚氯乙烯作为一种热敏性塑料，在加工的过程中需要添加近10种添加剂，其中用作稳定剂的镉系、铅系等重金属化合物毒性很大，其他某些增塑剂虽属微毒和无毒，但难以降解，易于生物富集，动物实验有致癌作用。因此，高分子材料合成和加工中所带来的环境污染问题也是影响高分子材料产业可持续发展的一个重要方面。

（3）高分子材料使用中的环境问题。高分子材料优良的使用性能受到人们愈来愈多的钟爱，但是在使用的过程中也有许多不尽如人意之处。如油漆中含有的挥发分以及目前备受人们青睐的复合地板、硬质纤维板中含有的游离甲醛对人体都有毒害作用，如果室内添置一套新的组合家具，在门窗紧闭的情况下，1周内可使室内甲醛浓度达到$0.1mg/m^3$，这就是人们在不通风、新装修的居室中感到头疼、心悸、乏力的原因所在。前不久，北京市儿童医院小儿科主任医师臧晏推测，装修材料中的有害物质可能是小儿白血病的诱因，近年来小儿白血病的患者明显增加，从众多患儿的家庭居住环境调查中发现，许多患者家里都是刚刚装修不久，这与日本广岛原子弹爆炸后白血病人增多的现象有些吻合。医学界预测，白血病极可能与环境污染有关。另外，还有许多高分子材料中的残余单体和添加物，如一些摩擦材料和密封材料中的石棉等都是对人体有害的物质，使用中存在的环境污染问题也是影响高分子材料可持续发展的一个原因。

（4）高分子废弃物的环境污染问题。废弃高分子材料主要来自两个方面：一是产品生产中的废弃料，二是使用终结产生的废弃料。生产中产生的废弃料通常是一些半成品或边角余料，这一类废弃高分子材料较易回收，也可以再利用，一般来讲，环境问题不大；而使用终结产生中的废弃料才是主要的污染源，其主要产品多为一次性包装物和农用膜，其主原料是第二大通用塑料 PE 薄膜，这种材料质轻、透明、耐用，但目前废弃的 PE 薄膜丢弃的方式主要是埋于地下或燃烧，但这种材料埋在地下 200 年都不会降解，燃烧污染就更加严重，PE 燃烧后的主要产物是 CO 和 CO_2，众所周知 CO 会使人严重缺氧，而 CO_2 又是造成“温室效应”的主要原因。因此，PE 薄膜的使用量越多，环境污染越严重，“白色污染”已经成为当今全世界亟待解决的环境污染问题。

4.3.1.2 高分子材料环境协调化技术

一方面，高分子材料的发展推动了社会的进步，使人们生活水平进一步提高，但另一方面，它又是资源、能源的主要消耗者和环境污染者。如何解决这一矛盾，是因噎废食全盘放弃高分子材料产业，还是改变传统的发展模式，使高分子材料向生态化发展，这也是目前人们争论的问题之一。以聚氯乙烯（PVC）为例，一段时间以来，许多国家都主张禁止使用 PVC，甚至认为整个“氯工业”都是坏工业而应该加以禁止。事实上，经过几十年的研究和开发，PVC 无论在生活消费品市场还是在高技术领域都是一种久经考验的好材料，对木材、钢材、纸与 PVC 的投入、产出及污染情况对比发现：用木材代替 PVC，污染会更加严重；同样“以纸代塑”也是不科学的，从另一角度来看，分子材料相对于传统的材料来说应属于节约型的原材料，例如塑料下水管能耗只有铸铁管能耗的 1/5，航天飞机也尽量以塑代钢，每减轻 1kg 质量，发射费用就可节省 1500 美元。因此不能全盘否定高分子材料产业，而应采取措施改变经济模式，使传统的“牧童经济”向循环经济进行转变，高分子材料产业向生态化方向发展，这是实现高分子材料可持续发展的先决条件。

当前，随着世纪之交可持续发展战略的广泛实施，从“牧童经济”转向循环经济的浪潮正在向世界各国进一步扩展和深化。只有当人们的行为从高排放的“牧童经济”转变为低排放的循环经济的时候，一个可持续发展的社会才会真正来临。循环经济不但要求人们建立“自然资源→产品和用品→再生资源”的经济新思维，而且要求在从生产到消费的各个领域倡导新的经济规范和行为准则。循环经济要求以“减量化、再使用、再循环”即“3R”原则作为经济活动的行为准则。

（1）减量化原则。减量化原则要求投入较少的原料和能源达到既定的生产目的或消费目的，从而在经济活动的源头就注意节约资源和减少污染。在生产中，减量化原则常常表现为要求产品体积小型化和产品质量轻型化，此外，要求产品包装追求简单朴实而不是豪华浪费，也可达到减少一次性使用材料量的目的。减少不必要的使用，无论对减轻环境负担，还是对节约有限的自然资源都是非常有益的。为了人类的未来，应该杜绝一切不必要的浪费，使高分子材料在循环的起点就向着生态化方向发展。

（2）再使用原则。再使用原则要求产品和包装容器能够以初始的形式被多次使用，而不是用过一次就了结，以抵制目前一次性用品的泛滥。据统计，我国的包装材料中，PE 占 64%，PP 占 9%、PS 占 11%、PVC 占 5%，聚酯占 7%，这些材料除应用于一次性制品外，还作为许多日用品、家用电器的包装材料，包装材料的主要作用就是承重、美观、防振，有些包装材料在不影响其使用性能的前提下应该进行重复使用，如家用电器的包装箱等。重复使用包装物不仅不影响其本身的价值，而且可以降低产品的生产成本，同时也减少了包装材料的环境污染。遵从再使用原则使高分子材料经济、耐用、环保也是目前包装材料的发展中的主要方向。

（3）再循环原则。再循环原则不同于再使用原则，它要求生产出来的物品在完成其使用功能后能重新变成可以利用的资源而不是无用的垃圾。循环使用是减少固体废物最有效、最有前途的处理方法。除了可有效减轻城市废物处理的巨大压力，节约天然资源外，回收再利用还有下列优势：1）未用料比再生制品需要更多的能量，因此回收再利用可明显节约能源。据计算，一个LDPE（低密度聚乙烯）食品袋需要的总能量为1400kJ，而用50%再生料的一个袋子需要总能量为1164kJ，节省能量将近17%。2）再生比未用料的加工过程产生更少的环境流出物，减少对空气和水的污染。3）回收再利用材料的价格便宜，如PET软饮料瓶品种单一，污染很少，已经成为回收再利用最成功的塑料品种。废弃高分子材料的回收再生、循环使用可以称作是最好的生态学方向。

在高分子材料的合成与制备过程中，使用洁净技术，减少“三废”的排放，生产过程中应用原子经济性反应途径，达到零废物、零排放，替代单体生产中的剧毒原料（如光气、氢氰酸等），减少有机溶剂的使用，利用生物资源等，在生产过程中实施绿色化工技术，提高资源效率、改善环境污染。高分子合成的发展有以下几种途径：

（1）高分子废物的再生循环技术。高分子产品使用周期不很长，其废物特别是一次性塑料制品成为城市垃圾的重要来源。所以，再生循环技术不仅是解决高分子“白色污染”的有效途径之一，而且有利于充分利用原料，提高资源利用率，保护环境。应大力发展高分子材料的多级利用技术，实现材料多次循环。

（2）可降解高分子材料。高分子材料的降解技术，也可称为高分子材料的零排放。降解技术的根本问题是要发现传统高分子材料废物的降解方法和开发新型可降解合成高分子材料新品种。天然高分子材料的开发与应用被认为是实现高分子材料零排放的最理想途径，但需要解决强度低、寿命短、成本高等问题。

（3）长寿命材料。发展超长寿命的高分子材料，是降低资源开发速度，有效利用资源，减少高分子材料废物的有效途径之一。尤其对于用量大、影响深远的农用地膜、棚膜、建筑用高分子材料等应考虑长寿命问题。可通过优化配方和工艺设计、开发功能优异的塑料合金体系等方法来实现。需要指出的是，无论材料寿命长短，都应以维持生态环境和节约资源及提高利用率为最基本目标。

4.3.2 废旧高分子材料的循环再生

随着高分子科学与合成技术的飞速发展，废旧塑料也急剧增长，如何绿色化处理大量的废旧塑料已成为当今社会的一大难题，变废为宝（回收利用）才是绿色化的根本解决方法。废旧高分子材料的回收并科学、合理地利用这些废旧高分子材料，这样既解决了资源危机，又保护了环境，实现循环经济。

4.3.2.1 废旧高分子材料的分类与回收

塑料产量占高分子材料总产量的70%，以塑料为例，2001年全世界塑料总产量约为15000万吨，大约有20%以上的塑料制品成为一次性使用废弃塑料，占塑料总量70%～80%的通用塑料在2年内有40%可转化为废弃塑料。目前，全世界仅塑料包装材料年消费量就为2500多万吨，但回收利用率很低。中国2001年塑料总用量约为2000万吨，废旧塑料约占塑料总消耗量的15%，再生利用占废旧塑料的50%左右，我国塑料的再利用率高于发达国家，塑料在固体废物中所占比例小于发达国家的水平，目前我国每年再生废旧塑料利用量约300万吨。

高分子材料废物污染环境，引起国际社会的高度重视。国家环保总局等单位最近联合发出《关于国家限制进口可用作原料的废物目录的通知》。该通知将塑料废旧物及下脚料列入国家限制进口的原料废物的目录之中，要求严格执行强制性国家标准《进口废物环境保护控制标准——废塑料》。根据该标准，可以进口的使用过的塑料容器必须经过破碎并清洗至无明显异味、无明显污渍，未经破碎并清洗的使用过的塑料容器（如废饮料包装容器等）不符合标准，禁止进口。

A 废旧高分子材料的组成及分类

我国可将废旧塑料分成以下四大类：

(1) 已经步入良性循环，能够取得较好效益，再生产品有明确用途，如农用塑料大棚膜；塑料编织袋、编织布、塑料打包；饮料瓶、中空桶、化妆品瓶等；日用品中纯塑料部件、外壳等；电线、电缆的塑料外皮。这类废塑料的回收再利用规模和技术水平处于国际先进位置。

(2) 生产过程中产生的或从国外进口的边角料，可加工成再生料，具有较好的性能和应用市场，也获得市场认可，效益良好，如VCD光盘边角料、饮料瓶、不合格薄膜、卫生巾和尿不湿的边角料、家电、电脑外壳、零件等。这部分废旧塑料的质量通过改性几乎可以达到新的合成树脂的水平，甚至某些性能还有所增强，弥补了我国合成树脂的部分缺口，促进了我国塑料工业的发展。

(3) 已经大量出现但因经济效益不佳，企业和废品回收经营者不感兴趣，如EPS泡沫塑料、一次性餐饮具、背心袋、购物袋、单层或复合包装膜片等。这是产生塑料“白色污染”的主要来源，更严重的是加剧了垃圾综合处置的难度，我国部分城市已实行了推广降解塑料的政策，但收效甚微。

(4) 随着我国电子类产品进入淘汰更新期及汽车产业的快速发展，我国生活水平的提高也加速了电子类等大型耐用品的更新换代，电子类高分子材料废物大量涌现，这些高分子材料有许多是经共混改性或不同材料复合而成的，如电视机、家电、电脑、汽车上使用的各种零部件等，有些是已交联过的，有些是表面已经涂饰或复合热固性高分子材料的，因此难以用通常使用的办法如清洗、粉碎、熔融造粒方法进行回收再生利用。对这部分废塑料回收再利用技术早期关注不够，近期国家有关部门专门研讨了电子类废塑料的回收技术，但是进展缓慢。

B 废旧高分子材料的回收

塑料的回收，首先要严格按种类分选，目前我国已在主要城市逐步推行垃圾分类收集，对于来源于垃圾系统的废塑料要倡导垃圾分类回收措施，在进入垃圾中转站前回收，这样才能提高废塑料的回收质量。塑料分类工作大都由人工完成，最近机器分类方法有了新的研究进展，德国一家化学科技协会发明一种以红外线来辨认塑料类别的方法，既迅速又准确，只是分拣成本较高，在中国很难推广。要提高再生塑料的物理性能，确保再生粒料的质量，需要进行清洗，再送入破碎机破碎，对于污染较严重的塑料件，首先进行粗洗，除去砂石和金属等异物，脱水后送入破碎机破碎，破碎后再进一步脱水，去除包含在其中的杂物，干燥后造粒。以PBT和PET为代表的聚酯系列必须在回收成形前进行充分的干燥，以防止水解。

4.3.2.2 废旧高分子材料的再生循环技术

废旧高分子材料再利用之前要经过废旧高分子材料的收集与分离，良好的收集与分离方法不仅能提高再生产品质量，而且降低回收成本。不同性质的废旧高分子材料其再利用方式不同，下面分别加以介绍。

A 直接再生利用

废旧塑料的直接再生利用是将经过清洗、粉碎和干燥的废旧塑料送入塑炼机进行塑化造型或均化造粒后加工成形，直接生产再生塑料制品。应该说塑料通过直接再生的工艺比较简单，投资少、见效快，但是再生塑料由于经过粉碎、干燥和塑炼，老化程度更加严重，使它的强度、韧性降低，使用寿命缩短。直接回收利用关键的技术在于废旧高分子材料分离时的纯化程度、杂质含量的高低将很大程度地影响再生制品的质量。另外，直接再生利用也包含加入适当助剂组分（稳定剂、防老剂、润滑剂等）以改善加工性能及抗老化性能。目前再生塑料往往被用于要求不高的场合，如农用地膜、日常生活小用品、一般用途的工业制品等。

（1）PP塑料。主要是废旧的编织袋、打包带和捆扎绳等，由于来源杂，废旧PP塑料的性质差异较大，因此在再生利用前最好通过实验室检测，以确定废旧PP塑料适合做何种产品，为保险起见，一般在废旧PP塑料中掺一定比例的新树脂。

（2）PS塑料。主要是一次性发泡塑料饭盒以及工业用的泡沫塑料，可以通过加温除泡、挤出成条、冷却固化和粉碎造粒等工序进行再生利用。

（3）PVC塑料。它是用量最大的塑料，可生产薄膜、塑革、板材、管件、塑套等。因此，废旧PVC塑料的量也占废旧塑料的绝大部分，仅我国大陆每年产生的废旧PVC塑料就达260kt以上。PVC塑料有软材和硬材之分，软材中含一定量的增塑剂，硬材中含一定量的无机填料，所以在回收利用时必须区别对待。

B 改性再生利用

改性再生利用是通过物理改性法或化学改性法使废旧高分子材料的某些应用性能达到或超过原制品的性能，或具有与原制品不同的特殊用途。物理改性法是采用混炼工艺制备多元组分的共混物和复合材料。化学改性法采用交联改性、接枝共聚改性、氯化改性或加入特殊制剂等方法。改性利用的缺点是工艺复杂、制品成本高，优点是制品使用价值高。

C 分解产物的利用

分解产物的利用即通过对废旧高分子材料的分解，回收利用所得的单体产物。其产品有油化、气化、炭化产物，分解方法有热分解法和化学分解法。分解回收法可以生产高价值的化工产品，但工业化生产的设备投资大，开发周期长，作为综合利用废旧高分子材料的途径，还是值得开发利用，并且随加工技术的不断改进，越来越多高附加价值的产品得到开发。目前由于工业化生产的成本高，大规模的工业化生产还未形成，但已有相当数量的具试验性质或小规模工业性质的公司在运行。如日本富士循环工业公司耗资700万美元，于1997年投产一套加工设备，把收集到的聚乙烯、聚丙烯废高分子材料转化为汽油的装置，这套装置每年把5000t废高分子材料转化成2500m^{3}以上的汽油。由北京化工研究院与合作单位共同开发研制的乙烯裂解炉在天津联合化学有限公司建成并投产一次成功，该炉以CBL裂解技术为基础，采用2-1型高选择性炉管构型。液化油技术的关键在于催化剂的选择和废旧高分子材料的分离纯化，在此方面，国外研究人员发明了煤与废高分子材料共液化处理的技术，在反应过程中，煤是混合废高分子材料的“共处理”催化剂，并同时被液化，此方法共液化转化率和油收率最高。

废旧高分子材料进行热分解时会产生炭化物质，多数情况下是油化工艺或气化工艺中所产生的副产品，这些炭化物也可作燃料，经过相应处理后可制活性炭或离子交换树脂等吸附剂。如废酚醛树脂经热解后生产活性炭，在600℃的高温下经30min即可被炭化形成碳化物，用盐酸溶液将碳化物中的灰分溶解掉，增大碳化物的比表面积，然后在850℃高温下，用水蒸气喷洒，得到活性炭，产率达12%，活性炭的比表面积达1900m^2/g，扩吸附力强。

4.3.3　可降解高分子材料的应用与发展前景

高分子降解是指构成聚合物的大分子链断裂反应。聚合物暴露于氧、水、射线、热、光、化学试剂、污染物质、机械力及生物（尤其是微生物）等环境条件下的降解过程称为环境降解。一般来说，所有高分子材料在一定的环境中降解一般要经历以下几个降解阶段，如图4-6所示。从机理上降解因素可归纳为生物、光、化学降解，其中最具有应用前景的是光降解与生物降解。可降解高分子材料按照降解机理可大致分为光降解高分子材料、生物降解高分子材料和光-生物双降解高分子材料三大类（见图4-7）。目前的重点研究方向是具有光-生物双降解特性的高分子材料和具有完全降解特性的完全生物降解高分子，这是今后产业发展的方向。

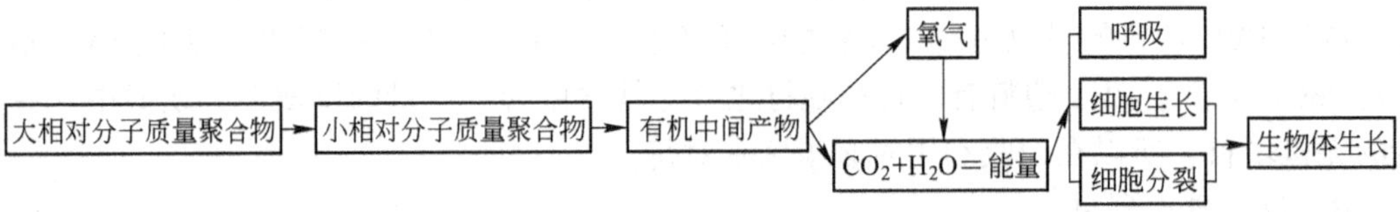

图4-6　高分子材料的降解阶段

- 降解高分子
  - 生物降解
    - 淀粉添加剂：St·+PE、St·+PVA、St·+PVC等
    - 天然大分子：淀粉、聚糖、纤维素等
    - 合成聚合物
      - 生物合成：PHBV、PHB等
      - 化学合成：聚乳酸、聚己内酯等
  - 光降解
    - 添加光敏剂型：金属配合物
    - 化学合成：羰基聚合物、Et/CO
  - 光-生物双降解：淀粉+光敏剂光降解树脂

图4-7　可降解高分子的分类

国外降解塑料主要用于包装材料，表4-13为北美3种不同降解高分子材料的增长情况。由表4-13可见，双降解材料的增长幅度是很大的，这指明了国外降解塑料的发展方向。光-生物降解高分子材料因具有光、生物双降解功能，是目前降解高分子材料的重点研究内容。而国内除包装材料外，农用地膜的需求也很大。我国也应大力发展双降解材料，促进我国塑料产业的发展。虽然降解高分子材料存在许多问题，但我们相信随着技术的进步，降解性能的不断提高和成本的降低，公众环保意识的增强，可降解高分子材料的

应用必将越来越广泛。降解高分子的研究开发和应用，无论从环保角度还是从合成高分子的学术角度都有重要意义，前景是很乐观的。

表 4-13 北美 3 种不同降解高分子材料

年 份	生物降解/t	光降解/t	生物-光降解/t	其他/t
1989	43×10^3	29×10^3	16×10^3	0
1994	73×10^3	61×10^3	47.5×10^3	11×10^3
2000	110×10^3	105×10^3	99×10^3	15×10^3

4.3.3.1 生物降解高分子

生物降解高分子就是在一定环境条件下和一定时间内由于微生物（例如：细菌、酵母等）的作用而发生降解反应的高分子。

A 生物降解机理

通常认为，易于微生物分解的物质，是被微生物当做营养物质，作为其生长基地被消化吸收。淀粉、蛋白质、纤维素等易于被微生物利用并分解，而大多数合成高分子材料，特别是聚烯烃类不易被微生物分解。各类高分子在分子量、形态结构相近的情况下，化学结构的差异决定了其生物降解功能，这可以从高分子材料生物降解的机理来推断。生物降解是通过微生物及其分泌产物——酶的作用或化学分解反应而发生的，微生物在吞食、消化高分子的过程中产生机械、化学或酶解作用而破坏大分子的化学结构。影响生物降解的决定性因素是材料的分子结构及组成。

首先，从酶的作用来分析，酶是一种化学反应的生物催化剂，酶的特定结构决定了酶催化作用的专一性，一种特定结构的酶只能催化一种化学反应。基于这一原因，曾有人试图设计一种特殊结构的酶或微生物用于分解聚乙烯，结果是以失败而告终。这一失败的结果引发人们从酶的设计走向生物降解高分子材料的设计。实验发现，微生物酶易于分解的化合物结构包括：$C—NH_2$，—CH ═CH—，—C—O—，—C—S—，—C—N—，C ═O 等。酶的作用方式有多种，典型的有生物氧化和生物水解两种方式。在氧存在的条件下，许多酶可以直接与氧作用，发生生物氧化反应，而在水存在的条件下，酶作用于酯键或肽键发生水解反应。

其次，从高分子本身结构来看，可生物降解的高分子因其分子结构中含有易于酶解的化学键，而非生物降解材料则因缺少这种特定的结构而不易被微生物分解。早在 20 世纪 50～70 年代，国外学者研究表明，聚乙烯相对分子质量超过 10000 时，微生物几乎不能生长，而在聚烯烃中含有可降解的添加剂或含有光降解及热降解的产物，则容易受到微生物的攻击。Scott 曾在 1975 年指出，生物分解并不是高分子材料生物降解的第一步，第一步应该是非生物降解过程，如氧化降解、光降解、水解等，因为实验发现，羧酸在完全没有微生物存在的情况下，最终也可以被氧化分解为 CO_2 和 H_2O。过去对废旧高分子材料采用土埋的处理方法，有一定的效果，但时间太长，特别是烯烃类高分子缺少易于被微生物攻击的官能团，另外，烯烃类高分子的疏水性也是生物降解的一大障碍。因此，20 世纪 70 年代就产生了在非生物降解材料中添加有效降解剂的想法，包括淀粉、过氧化物等。也同样提出，在烯烃中嵌入弱性键，为聚烯烃提供可生物降解的能力。相对聚烯烃而言，聚甲基丙烯酸甲酯、聚己内酰胺、聚乙烯醇等易于被微生物分解，这正是由分子结构的差异决定的。

B 生物降解高分子应用实例

生物降解高分子应用实例具体如下：

（1）添加型淀粉塑料和橡胶。添加型淀粉塑料的生产方法是将淀粉以非偶连方式与现行塑料（PE、PP、PS 和 PVC 等）共混。淀粉含量一般为7%～15%，例如美国的 Agrifech 公司，加拿大 St. Lawarnce 公司产品均属此类。最近美国的 Goodyear 公司宣布试销含有部分淀粉填料的轮胎，该填料可以降低轮胎的滚动阻力和轮胎的重量，还有利于环境保护。但是添加型淀粉塑料和橡胶的主要成分仍是石油基类聚合物（PE、PP、PS、PVC 等），很快降解的部分主要是淀粉，剩余的树脂降解仍需几百年。日本的大武义人等对 LDPE 的生物降解进行了深入研究，指出 60μm 的 LDPE 薄膜要达到完全生物降解需近 300 年。该类产品的价格高于传统塑料，未降解的聚烯烃难于回收处理，对废弃物的处理造成更大的麻烦和混乱，严格地讲，添加淀粉的可降解塑料不具备降解机理和功能，所以该类产品已不再受欢迎。

（2）热塑性淀粉。该材料是近期正在开发的完全生物可降解材料，意大利的 Ferruzzi 研制出一种淀粉含量为 70% 的合金，所使用的树脂是无毒的，相对分子质量 5000～50000，它与淀粉直接地交联或产生间接物理作用，从而形成一连续相，该合金有良好的成形性、二次加工性、力学性能和优良的生物降解性能，缺点是有亲水性，不宜用于食品包装而且价格较高。德国的 Battele 研究所开发出了淀粉含量为 90% 的降解塑料，可作为包装材料使用，以聚氯乙烯为取代目标。美国的 Warner-lamber 公司开发了一种称为“Novon”的热塑性淀粉材料，“Novon”是以变性淀粉为主，且配有少量其他生物降解性添加剂的高淀粉含量的天然聚合物材料，淀粉含量高达 90%～100%，材料的性能类似于聚苯乙烯，可完全生物降解，而且降解可控，产品广泛用于医用器材、包装材料。

（3）化学合成型生物降解高分子。该类生物降解高分子材料多在分子结构中引入酯基结构的聚酯。工业化的有聚乳酸（PLA）和聚己内酯（PCL）。PLA 在医学领域内被认为是最重要的可完全生物降解高分子。由于制备工艺、成本的限制，该类材料在降解塑料领域的研究起步较晚，但越来越受到重视。由于可完全降解，所以应用前景较好，但是降解机理仍需进一步探讨。

（4）微生物合成的完全生物降解高分子。微生物能够合成聚酯和多糖，并能分解它们。目前对于微生物合成聚酯方面研究较多，研究发现，有许多可用于合成微生物聚酯的细菌，一般发酵底物为 C1～C5 化合物。聚羟基丁酸酯（PHB）是细菌与藻类的贮存产物，20 世纪 70 年代由 ICI 公司开发成功并进行生产。PHB 可以完全生物降解，但力学和热学性能不佳。为了改善其性能，Zeneca 公司开发了 β-2 羟基丁酸与 β-2 羟基戊酸（HV）的共聚物，得到了性能良好的、可完全生物降解的高分子材料。0.025mm 的 PHB 或 PHB-HV 膜在海水中 6 周已穿孔，堆肥 7 周可降解 70%～80%。PHB-HV 可以制成瓶、膜和纤维，其应用非常广泛。

（5）转基因生物生产型生物降解高分子。美国的研究人员利用转基因方式，把从豌豆植物中提取的 DNA 片断外源基因转入拟南芥菜细胞，使其叶绿体能产生 P(3HB)颗粒，这种方法使产生 P(3HB)的能力大大提高。韩国的研究人员从一种细菌中提取合成高分子的基团，转入大肠杆菌中获得了“工程大肠杆菌”，其生产高分子的效率是相当高的。这种转基因生物生产生物降解高分子的方法已成为生物降解高分子的一个新的研究开发课题，这种方法代表了可生物降解材料未来的发展方向。

4.3.3.2 光降解高分子

高分子在光作用下发生降解作用，其中，高分子在光的照射下吸收了光能而自行分解，称光分解；高子在光和氧或空气的存在下发生氧化称光氧化。这些是由具有光化作用的紫外线或辐射线引起的化学键破裂的结果。

A 光降解机理

常用的光敏剂（FeDEC、FeDBC、RE Lau、Cest 和 Test）中 La、Ce、Pr 元素的核外电子 $4f$ 轨道电子和 Te 的 $3d$ 轨道电子均易产生电子转移，光敏剂吸收紫外光后，自身被敏化生成自由基，对于 RE Lau、Cest 和 Test，其电子转移的结果是在羧酸基团部位生成羧酸自由基，并进一步脱羧形成烷基自由基；对于 FeDEC、FeDBC，电子转移的结果是阴离子基团生成二硫代自由基。烷基自由基或二硫代自由基均可引发 PE 高分子链生成 PE 大分子自由基，并在热氧作用下生成氢过氧化物。继而在光或热的作用下，PE 主链发生断裂形成大分子醛，或转化成高分子酮。含有羧基的 PE 在光氧和热氧的综合作用下可发生 Norrish Ⅰ型和 Norrish Ⅱ型反应，引发并促进 PE 链进一步降解，使分子链的相对分子质量不断降低，直到相对分子质量小于 5000 就可以为生物所降解。

在制备塑料时，向塑料基体中加入光敏剂，在光照条件下就可诱发光降解反应。此类塑料称为光降解塑料。光降解引发剂有很多种，可以是过渡金属的各种化合物，如卤化物、乙酰基丙酮酸盐、二硫代氨基甲酸盐、脂肪酸盐、羟基化合物、多核芳香族化合物、酯（例如磷酸酯），以及其他一些聚合物。引发剂可以在挤出吹膜或挤出前混合于高聚物中，也可以以印墨形式涂于薄膜表面。这种方法以简单的方式制得具有不同使用期限的降解膜，颇具应用价值。改变 Ni、Co 等稳定二硫代氨基甲酸盐和 Fe、Cu 等二硫代氨基甲酸盐的比例就可以得到不同寿命的降解高分子材料。此外联二茂铁也可以引发光降解反应，该薄膜的降解速度与光敏剂含量有关，在自然条件下测试得出光敏剂含量与薄膜降解速度的曲线，然后可以根据该材料的使用期限选择适当的用量。除了以上光降解高分子以外，还有一类重要的合成光降解高分子，其制备方法是通过共聚反应在高分子链上引入羰基型感光基团而赋予光降解特性，光降解活性的控制是依靠改变羰基基团含量来实现的。工业化的有乙烯-乙烯酮共聚物和乙烯-CO 共聚物。

B 光降解高分子应用实例

聚酮是以一氧化碳和苯乙烯为原料，在催化剂作用下，在带电磁搅拌的不锈钢高压反应釜中进行聚合反应而制得，为白色粉末，其生产规模和产量可根据需要设计，主要设备为聚合釜。聚酮可替代原有塑料薄膜、食品包装材料，从根本上解决我国可降解塑料短缺的问题，其耐磨性优良，可取代聚甲醛制造齿轮等摩擦部件。聚酮除气体阻隔性、耐热性优良，可拉伸加工外，还可制成生物降解和光降解性树脂，是 21 世纪的环保型包装材料。目前可降解高分子材料分为光降解和生物降解两类。国内虽有许多有关光降解高分子材料的文献报道，但大部分局限于淀粉接枝、淀粉共混改性塑料，以及在塑料中添加光敏剂的研究。这两类塑料虽然也能光降解，但只是部分降解，如填充型淀粉塑料中淀粉的含量为

10%～30%，通常使用的为15%左右，能降解的仅是其中的淀粉，而被填充的聚乙烯、聚氯乙烯等不能降解。由于聚酮分子中存在羰基，可进行化学改性，经加氢、硫醇化、氨化等反应得到聚醇、聚疏醇、聚酰胺和聚酯等20多种功能高分子材料，适用于多种用途。更为重要的是，聚酮分子链中含有大量的羰基，能够发生与低分子酮类相似的光化学反应。聚酮的最大吸收波长范围为280～290nm，太阳光中恰好存在该波长的紫外光，所以聚酮类高分子材料在室外易发生光降解，而在室内则因玻璃门窗的吸收作用，使该波长的紫外光大为减少，所以比较稳定。聚酮光降解是在羰基键附近的碳链断裂生成酮类、烯类及二氧化碳等低分子物，不存在环境污染问题，因而成为环境友好材料。聚酮的原料一氧化碳来源丰富，价格低廉，用其作单体既减少了环境污染，又利用了碳资源。与大多数以石油为原料制备的高分子聚合物相比，降低了能耗，这在能源危机、石油资源短缺的今天，充分利用碳这一资源具有更加重要的意义。聚酮可用于包装薄膜、纤维、胶黏剂等领域，其优良的综合性能使其还可用于汽车、电子等行业。总之，聚酮的研究与应用必将带来良好的经济效益和社会效益。

4.3.3.3 光和生物双降解材料

光-生物降解高分子材料由于具有光、生物双降解功能，所以成为目前的开发热点之一。将光敏剂体系的光降解机理与淀粉的生物降解机理结合起来，一方面可以加速降解，另一方面可以利用光敏剂体系可调的特性达到人为控制降解的目的。光降解和生物降解的结合不仅使材料的降解可控性提高，同时还克服了单纯光降解材料在阳光不足或非光照条件下难降解的问题，也克服了单纯淀粉塑料在非微生物环境条件下难降解的问题。

4.3.4 长寿命高分子材料的应用与发展前景

长寿命高分子材料的开发是未来高分子材料重要研究内容之一，但是应根据用途和是否对环境产生深远影响进行综合研究。通过延长高分子材料的使用寿命，从而提高资源的利用率，降低资源开发速度。长寿命高分子材料设计的一个非常重要的问题就是高分子材料的老化问题，高分子材料老化造成的危害要比人们想象的严重得多，尤其是在苛刻环境条件下，常导致设备过早失效，材料大量流失，不但使经济上受到很大损失，导致资源的浪费，甚至因材料的失效分解对环境造成污染，高分子的老化失效问题已成为限制高分子材料进一步发展和应用的关键问题之一。

4.3.4.1 高分子材料老化机理

目前研究的热点主要集中在高分子材料的热、光老化、热氧老化、光氧老化、化学介质中的老化机理及稳定化。

A 游离基反应机理

有研究表明，高分子材料在光、热和氧共同作用下老化是一个自动催化过程，主要是按照游离基反应历程进行：

链的引发：

$$RH \longrightarrow R\cdot$$

$$RH + O_2 \longrightarrow R\cdot + HO_2\cdot$$

$$R\cdot + O_2 \longrightarrow RO_2\cdot$$

链的增加和传递：

$$RO_2 + RH \longrightarrow ROOH + R\cdot$$

$$ROOH \longrightarrow RO\cdot + \cdot OH$$

$$ROOH + RH \longrightarrow RO\cdot + R\cdot + H_2O$$

$$RO\cdot + RH \longrightarrow ROH + R\cdot$$

链的终止：

$$R\cdot + R\cdot \longrightarrow R—R$$

$$R\cdot + RO_2\cdot \longrightarrow ROOR$$

$$RO_2\cdot + RO_2\cdot \longrightarrow ROOR + O_2$$

链的阻化：

$$ROO\cdot \ (RO\cdot、HO\cdot 等) + AH \longrightarrow ROOH + A\cdot$$

（AH 为抗氧剂）

许多研究工作表明，引发阶段的反应活化能高，是整个反应过程中较难进行的一步。链的增加阶段的反应活化能很低，极容易进行，而氢过氧化物分解反应活化能较高，反应较慢，所以高聚物的氧化速度由它来决定。高聚物热氧化的引发难易程度，取决于材料的分子结构。由于氧引起的自由基在高分子链上各个位置都有可能产生，反应的主要产物是过氧化氢，在适当的条件下，过氧化氢分解为游离基。当高聚物分子被引发后会产生活性中心，氢过氧化物在分解时也会产生活性中心，且后者比前者所需要的能量要少得多，所以氧化过程具有自动催化的特点，这些游离基能进一步引发链的连锁反应。但聚合物降解反应引发阶段的机制至今尚不十分清楚，通常认为是分子中 C—C 和 C—H 极性键的均裂或者氧直接与聚合物反应产生的自由基的引发作用的传统观点值得商榷。

此外，通过研究了烯烃类光老化的机理发现，光氧老化与热氧老化机理之间的差别仅在于链引发，亦即只是在游离基发生机理上不同，后面的链增长和链终止机理可能完全相同。一般认为光氧老化反应的引发一般可以分为以下三个过程：即主光化学引发反应，次光化学引发反应，黑暗反应。光氧反应过程中所产生的过氧化氢、酮、羧酸以及高分子光氧反应一旦开始后，一系列新的引发反应可以取代原来的引发反应，吸收紫外光后，可以再引发新的光氧化反应。造成聚合物光氧老化的主要原因有：残留催化剂的光引发作用；热致氢过氧化物的引发作用；羰基的引发作用；单线态氧的引发作用；不饱和结构的引发作用。当这些反应产生游离基之后，便引发高聚物光氧化，其过程仍按游离基链式反应机理进行，并与热氧老化的历程类似。比较高分子热氧、光氧老化的过程可见，光氧化与热氧老化的机理基本是相同的，都是自由基链式反应，两者的区别在于，热氧反应经过诱导期和自催化阶段，而光氧反应没有自催化阶段，这种现象可以用光氧过程的高引发速率和短动力学链长来解释。

B　离子-分子机理

这种机理认为聚氯乙烯分解脱 HCl 反应的引发，起因在于 C—Cl 极性键及邻近受其能量活化的 C—H 键，使相邻的碳原子上的氢带上部分正电荷，于是在静电吸引力作用下，形成了活化环状体，发生电子的转移（转移方向见箭头所示），脱出 HCl 和在主链上形成双键。双键是一个活泼官能团，在烯丙基氯结构的超共轭效应的作用下，使脱 HCl 的反应继续进行，以致产生共轭双键结构，反应如下：

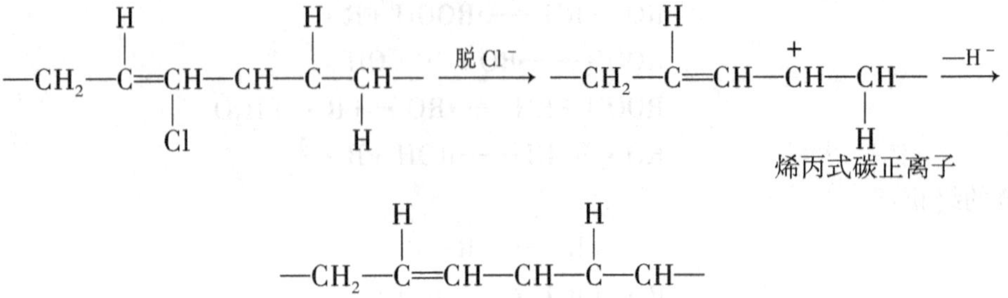

另一种观点认为，活泼的 HCl 的存在，在活化环状体中，由于电子的迁移导致聚氯乙烯催化脱 HCl。关于聚氯乙烯分解脱出的 HCl 对聚氯乙烯分解的作用，研究得较多，但说法不一，多数意见认为 HCl 有加速作用。

C 扩散控制论机理

化学介质对高分子材料的老化可以理解为聚合物材料在化学介质中发生的，并引起材料性能变化的化学与物理过程的总和。有人研究了聚氨酯在有机酸中的降解，发现聚氨酯表面与材料内部的降解程度差距很大，只有当流动的介质渗透到固态的高分子材料内部去，它们之间的相互作用才能实现。介质分子是怎样扩散穿过固态的聚合物的，现在有两种观点。最先提出的是聚合物内部的热能起伏论，另一些工作者则提出扩散的自由体积论。后者认为聚合物中变动不定的局部密度会造成自由体积或空穴，当一个足够大的空穴在渗入分子附近时，分子即移入或跳入空穴之中来达到迁移，这两种理论都认为在扩散过程中牵涉的聚合物链段数目随扩散分子的尺寸的增大而增加。除此之外，高分子材料在机械力、超声波、高能辐射、电、流动介质等作用下也会发生各种老化，且每一种老化都具有各自的特点。因此，研究特定材料的老化动力学特点及机理受到学者重视。

4.3.4.2 高分子老化研究的新方法

A 相对分子质量法（特性黏度）

相对分子质量是表征高分子材料老化性质的最重要的参数之一，在一般条件下，高分子的老化会伴随着相对分子质量的下降和质量损失的过程，因此，相对分子质量的变化一般与老化过程有关。例如：在研究尼龙 66 疲劳破裂与分子量间的关系时发现，随着相对分子质量的增大，材料疲劳老化的敏感性降低，而分子大小、长度，又决定高分子材料的力学性能和溶液性质（黏度）；通过研究聚合物热氧老化动力学过程以预测使用寿命过程中，认为相对分子质量指标对于评定烯烃类塑料的氧化老化，其灵敏度大大高于测定吸氧量或分析新生成的含氧基团的方法；通过测定聚丙烯腈和聚酰胺特性黏度，研究了相对分子质量和老化系数以及老化性能之间的关系，结果发现对老化过程为断链的高聚物，由于老化过程中相对分子质量与老化系数之间存在对应关系，可以用相对分子质量作为预测的物理量，进行老化系数的计算，在此基础上对材料的使用寿命进行预测。此外，有学者利用模拟老化方法在 0～250h 和 60℃、100℃、130℃条件下分别研究了道路沥青老化过程中组成与相对分子质量分布的变化，分析直观的分子量分布变化曲线，结果表明：低温短期老化时沥青的相对分子质量增加，分散度变大，即使随着温度升高也可以观察到相对分子质量的变化，并进一步利用聚集态和相对分子质量的概念解释沥青老化的机理。

B 交流阻抗技术的应用

交流阻抗技术在涂层作用机理研究方法，已有广泛的应用。电化学阻抗技术（EIS）是以小振幅的正弦波为扰动信号，将响应与扰动之间的关系以频率为变量来表示的一种电化学测试技术。在高频区反应快步骤的动力学特征，低频区反应慢步骤的动力学特征。从阻抗谱解析出的数据不仅可以评价涂料的防护性能，而且可以研究金属涂层界面所发生的腐蚀电化学过程，进而分析涂层的老化机制。有学者利用交流阻抗技术研究一些元素相同而结构、空间构型不同的有机分子对碳钢的缓蚀性；以及新型颜料添加剂对碳钢有机涂层老化行为的影响，并指出 EIS 将有可能成为有研究涂层材料老化性能及涂层配方的筛选中的一种快速、可行的实验手段。近年来，人们对覆盖于金属电极表面的有机聚合物涂层的电化学阻抗行为也越来越重视，取得了一些有价值的阻抗实验数据和分析结果。例如：有人通过测定丙烯酸聚氨酯涂料在盐水中的交流阻抗图谱，对谱图数据进行精确解析，得出各等效元件的参数。提出了从涂层电容值的大小来表征涂层的吸水量，并能由涂层下电化学腐蚀电荷传递电阻估算腐蚀速度，从而得以跟踪涂层性能的变化，为其耐蚀机理提供比较完整的解释。在此基础上，有学者对有机涂层阻抗谱的某些特征值进行进一步分析时发现：交流阻抗图谱中的特征频率、最大相位角处的频率、相位角最小值及其所对应的频率都与涂层的老化性能（包括树脂的含量、交联的密度、溶解类型等）有关。此外，有学者通过大量实验研究工作，认为研究涂层和几微米厚的聚合物膜的水传输时，电容法比重量法具有更多优点，电容法更快捷、更可靠，并能同时获得诸如水的扩散率、溶解度或饱和吸水量等涂层性质。

C 原子力显微分析

由于材料的宏观性能的变化是由微观结构的变化所引起，并且只有微观结构变化到一定程度之后才会反映到宏观性能上来，所以也常根据微观结构变化来比较快速地表征高分子材料的老化过程。例如：利用 AFM 显微镜研究了室温下聚酯在碱性溶液中的老化特征，测量材料表面膜的成分和化学特性，对于回答许多实际问题是很有用的。这些实际问题包括：金属材料腐蚀形貌、聚合物薄膜的印染、包装薄膜的热封、橡胶的氧化以及聚合物表面发生的许多反应特性等。近年来，有学者首次利用 AFM 技术研究了 CdS 纳米微粒在 LB 膜层隙聚集形态，得到了 CdS 微粒在 LB 膜夹层中的聚集形态对硬脂酸 LB 膜的有序结构具有影响作用这样的结论。此外，有人借助于原子力显微镜观测了未老化的和不同老化条件下的 XLPE 电缆的结构形态变化，得到了纳米尺度的结构细节，通过对比研究经低能电子束轰击和现场老化 XLPE 试样表面，发现两者具有相似的结构特征，为建立电老化与结构改变之间的关系提供了有力的手段。

D 定量动力学研究方法

此外，在定量动力学研究方面，由于热分析技术迅速发展，如热重分析（TGA）、差热分析（DTA）、示差扫描量热法（DSC）、热机械分析（TMA）和裂解气相色谱（PGC）等各种热分析方法，具有各自的特点。例如在不同升温速率下热重分析法可以给出比较可靠的老化机理方面的信息，有利于深入研究真实的老化动力学参数。可以从实验得到的 TG 曲线中进一步计算出了表观活化能、反应系数和微分函数等聚合物热或热氧老化反应动力学三个参数。虽然热分析快速，但由于它不涉及材料的实际老化过程，或是经验性的，并且理论上只适合于老化过程属于单一活化能的反应，因而具有不足之处。

今后将在光电性能参数、腐蚀电流测量、漆膜内离子迁移、硝基氧化物衰减速率和电子自旋等先进技术基础上，获得高分子材料更多结构、性能的信息。近年来环境扫描电镜、长距离显微镜检测技术的发展，可检测到高分子老化初期细微变化，精确预测材料使用寿命。

4.3.4.3 长寿命高分子设计与加工

高分子材料容易老化变质，抑制其老化破坏过程，延长高分子材料寿命是高分子材料工业的一个重要研究课题。为了防止高分子材料的老化，延长其使用寿命，通常可以采取如下几方面的措施：一是在高分子材料中添加各种防老剂；二是用物理方法进行防护；三是改进聚合和成形加工工艺；四是将聚合物改性。

A 在高分子材料中添加各种防老剂

防老剂是高分子材料的一种添加剂，是一类能大大提高材料的热加工性能，或延长其使用寿命的化学物质。防老剂的防老化效果是十分显著的。往往在高分子材料中添加0.1%～0.5%的防老剂，就能使其耐老化性能提高数倍，乃至数千倍。如用国产低压聚乙烯树脂压制的薄片，在广州地区暴晒9天便全部损坏，而在150℃之下只需半个小时便全部脆化。而同一树脂中加入适当防老剂后压制的薄片，可在同一温度经受200h以上的老化考验。聚氯乙烯树脂不混入防老化添加剂甚至连成形加工都不可能。高分子材料中的防老剂，有的是在聚合釜中直接混入，有的是在聚合反应后处理干燥过程中吹入，更多的是在树脂捏合、造粒、预塑、混炼或热加工前混入，亦有少数是在加工成制品后涂布于制品表面使之慢慢渗入。加入的方式根据树脂和防老剂的种类、制品的加工形式和使用环境等具体情况而定。广义的防老剂包括抗氧剂、热稳定剂、变价金属离子抑制剂、紫外线吸收剂和光屏蔽剂等几个大类。

（1）抗氧剂。高分子材料工业中的抗氧剂，是指一类能抑制或延缓聚合物氧化过程的添加剂。聚合物的氧化老化是一种自动催化的连锁反应。抗氧剂的作用原理：在于它能消除老化反应过程中生成的过氧化游离基，还原烷氧基或羟基游离基，以及分解氢过氧化物，从而使氧化链反应终止，达到防止聚合物氧化即合成材料老化的目的。抗氧剂可分为取代酚类、芳香族胺类、亚磷酸酯类、含硫酯类等几个系列。

（2）热稳定剂。对于耐热性低、容易热分解的聚合物，如聚氯乙烯及其共聚物，需在树脂中添加热稳定剂，才能使它加工成形，并保持制品在使用过程中的热稳定性。热稳定剂是一种能阻止聚合物在热影响下发生降解作用的化学物质，主要用于聚氯乙烯及其共聚物。一般的热稳定剂都兼有一定的光稳定作用。热稳定剂可按其化学组成分为：金属盐类和皂类、有机锡稳定剂、有机稳定剂和螯合剂、混合型稳定剂。

（3）变价金属离子抑制剂。不少高分子材料会因变价金属离子的存在而加速氧化老化。变价金属离子，如铜、锰和铁的离子的催化氧化作用，对聚烯烃（尤其是聚丙烯）、天然胶、丁苯胶等特别严重。例如聚丙烯，在铜离子存在下会成百倍地加快气化降解，即使加入大量抗氧化剂，铜离子仍可以急剧地催化氧化，发生降解反应。因此，在用聚丙烯或其共聚物来制备与铜接触的制品（如电缆）时，必须添加能够抑制铜离子的催化活性的助剂。抑制变价金属离子的催化氧化活性，在于把这些离子联结到一些化合物中去，在这些化合物中，价键是不能转移的或是很难转移的。显然，这类化合物是一些配合物。变价金属离子抑制剂就是这样一类能与变价金属离子的活性盐联结为配合物，从而消除这些金属离子的催化氧化活性的化学物质。

（4）紫外线吸收剂。高分子材料受紫外线的照射会发生光降解。波长 290～400nm 的紫外线具有很高的能量。如日光 290～350nm 波长的紫外线，能量 82～92kcal/g 分子，它足以切断有机物的化学键。为了减少紫外线对聚合物的破坏作用，在配方中加入紫外线吸收剂。紫外线吸收剂是一类能吸收紫外光波或减少紫外光的透射作用的化学物质。它能强烈地吸收高能量的紫外线，并进行能量转换，以热的形式或无破坏的较长光波形式把能量放出，从而保护高分子物免受紫外线的破坏。紫外线吸收剂在合成材料工业中具有其重要的地位。它可以减少材料的光老化，对户外使用的薄膜制品特别有意义。

（5）光屏蔽剂。如上所述高分子材料受光，特别是紫外光的作用，会迅速氧化降解而导致老化。为此加入紫外线吸收剂予以防护。另外还有一类作用近似紫外线吸收剂的物质，能屏蔽光对高分子材料的破坏作用，就是光屏蔽剂。广义来说，光屏蔽剂也可以认为是一类特殊的紫外线吸收剂。所谓光屏蔽剂，是指一类能将有害于聚合材料的光波吸收，然后将光能转换为热能散射出去，或者将光波反射，从而对材料起屏蔽用的物质。其中主要的有炭黑、氧化锌、钛白粉等黑色或白色能吸收或反射光的物质。它们能防护光对聚合物的破坏作用，从而提高高分子材料的耐候性，延长材料的户外使用寿命。

B 物理防护

高分子材料在大气介质及其他各种环境因素作用下，会逐渐发生老化变质以至于最后丧失使用价值。为了减缓高分子材料的老化速率、延长其使用寿命，除了添加防老剂之外，还可以采用物理防护措施。对于合成的高分子材料来说，采用物理防护措施的例子也是屡见不鲜的，例如，在橡胶绝缘电线外部绕包胶布带或乳胶玻璃布带，可以减缓橡胶层的老化以及提高绝缘性能，在管缆或电缆制品中采用黑色尼龙护套，可以保护内部的彩色聚乙烯或尼龙、聚氯乙烯单管或电线不受阳光破坏，打蜡可以防护自行车的喷漆层少受氧气和水分的破坏。再如喷涂聚丙烯酸油漆等可以防护人造革制品，浸渍聚氨醋漆可以防护无纺织物。实例极多，举不胜举。尤其自 20 世纪 60 年代以来，随着世界各国高分子工业的飞速发展，物理防护方法的应用和研究也已有大量的文献报道。一般根据不同的材料、不同的使用条件等，大致可以归纳为以下若干类方法，即：涂漆、涂胶、涂复塑料、镀金属、着色、涂蜡、涂油、复合材料、衬底材料及浸渍或涂布防老剂溶液。下面简单介绍一实例。

聚乙烯塑料涂漆。聚乙烯是非极性塑料，聚丙烯的极性很小，而结晶度都很高，漆膜面很难附着。为了提高漆膜的附着力和增进防护效果，必须预先进行表面处理，例如酸浴处理、火焰处理、电晕处理、放射线处理等，使表面生成有羟基、羰基等活泼基团。表 4-14给出酸浴处理聚丙烯的效果。处理温度较高、时间较长，则漆膜附粉力增高。

C 改进聚合和成形加工工艺

为了提高高分子材料的耐老化性能，延长使用寿命，除了通常采用的添加防老剂和高分子改性等措施之外，成形加工及后处理工艺的控制与改进也是不可偏废的重要措施。高分子加工工艺一般都是从提高生产效率与产品外观、力学性能等方面来以改进，而对老化性能的关系则往往不为人们所注意。但实际上在加工过程中，由于工艺条件及影响因素不同，制品的老化性能存在差异的事例很多，因而必须予以充分重视。高分子加工工艺中，会影响制品老化性能的因素相当多。如原材料的预处理、加工方式、加工温度及时间、冷却速度、模具设计及模具温度、受机械力的方向及大小、定向及结晶情况，配合剂的使用

表 4-14 环氧漆对聚丙烯的附着力与表面处理的关系

酸浴处理条件		平均压缩剪切强度/MPa
温度/℃	时间/min	
50	20	5.37
	30	6.98
	60	7.36
	90	10.24
	120	13.65
70	10	11.32
	20	15.13
	30	14.46
	60	13.25
	120	14.57
80	5	10.17
	10	11.09
	15	14.90
	20	14.85
	60	17.58
100	1	20.33
	5	23.94
	10	23.63
	20	24.03
	30	25.90

乃至热处理条件等都会对制品的老化性能带来不同程度的影响。因而，在加工工艺中应当尽量排除有害因素，创造有利条件，改进旧工艺，采用新技术，才能使加工产品更加稳定、耐用。

D 高分子改性

高分子材料的改性就是用各种方法改变高分子材料的性质，以适应人们的需要。高分子材料的改性，在高分子工业中占有重要的地位。很多高分子材料是改性后才可用于工业化的。

任何一种高分子材料，不可能完美无缺。例如，“塑料王”聚四氟乙烯就有难加工、难黏合、成本高等缺点；有“纤维王”之称的尼龙，耐光性很差。尼龙作为帘子线时还需要在强度、模量、发热、黏合性、尺寸稳定性、耐疲劳和耐久性等很多方面加以改性。特别是丰富多彩的高分子材料之间，可通过改性取长补短共同提高。如，聚氯乙烯用丁二烯以钴-60 进行辐射接枝共聚改性，耐冲击性提高 50～100 倍；加入少量羧基封端的液体丁腈橡胶，可使环氧树脂的冲击强度提高 100 倍。

4.4 复合材料的设计与加工

复合材料是一种新兴发展起来的材料，它利用材料的复合效应使之具有其组分材料所不具备的新的优异性能。人们认识到它的优点，大力研究和开发，使复合材料得以广泛应用。近 20 年来，复合材料突飞猛进，普遍应用于航空、民用、体育、军事、建筑等各个领域。

4.4.1 复合材料的分类及特点

根据国际标准化组织（ISO）为复合材料所下的定义，复合材料是由两种或两种以上物理和化学性质不同的组分材料通过适当的制备工艺复合在一起的多相固体材料。复合材料的组分材料虽然保持其相对独立性，但复合材料的性能却不是组分材料性能的简单加和，而是有着重要的改进。在复合材料中一相为连续相，称为基体，占主要组分；另一相为分散相，称为增强材料。分散相是以独立的形态分布在整个连续相中的，两相之间存在着相界面；分散相可以是增强纤维，也可以是颗粒状或弥散的填料。由于复合材料中各组分之间“取长补短”、“协同作用”，极大地弥补了单一材料的缺点，产生单一材料所不具有的新性能。复合材料的出现和发展，是现代科学技术不断进步的结果，也是材料设计方面的一个突破。它综合和各种材料如纤维、树脂、橡胶、金属、陶瓷等的优点，按需设计、复合成为综合性能优异的新型材料。

随着材料品种不断增加，人们为了更好地研究和使用材料，需要对材料进行分类。复合材料的分类方法有很多，可以按照增强材料的形态、基体材料的种类、材料的作用等方式分类。详细的复合材料分类如图 4-8 所示。

复合材料是由多相材料复合而成，在材料的性能和设计上，复合材料具有不同于单一材料的特点：（1）复合材料是由两种或两种以上不同性能的材料组元通过宏观或微观复合形成的一种新型材料，组元之间存在着明显的界面；（2）复合材料中各组元不但保持各自的固有特性，而且可最大限度发挥各种材料组元的特性，并赋予单一材料组元所不具备的优良特殊性能；（3）复合材料具有可设计性。可以根据使用条件要求进行设计和制造，以满足各种特殊用途，从而极大地提高工程结构的效能。

性能可设计性是复合材料的最大特点，影响复合材料的性能的因素很多，主要取决于增强材料的性能、含量及分布情况、基体材料的性能、含量以及它们之间的界面结合情况，作为产品还与成形工艺和结构设计有关，因此，复合材料的性能不是固定的。与单一材料相比，目前复合材料普遍具有质量轻、比强度和比模量大等优点，在航空、航天、汽车制造等领域有着重要的应用。表 4-15 给出几种常用材料与复合材料的某些力学性能的比较，由表 4-15 可以看出，复合材料的比强度和比模量均远高于其基体材料。

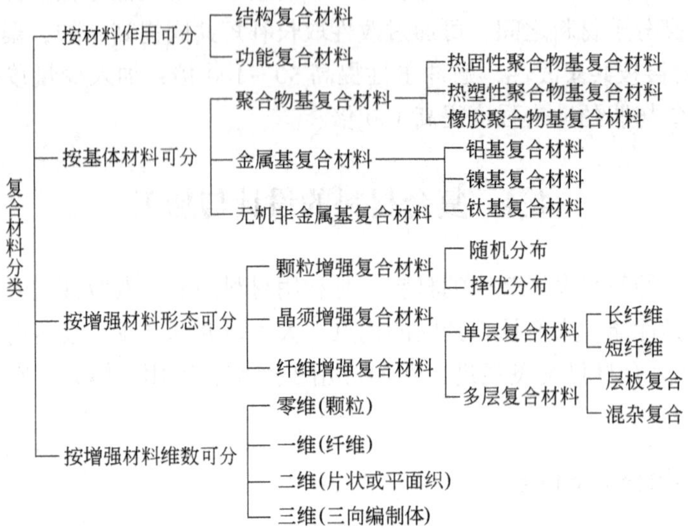

图 4-8 复合材料的分类

表 4-15 常用材料与复合材料的某些力学性能的比较

材料名称	密度 /$g \cdot cm^{-3}$	抗拉强度 /MPa	弹性模量 /MPa	比强度 /cm	比模量 /cm
钢	7.8	102	207×10^3	0.13×10^6	0.27×10^9
铝	2.8	76	69×10^3	0.27×10^6	0.24×10^9
钛	4.5	95	115×10^3	0.21×10^6	0.25×10^9
E-玻璃	2.5	3400	72×10^3	14.2×10^6	0.29×10^9
环氧树脂	1.1	69	7×10^3	0.64×10^6	0.06×10^9
Al_2O_3 晶须	4.0	21000	430×10^3	50.88×10^6	1.4×10^9
普通玻璃钢	2.0	105	39×10^3	0.53×10^6	0.21×10^9
E-玻璃（73.3%）/环氧树脂	2.2	1640	56×10^3	7.72×10^6	0.26×10^9
Al_2O_3（14%）/环氧树脂	1.6	779	41×10^3	4.88×10^6	0.26×10^9
碳纤维 I/环氧树脂	1.6	105	237×10^3	0.67×10^6	1.5×10^9
硼纤维/环氧树脂	2.1	136	207×10^3	0.66×10^6	1.0×10^9
硼纤维/铝	2.6	99	197×10^3	0.38×10^6	0.75×10^9

4.4.2 复合材料对环境的影响

21 世纪中期资源和能源将出现短缺和枯竭现象，环境污染已经到了不可容忍的地步。复合材料面对十分严峻的生态环境，通常认为复合材料的再生性太差，增加了环境负载，发展前景堪忧。这种看法有一定的道理，但过于片面。事实上，复合材料能够提高材料性能，延长使用期，节约原材料，加强功能性，这些都是对环境有益的特性。因此复合材料对环境既有正面效应，也具有负面效应。清楚认识到复合材料，认真对待并努力克服复合材料的再生问题，使现有复合材料朝着环境协调化的方向发展。

4.4.2.1　复合材料对环境的贡献

A　解决资源短缺和能源危机

目前人们正面临着全球资源和能源危机。人类使用的能源大部分是不可再生的石油、天然气、煤和铀等，除煤以外的其他三种资源即将枯竭，陆地上用作原材料的矿藏中有相当部分正在陆续短缺。这意味着人类必须大力开发新能源，尽量节约能源和资源，并且寻找陆地上尚未充分利用的资源加以开发，更重要的是设法大量开采海洋资源甚至空间资源。

（1）开发新能源方面，太阳能和风能是来源于自然界的清洁能源。目前太阳能的利用尚不理想，各国均在努力提高各种光电池的转换效率，其中包括采用功能复合材料的光电池；另外，光电池的框架采用复合材料制造是最理想的，因为它质轻，强度高，非常适合于大面积的光电池结构板框和支架。风力发电装置，包括叶片和支柱均用复合材料制造，特别是大型化的发展趋势更需要高性能结构复合材料。据报道，1996 年全世界风能利用容量已达 6000MW，美国居第一位。另外，潮汐发电装置也采用复合材料，因为它既能满足力学性能的要求又能耐海水腐蚀。

（2）在开发海洋和空间方面，海底蕴藏着相当丰厚的资源，且以不同的形式存在（如锰结核），但是勘探和开采海底资源需要用耐高压和耐海水腐蚀的深潜装置。复合材料具有质轻、强度高且耐各种介质腐蚀的特点，因此在开发海洋方面具有明显的优势。试验表明，用碳纤维增强树脂的深潜器已潜近 1000m 的深海；海上石油平台采用复合材料能够有效降低建造成本，而且大大节约钢铁平台所必需的油漆防护费用，在这方面会创造很大的产值和效益。对于开发宇宙空间方面，无疑需要采用复合材料作为主体材料来制造各式航天器和空间站。

（3）在挖掘尚未利用资源方面，地球上的资源开采使用不平衡，某些资源短缺而另一些则没有充分利用。例如，镁的储藏量颇为丰富，目前仅少量作为合金成分加入其他金属中（如铝合金），这是因为以镁为主的合金力学性能较差，但镁具有质量轻、阻尼性能好的特点，采用颗粒或晶须增强镁则可明显改善其力学性能，扩大其应用范围。此外，许多野生植物和麦秆中的纤维有一定强度，可以作为增强物增强水泥等基体，甚至一些无机矿物（高岭土、蒙脱土等）也可以作为增强体或填料使用。原则上，可以通过复合的途径把一些尚未利用或利用率不高的资源变成有用之材。

B　在治理环境方面的作用

复合材料在治理环境方面的作用具体如下：

（1）在降低污染方面，通过合理设计并采用整体、净形的成形方法，使用复合材料可以降低原材料的用量、节约加工能耗和降低废弃边角料，还可以延长工件和设施的使用寿命，起到减少废物的效果。另外，很多治理污染的措施需要用到复合材料，例如治理汽车尾气的措施之一是采用天然气作为燃料，为此需要安全的高压气瓶与之配套使用，实践表明，以碳纤维/环氧复合材料经缠绕成形的气瓶是最佳选择，既轻又强，一旦发生车祸也不致爆炸而伤人。其他的，如废水治理厂的容器、管道采用复合材料可避免腐蚀损坏等。

（2）在利用废物方面，复合材料的特点是能够发挥材料互补的优势。根据这个原则可以把许多废物如矿渣、木屑、废塑料、麦秆等复合成材，供某些低档要求使用。

(3) 开发自然降解复合材料利于环境保护为防止使用后的遗弃物污染环境，采用可自然降解的材料制造日常消耗品是行之有效的方法，复合的形式对此类材料很有帮助。一些能够自然降解的材料，如淀粉、化学改性的淀粉，虽然可制成一定结构形状，但它们的使用性能（强度、耐湿性等）达不到要求，如果采用植物纤维等天然材料来增强，则可明显改善其性能。目前通过复合的方法设计制造了一批能够生物降解的材料，如透明农膜、一次性餐具等，可以设法再将其降解后变成肥料或直接作为饲料，而成为名副其实的绿色材料。

4.4.2.2 复合材料对环境破坏

复合材料对环境的不利影响主要表现在以下几个方面：

(1) 聚合物基复合材料中绝大多数属易燃材料，燃烧时会释放出大量有毒气体，此外，基体中的挥发分和溶剂会扩散到空气中，造成污染。

(2) 作为增强相使用的纤维材料，制造工艺比较复杂，而且加工过程能耗高，同时伴有粉尘污染。

(3) 在复合材料使用后的废弃物处理过程中，填埋法处理废物仍占主导地位，但从长久考虑，填埋法处理废物，在一定时间后可能加重环境的负担，因为很难保证废物填埋场能经济地运行，另外，填埋空间急剧减少，且大量材料如此废弃违反充分利用资源的原则，因此，采用有效再生方法是处理废材料最好的办法。但材料的再生同样受到不少因素的限制，例如要考虑从收集、分类到成品的经济效益，考虑再生后的产品性能。从再生观点来看，复合材料本身就是由多种组分材料构成，属多相材料，又难以粉碎、磨细、熔融、降解，所以其再生成本高，而且要使再生品恢复原有性能十分困难，如果仅仅加工成填料，则经济效果太低。所以有不少人认为对复合材料如不能很好解决其废物处理的问题，将严重影响其发展前景。

4.4.3 复合材料的循环再生

随着复合材料的广泛应用，又带来新的问题，即复合材料废弃物的处置。复合材料组分的多元性和复杂性，使得复合材料废弃物的循环和再生利用成为一大技术难题。如何提高复合材料的再生及回收率，使其朝着环境协调化方向发展，是目前国际上许多材料工作者潜心研究的一个热门领域。

4.4.3.1 聚合物复合材料废弃物的再生利用

聚合物基复合材料可分为热塑性聚合物基复合材料物和热固性聚合物基复合材料两大类，虽然热塑性塑料和热固性塑料有着较大的差异，但在这两类复合材料的再生中，却有很多相似性，因此可归为一大类进行研究。

(1) 二次回收。二次回收是将聚合物基复合材料废弃物用机械破碎，作为制备新的复合材料的填料，这个过程只需要机械作用，仅发生物理变化。热塑性聚合物基复合材料的再生利用多采用此法，破碎后用膜压法加工成形。其中直接模压法是最简单的一种。只需把废料切碎直接模压，即可制成所需的制品；而注射模压和挤出模压法通常包括四个步骤：共混、注射/挤出、造粒和模压。美国 GE Plastics 公司与 PPG 公司合资生产的 Azdel 牌玻璃纤维毡增强热塑性复合材料（GMT）材料已用于生产 Jaguar300 车保险杠，废弃的保险杠经过粉碎机粉碎后与 GMT 新料按 20:80 的比例掺混再复合成新的片材，其性能无明显下降。

热固性聚合物基复合材料废弃物不含杂质较为纯净时，可以通过重新碾磨回收颗粒，须经过三步加工：第一步是切碎；第二步是造粒，造粒后的材料可作为碳酸钙或增强材料的替代品用于 BMC（块状模塑料）和热塑性塑料中；最后一步是碾磨，碾磨后材料作为极细的颗粒填料用于 SMC（片状模塑料）以替代碳酸钙。通用汽车公司的散热器生产部一直采用重新碾磨的材料制作热固性 BMC 汽车部件。

（2）三次回收。三次回收是指聚合物基复合材料废弃物经过初步粉碎后，通过化学方法使其分解成小分子碳氢化合物的气体、液体或者焦炭，填料和纤维从基体中分离。这种回收方法通常有热裂解、反相气化、化学催化的盐浴裂解、燃烧法、溶剂分解等方法，以下做一简要介绍：

1）热裂解法。在无氧条件下，经粉碎后的废弃物在高温受热状态下分解成一种或多种可回收的物质。典型的热裂解过程有融化器、高炉、高压釜、管式反应器、转窑和流化床热裂解法等。其中，转窑和流化床法最为有效，而流化床法又是目前研究较多的处理热固性聚合物基复合材料废料的方法。

在 20 世纪 80 年代末此法开始应用，裂解产品中裂解气为低相对分子质量的烷烃、烯烃和合成气，裂解油类似于原油，固体副产品为增强材料、填料和焦炭。

2）反相气化法。简称气化法，是一种热氧化分解法，在一定的氧气气流率下，将复合材料的废料高温分解成低碳链化合物和合成气（CO 和 H_2）逸出，达到与纤维和填料的分离，参见图 4-9 中反相气化装置。只需少量的热量及催化剂，即可将材料基体转化为低相对分子质量碳氢化合物，以气体形式逸出，纤维得以回收。这种方法对回收碳纤维等贵重纤维有良好效果。

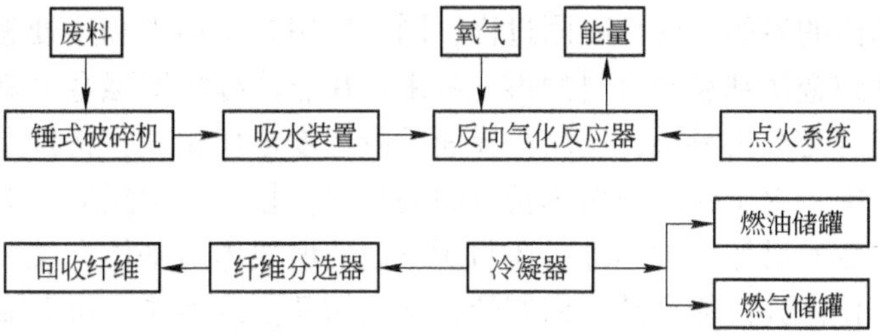

图 4-9 反相气化装置

3）催化解聚法，此法是由 C. D. Papaspyrides 等开发，原理是聚合物基体在低温和催化剂存在下转化为碳氢化合物小分子，并以气态与纤维分离。产物中碳氢化合物可用作化学试剂或燃料，碳纤维可重新用作填料。

4）溶剂法，将聚合物基复合材料溶解于适当溶剂中，通过过滤，分开增强体纤维和基体材料，经过进一步处理，分别得到回收的增强体和聚合物，可再次制成复合材料应用。用这种方法进行再生处理时，基体材料由于经过溶解、沉淀过程，其中的一些组分可能损失，但是此法回收的增强体纤维再次作为复合材料的增强相时，效果却十分明显。回收流程参见图 4-10。

Poulakis 等研究了通过溶剂溶解的方法回收聚丙烯基纤维复合材料的可能性。其方法是利用一种适当的溶剂溶解聚丙烯基复合材料，制成聚丙烯溶液，其中增强纤维呈悬浮状态，而后对这种含有纤维悬浮物的PP溶液进行过滤以便两者分离，分别加以回收。回收的纤维与同种基体树脂再复合后材料力学性能无明显变化。与未经回收处理的新料相比，经过一次回收再复合后的材料拉伸模量和抗拉强度有明显增加，但是冲击强度有所下降。

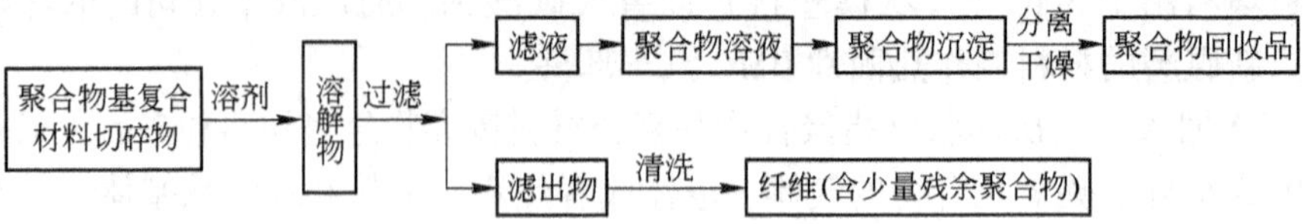

图4-10 溶剂法回收流程图

4.4.3.2 金属基复合材料废弃物的再生和分离

金属基复合材料的回收同其制备工艺、界面反应情况与结合效果以及增强体与基体间物理性质（如密度、熔点等）的差别密切相关。主要回收方法有熔融盐处理法、电磁分离法和化学溶解分离法等。

金属基复合材料由于具有高比强度、高比模量、耐热、耐磨、耐疲劳、尺寸稳定性好和高湿热老化性好等一系列优异性能，具有潜在的应用前景和广阔的市场。受资源可回收利用和环境保护意识等可持续发展目标的影响，金属基复合材料的再生与分离研究备受关注，已成为复合材料研究的重点。由于长纤维增强金属基复合材料自身结构的特点，基本不考虑其再生和回收的问题，对于短纤维和晶须增强金属基复合材料，通过炼制的方法可以部分回收，炼渣可以作为填料使用。颗粒增强金属基复合材料作为一种新兴的材料，成为目前金属基复合材料研究发展的主要方向之一。金属基复合材料再生的工艺方法，主要采用重熔后重新复合的方法，控制重熔时的湿度、保温时间等工艺参数，以及采用有效的措施控制颗粒与基体的界面反应和凝固过程，同时采用二次加工和热处理的方法，使其性能不降低，从而达到金属基复合材料的再生利用。在非连续相增强金属基复合材料中，增强体与基体间作用行为极为复杂，这均与界面反应程度密切相关，特别是在金属基复合材料的重熔再生过程中，由于颗粒与熔体长时间的高温接触，界面反应会变得更为复杂。界面反应除随重熔次数的增加而加剧外，还与所采用的增强体与基体有关，某些基体合金成分重熔后不发生变化，其性能亦然，而有的合金重熔几次后性能有所下降。

A 重熔再生法

原则上，除了连续纤维增强的金属基复合材料（MMC）外，其他非连续增强的MMC均可采用重熔再铸造的方法来再生。然而，不少MMC在高温重熔的过程中会发生界面反应而生成界面产物，以致严重影响重熔再生材料的性能，甚至自行碎裂。这是因为增强体与金属基体在重熔过程中可能产生某种程度的反应，新生成的物质可能引起界面结构的变化，进而影响复合材料的性能。当这种影响并不十分明显时，则复合材料具有再生性。控制重熔时的过热温度、保温时间等工艺参数、控制界面反应和凝固过程是复合材料再生的关键技术。

B 熔融盐处理法

金属基复合材料中的无机非金属增强体通过加熔融无机盐而形成渣，通过排渣可将熔融的金属分离回收。我国已应用此法对 SiC_p/LC_4 和 Al_2O_{3p}/LC_4 复合材料进行回收再利用，回收后铝液成分仍在正常的范围内，以后可以加入基体材料中重新利用，回收率约为85%，具有良好的应用价值。实验工艺流程见图4-11。

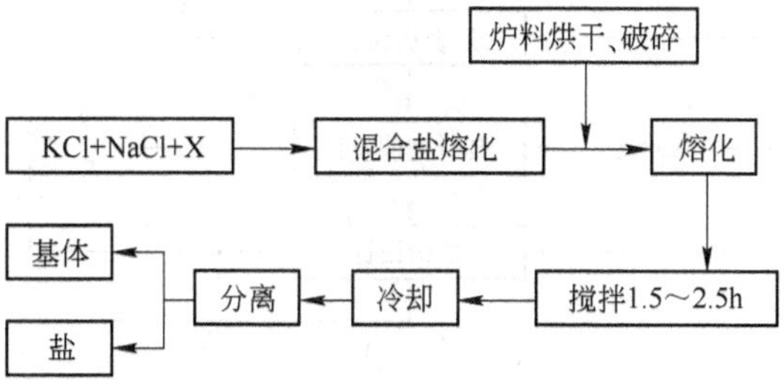

图4-11 实验工艺流程图

C 电磁分离法

对处于熔融状态下复合材料基体施加一个单一方向的电磁场，因增强体和基体对磁场的作用极性不同，两者产生相对方向的运动，从而分离。一般增强体沉在底部，后除去。

D 化学溶解分离法

将复合材料置于强酸或强碱中，金属基体溶解而与增强体分离，通过化学方法使金属盐从溶液中析出，过滤干燥后，或以化学原料形式回收，或者经还原而成金属。以上各法各有利弊，对各种复合体系的作用也不同，应因地制宜。其中，电磁法有较好的合理性，值得深入研究。由于复合材料尚未得到广泛和大批量的工业应用，所以对其分离回收的研究较少，同时分离的难易程度与制备工艺和界面反应程度有密切关系，随着冶金、材料和化工技术的发展，复合材料的分离回收技术作为一系统工程也将不断发展。

4.4.3.3 无机非金属基复合材料废弃物的再生利用

无机非金属基复合材料主要包括陶瓷基、玻璃基和碳基三大类，因为其独特的复合特性，应用于许多地方，发挥着极其重要的作用。对于此类复合材料废弃物的再生研究甚少，一般是将其破碎后用于建筑工业。

4.4.4 生态复合材料的设计与加工

传统复合材料的设计往往只考虑材料的性能，而常常忽略了复合材料在生产、使用和废弃阶段对环境造成的影响。生态复合材料设计与加工刚刚弥补了这一缺点，把材料对环境的影响因素考虑进去，实现复合材料与环境的和谐。

4.4.4.1 生态复合材料的设计

复合材料一个突出的特点就是能赋予设计者较多的选择自由度，具有可设计性。目前已经形成了较为完整的设计过程，复合材料设计是选用不同材料综合各种设计的反复过程，如图4-12所示。复合材料的设计大致分成三个步骤：一是明确设计条件，如性能要求、载荷情况、环境条件以及形状限制等；二是材料设计，包括原材料选择，铺层性能的确定，复合材料层和板的设计等；三是结构设计，包括复合材料的典型结构件（如杆、梁、板和壳等）的设计，以及复合材料结构（如钢架、硬壳式结构等）的设计。复合材料的结构设计和材料设计往往是一次完成的，并且材料也具有可设计性，在复合材料设计过程中，可以从材料和结构两方面考虑，以满足各种设计要求，达到优化设计的目的。

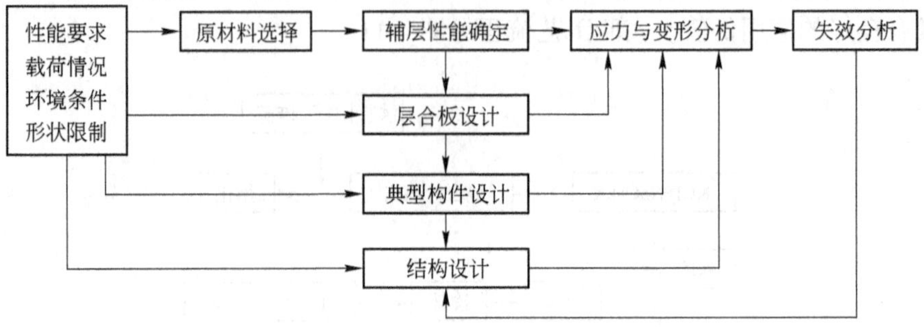

图 4-12 复合材料设计流程图

复合材料设计过程中首先应明确设计条件，即根据使用目的提出的性能要求、载荷情况、环境条件以及形状限制等条件来设计复合材料。其中性能要求、载荷情况和形状限制条件主要满足复合材料使用要求，也是任何材料设计过程中的前提条件。传统复合材料中的环境条件指的是复合材料在保管、包装、运输等整个使用期间的环境条件，以及这些过程的时间和往返次数等，以确保在这些环境条件下结构的正常使用。为此，必须充分考虑各种可能的环境条件：一般包括：（1）力学条件：加速度、冲击、振动、声音等；（2）物理条件：压力、温度、湿度等；（3）气象条件：风雨、冰雹、日光等；（4）大气条件：放射线、霉菌、盐雾、风沙等。这里的力学条件和物理条件主要影响结构的强度和刚度，与材料的力学性能有关，气象和大气条件主要影响结构的腐蚀、磨损、老化等，与材料的理化性能有关。了解复合材料与环境的相互作用，对于正确设计复合材料是十分必要的。

从上面传统复合材料环境条件的分析，我们可以看出，传统复合材料只注重材料的使用性能要求，而对复合材料在废弃阶段的处理没有考虑。可以说与复合材料废弃物相联系的条件要求几乎没有提及。因此，当前各种复合材料品种在原材料的选择和结构设计上存在一定的问题，特别是环境因素、复合材料废弃物的处置等考虑甚少，这造成了复合材料的再生与回收的难度，致使复合材料废弃物对环境造成不良的影响。而生态复合材料的设计要充分考虑复合材料在废弃后的回收与再利用，实际上，在自然界中几乎所有经受长期环境考验的天然材料都是复合材料，以蛋白质、聚糖、矿物质、蜡/类脂体、水等组分复合得到上万种性能各异的复合材料，都可以降解进入自然循环，与自然界完全相容。开发新的复合层次、新的复合方式的复合材料，如原位复合材料、分子复合材料，同时在进行复合材料的选材和工艺设计时就把回收的可能性放在主要考虑的内容中。

4.4.4.2 生态复合材料的设计实例

目前生态复合材料的设计主要集中在可降解复合材料的研究，复合材料降解性能的好坏主要取决于基体树脂的降解性能。可降解复合材料主要有以下三种：

（1）天然/合成高分子共混复合材料。天然高分子大多数是可生物降解的，但它们的热学性能、力学性能差，不能满足工程材料的性能要求，另外，作为工程材料使用的高分子又没有生物可降解性。目前主要将天然高分子添加到合成高分子基体中起到降解改性的目的。这类天然可降解高分子有淀粉、纤维素、木质素等。经预处理的玉米、大米等淀粉类物质与聚烯烃共混可制成可降解薄膜，在土壤中的微生物侵蚀下发生生物降解，农膜被分解成小碎片。这类材料利用降解组分材料降解时，导致材料完整性受到破坏，形成碎片或产生自由基，引发材料降解反应，达到使材料降解的目的。另外，人们利用木质纤维的多孔性及亲水性，开发出改性木材复合材料，如聚乙撑亚胺与木材的复合材料可吸收Hg^{2+}、Cu^{2+}、Cd^{2+}等重金属离子。美国从20世纪80年代初就成功地从水稻谷壳中提取SiO_2，与橡胶和塑料复合，目前已大规模产业化，年产量达180万吨。

（2）可降解聚合物作为基体的复合材料。这类复合材料主要指生物医用复合材料，主要用于修复或替代人体组织、器官或增进其功能以及人工关节的制造。生物医用复合材料主要以医用高分子材料、医用金属和合金以及生物陶瓷作为基体，或作为其增强体或填料，它们相互搭配或组合形成大量性质各异的材料。聚乳酸（PLA）、聚烃乙酸（PGA）、PLA/PGA共聚物等合成生物降解材料具有良好的生物相容性、生物降解性和骨引导活性，具有一定的骨修复作用，但它们无骨诱导活性，单独使用时修复骨损伤的速度很慢，因此，近年来人们将这些聚合物与磷脂、同种异体骨、异种骨、骨形成蛋白（BMP）或骨细胞等进行复合移植，得到了具有良好的骨修复作用的复合材料。聚乳酸（PLA）作为骨修复材料是一种中等强度的聚合物，缺乏机械强度，PLA-HA复合材料则集中了两材料的优点，该复合材料具有很高的压缩强度和抗张强度，并且能控制其降解速度，通过材料的重吸收和主要细胞的及时形成达到骨组织缺损的安全治疗。

（3）天然仿生型复合材料。天然复合材料是具有环境意识材料的完美范例，而且天然材料还具有人工合成复合所无法比拟的优化设计。天然复合材料的主要成分有蛋白质、聚糖、矿物质及水，但却组合出成千上万种性质各异的复合材料，从柔韧弹性的材料如骨骼、皮肤、筋到力学性能优异的物质如竹、木、甲壳等，不仅力学性能好而且具有多种功能。目前不少的复合材料就是人们模仿天然复合材料的结果。但人们的模仿尚处于初级阶段，有待进一步深入。在这方面需进一步做以下工作：研究天然复合材料结构与性能的关系，天然材料降解机理；在天然材料的形成过程及由生物途径制造方面进行探索。

思考题

4-1 生态金属材料设计过程，合金元素的添加要遵循哪些原则？

4-2 分析无机非金属材料对环境的影响，列举陶瓷生态材料的低温快烧的生产工艺。

4-3 论述废旧高分子材料的再生循环利用的意义。

4-4 简述一下复合材料对环境的影响。

参考文献

[1] 王天民. 生态环境材料［M］. 天津：天津大学出版社，2000.

[2] 孙胜龙. 环境材料［M］. 北京：化学工业出版社. 2002.

[3] 刘江龙，丁培道，钱小蓉，等. 金属材料的环境影响因子及其评价［J］. 环境科学进展，1996，4（6）：45～50.

[4] 郭学益. 有色金属资源循环理论与方法［M］. 长沙：中南大学出版社，2008.

[5] 廖自基. 微量元素的环境化学及生物效应［M］. 北京：中国环境科学出版社，1992.

[6] 山本良一. 环境材料［M］. 王天民译. 北京：化学工业出版社，1997.

[7] 卢安贤. 无机非金属材料导论［M］. 长沙：中南大学出版社，2004.

[8] 翁端. 环境材料学［M］. 北京：清华大学出版社，2001.

[9] 左铁镛，聂祚仁. 环境材料基础 [M]. 北京：科学出版社，2008.
[10] 钱晓良，刘石明. 环境材料 [M]. 武汉：华中科技大学出版社，2006.
[11] 冯奇，马放，冯玉杰. 环境材料概论 [M]. 北京：化学工业出版社，2007.
[12] 冯亚凯，孙经武. 聚酮类高分子材料的光降解 [J]. 高分子通报. 1996，1：40～44.
[13] 程晓敏，史初例. 高分子材料导论 [M]. 安徽：安徽大学出版社，2006.
[14] 刘景军，李效玉. 高分子材料的环境行为与老化机理研究进展 [J]. 高分子通报，2005，3：62～69.
[15] 赵斌元，胡克鳌，吴人洁. 复合材料与环境的关系及具有环境意识的复合材料 [J]. 材料导报，1997，11（5）：62～66.
[16] 焦书科. 废弃高分子材料的处理 [J]. 合成橡胶工业，1996，19（2）：67～69.
[17] 王荣国，武卫莉，谷万里，等. 复合材料概论 [M]. 哈尔滨：哈尔滨工业出版社，2000.
[18] 徐艺展，刘榕芳，肖秀峰. 羟基磷灰石/淀粉基复合生物材料 [J]. 材料导报，2005，19（9）：100～104.
[19] 刘荣芳，肖秀峰，林风云，等. 水热电沉积羟基磷灰石涂层的研究 [J]. 高等学校化学学报，2004，2（16）：304.
[20] 姜永梅，姜萍，翁杰. 羟基磷灰石表面改性对HA/聚乳酸复合材料力学性能的影响 [J]. 功能材料，2004，（35）：2424.
[21] 张剑波. 环境材料导论 [M]. 北京：北京大学出版社，2008.

5 环保功能材料

自从人类认识到环境问题的重要性后，人类结合环境协调性评价方法，生产出了一系列环保功能材料。较具代表性的有环境污染治理材料、环境污染修复材料和环境替代材料。

5.1 环境污染治理材料

我国第一次污染源普查结果显示：2007 年各类源废水排放总量 2092.81 亿吨，废气排放总量 $637203.69\times10^{8}m^{3}$。主要污染物排放总量：化学需氧量 3028.96 万吨，氨氮 172.91 万吨，石油类 78.21 万吨，重金属（镉、铬、砷、汞、铅）0.09 万吨，总磷 42.32 万吨，总氮 472.89 万吨，二氧化硫 2320.00 万吨，烟尘 1166.64 万吨，氮氧化物 1797.70 万吨。这些污染源的污染治理意义重大，相关治理材料的研发就更是重中之重。

5.1.1 大气污染治理材料

自然界中局部的质能转换和人类所从事的种类繁多的生活、生产活动，向大气排放出各种污染物。2007 年，全国工业废气产生和排放量均为 $612275.17\times10^{8}m^{3}$。其中主要污染物产生量为：二氧化硫 4345.42 万吨，烟尘 48927.22 万吨，氮氧化物 1223.97 万吨，粉尘 14731.49 万吨。工业废气中主要污染物排放量：二氧化硫 2119.75 万吨，烟尘 982.01 万吨，氮氧化物 1188.44 万吨，粉尘 764.68 万吨。生活源废气排放情况：二氧化硫 199.40 万吨，烟尘 183.51 万吨，氮氧化物 58.20 万吨。机动车尾气排放情况：总颗粒物 59.06 万吨，氮氧化物 549.65 万吨，一氧化碳 3947.46 万吨，碳氢化合物 478.62 万吨。由这些统计数据可以看出，大气污染物主要为二氧化硫、氮氧化物、烟尘、粉尘以及含氮氧化物和碳氢化合物的汽车尾气，相应的治理材料和技术也一直是相关领域的研究重点和热点。

5.1.1.1 用于去除二氧化硫和氮氧化物的材料

A 吸收剂

吸收是根据气体混合物各组分在某种溶剂中溶解度的不同而实现分离的操作。吸收操作可以达到两个目的：一是回收或捕获气体混合物中的有用物质，以制取产品；二是除去工艺气体中的有害成分，使气体净化，以便进一步加工处理，或除去工业放空尾气中的有害物，以免污染大气。因此，利用吸收法可以从工业废气中去除二氧化硫、氮氧化物、硫化氢以及氟化氢等有害气体。吸收可分为化学吸收和物理吸收两大类。化学吸收是被吸收的气体组分和吸收液之间产生明显的化学反应的吸收过程。从废气中去除气态污染物多用化学吸收法。物理吸收是被吸收的气体组分与吸收液之间不产生明显的化学反应的吸收过程，仅仅是被吸收的气体组分溶解于液体的过程。

在吸收法中，选择合适的吸收液至关重要。在对气态污染物处理中，吸收液是处理效果好坏的关键。用于吸收气态污染物质的吸收液有下列几种：(1) 水，用于吸收易溶的有害气体。(2) 碱性吸收液，用于吸收那些能够和碱起化学反应的有害酸性气体，如二氧化硫、氮氧化物、硫化氢等。常用的碱吸收液有氢氧化钠、氢氧化钙、氨水等。(3) 酸性吸收液，一氧化氮和二氧化氮能够在稀硝酸中溶解，而且溶解度比在水中高得多。(4) 有机吸收液，用于有机废气的吸收，如洗油、聚乙醇醚、冷甲醇、二乙醇胺都可作为吸收液并能够去除酸性气体。常用的气体吸收剂见表5-1。

表5-1 常用的气体吸收剂

有害气体	常用吸收剂	有害气体	常用吸收剂
SO_2	水、氨、氨水、碳酸钠、硫酸钠、氢氧化钙、碳酸钙、碱性硫酸铝	NO_x	水、氨、氨水、氢氧化钠、硫酸铵、$FeSO_4$-EDTA
Cl_2	氢氧化钠、碳酸钠、氢氧化钙	H_2S	氨、碳酸钠、乙醇胺
HF	水、氨、碳酸钠	含Pb废气	醋酸、氢氧化钠
HCl	水、氢氧化钠、碳酸钠	含Hg废气	高锰酸钾、浓硫酸、KI-I_2

化学吸收法中尤以有机胺溶液为目前最常用的吸收剂，也已有较为成熟的过程工艺。但有机胺的挥发性使得传统的有机胺溶液吸收技术在节能、环保、经济性等各个方面还存在一些难以克服的技术问题，绿色化程度也较低。因此开发新型吸收剂一直是酸性气体脱除研究领域的热点之一。

新型吸收剂离子液体是指在室温及相邻温度下完全由离子组成的有机液体物质，作为绿色化学的代表物之一，离子液体由于有着几乎没有蒸气压、热稳定性和化学稳定性好、不可燃、可设计性等特点，在有机化学反应、液体萃取、气体分离、电化学等领域具有极大的潜在应用。在酸性气体脱除领域，离子液体几乎没有挥发性的特点使其与传统的吸收溶液相比具有先天的优势，这主要体现为在吸收过程中，离子液体不会进入气相，由此带来两方面的优点：一方面，离子液体不会因为自身的挥发带来损失；另一方面，净化后的气体以及解吸得到的气体中也不会含有吸收液组分，能够得到较纯净气体。同时，离子液体所具有的可设计性特点使其能够按照实际需要设计并开发对目标吸收气体具有高吸收容量和高选择性的功能化离子液体。

目前研究最为热门的离子液体型酸性气体吸收剂为针对二氧化碳以及二氧化硫的吸收剂。已有研究人员用1，1，3，3-四甲基胍和乳酸为原料合成了用于二氧化硫吸收的功能化离子液体，即1，1，3，3-四甲基胍乳酸盐。由于胍类离子液体中含有的伯氨基与二氧化硫发生化学反应，生成氨基磺酸盐，而使得其对二氧化硫的吸收量增大，与二氧化碳吸收剂类似，解吸实验表明，在升温和/或真空条件下，吸收饱和的离子液体可脱除二氧化硫而还原，并用于下次吸收过程，达到循环使用的目的。虽然该离子液体能有效地脱除二氧化硫，但成本问题是其应用的障碍。为此，借鉴目前工业中脱除酸性气体最常用的试剂是有机胺的经验，结合离子液体可设计的特点，研究者开发了以乙醇胺、二乙醇胺、三乙醇胺和N，N-二甲基乙醇胺等为阳离子，甲酸、乙酸和乳酸等为阴离子的一系列醇胺类离子液体。实验结果表明，这些醇胺类离子液体均能有效地进行二氧化硫的吸收-解吸过程，饱和吸收容量都能达到1mol/mol左右，其中，乙醇胺乳酸盐的吸收容量最大，可达1.063mol/mol。这类离子液体合成过程简单，原料成本较低，具有一定的实用前景，但功能型离子液体黏度较大的通病同样将给实用带来障碍。而李伯耿教授领导的课题组以胍类离子液体为单体，采用自由基聚合方法得到了离子液体聚合物，这种聚合物的二氧化硫吸收实验表明，与二氧化碳离子液体型聚合物吸收剂相似，胍类离子液体聚合物较之单体同样具有更好的吸收容量和更高的吸收速率，其吸收容量可达到0.3g/g，而在高温或减压条件下，聚合物吸收的二氧化硫几乎完全解吸，从而实现吸收剂的循环利用，可望在实际过程中直接作为吸收剂使用。

B 吸附剂

当气体或液体（吸附质）与固体（吸附剂）接触时，在固体表面上某些成分被富集的过程称为吸附。气体或液体吸附于固体表面的作用力一般可分为两类：一类是范德华力，引起分子间的相互作用，由这种力引起的吸附称为物理吸附。物理吸附类似于气体的凝聚现象，没有电子转移，所需活化能小，吸附量较低，其吸附和解吸速率都快。另一类是化学力，吸附质分子与吸附剂表面的原子反应生成配合物，需要一定的活化能，这类吸附成为化学吸附。化学吸附的吸附热比物理吸附过程大，接近化学反应热，其吸附或解吸速率都要比物理吸附慢，且吸附速率随温度的升高而增加。在实际发生的吸附过程中，这两类吸附的作用不能截然分开，物理吸附和化学吸附没有严格的界限，而且随着条件的变化可以相伴发生。但在一个系统中，可能某一种吸附是主要的。由于吸附法具有分离效率高、能回收有效组分、设备简单、操作方便、易于实现自动控制等优点，已广泛应用于化工、冶金、石油、食品、轻工及高纯气体制备等工业部门，也是废水、废气治理的主要方法之一。在大气污染控制中，吸附法可用于中低浓度废气的净化。

所有的固体表面可以说或多或少地都具有吸附作用，而作为工业用的吸附剂，必须具有较大的比表面积，较高的吸附容量，良好的吸附选择性、稳定性、耐磨性、耐腐蚀性，较好的机械强度，并且具有廉价易得等特点。常用的工业吸附剂有以下几种：

（1）活性炭。活性炭是应用最早、用途较为广泛的一种优良吸附剂。它是由煤、重油、木材、果壳等含碳类物质加热碳化，再经药剂（如氯化锌、氯化锰、磷酸等）或水蒸气活化，制成的多孔性碳结构的吸附剂。外观呈黑色，多孔结构固体，孔隙结构发达，具有巨大的比表面积，一般可高达1000～3000m^2/g，对气体、溶液中的无机物或有机物及胶体颗粒等都有很强的吸附能力。活性炭的性质由于原料和制备方法的不同相差很大。按孔径分，碳分子筛的孔径在1nm以下，活性焦炭的孔径在2nm以下，活性炭的孔径在5nm以下；按原料分，可分为果壳系、泥炭褐煤系、烟煤系和石油系；按形态分，可分为粉末活性炭、纤维活性炭等。活性炭具有吸附容量大，性能稳定，抗腐蚀，在高温解吸时结构热稳定性好，解吸容易等特点，可吸附解吸多次反复使用，被广泛应用于环境保护和工业领域。

近年来，活性炭的应用领域进一步拓宽，从而促进了不同种类活性炭的研究开发。如活性炭纤维、活性炭微球、碳分子筛、添载活性炭及生物活性炭等。其中，添载活性炭对烟气中的二氧化硫和氮氧化物有较好的吸附效果，如氮化活性炭是使活性炭的表面基团上结合氮，从而改变活性炭的结构，成为氮化活性炭。这种活性炭由于改善了原有的吸附性质，使其具备了新的离子交换性能，已被广泛应用于二氧化硫和氮氧化物的分离及在溶液中对重金属离子的分离。

(2) 硅胶。硅胶是一种坚硬、具有多孔结构的硅酸聚合物颗粒。其分子式为 $SiO_2 \cdot nH_2O$，是用酸处理硅酸钠水溶液生成的凝胶。控制其生成、洗涤和陈化的条件，可调节和控制比表面积、孔体积和孔半径的大小。硅胶的分类常以孔径大小来分，即细孔硅胶、粗孔硅胶及介于两者之间的中孔硅胶。习惯上将平均孔径在1.5～2.0nm以下的硅胶称为细孔硅胶；平均孔径在4.0～5.0nm以上的硅胶称为粗孔硅胶；此外，将平均孔径在10.0nm以上的硅胶称为特粗孔硅胶；平均孔径在0.8nm以下的硅胶称为特细孔硅胶。

硅胶属于无定形结构，其中的基本结构质点为Si—O四面体，四面体相互连接形成凝胶体。质点连接时，质点间的空间即为硅胶的孔隙。硅胶中的水为结构水，它以羟基的形式和硅原子相连而覆盖于硅胶表面。表面的羟基具有一定程度的极性，故而硅胶优先吸附极性分子及不饱和的碳氢化合物。此外，硅胶对芳烃的 π 键有很强的选择性及很强的吸水性，因此，硅胶主要用于脱水及石油组分的分离。然而水蒸气的存在，能够降低其吸附其他物质的能力，甚至使吸附剂失效，这时需要将废气预先干燥脱水。有少数吸附剂能在湿气体中使用，应用最广的活性炭就是其中之一。

(3) 分子筛。分子筛又称沸石，其分子式通式为 $(M^{2+}, M^{+})O \cdot Al_2O_3 \cdot nSiO_2 \cdot mH_2O$，是一种铝硅酸盐晶体，$M^{2+}$、$M^{+}$ 为2价或1价金属阳离子，如 Na^{+}、K^{+}、Ca^{2+}、Ba^{2+}、Mg^{2+} 等，n 为硅铝比，m 为结晶水分子数。按照 n 的不同，将分子筛分为A型、X型和Y型。按孔径由小到大的顺序，A型沸石分子筛又分为3A、4A和5A型。因其组成中含有结合水，在加热脱水后，其骨架结构的形状保持不变，同时形成许多大小相同的“空腔”，空腔之间又有许多直径相同的微孔相连，形成均匀的、数量级为分子直径大小的孔道，因而能将比孔道直径小的物质分子吸附在空腔内，而把比孔道直径大的物质分子排斥在外，从而使分子大小不同的混合物得以分开，起着筛分分子的作用，故称为“分子筛”。

人工合成沸石是极性吸附剂，对极性分子具有很强的亲和力，能根据溶质极性的不同进行选择性吸附。分子筛的化学稳定性、耐热稳定性、抗酸碱能力、机械强度、耐磨损性都较差。除人工合成沸石外，我国天然沸石资源丰富，价格低廉，亦具有沸石分子筛的性能。天然沸石因成因和晶体结构不同，种类繁多，性质相差也较大，离子交换容量和选择性较低，工业上常用改性沸石。

美国联合碳化物公司用人工合成沸石回收 SO_2，SO_2 含量由3500μL/L下降至15～25μL/L，回收率达98%～99%，酸雾下降至3.53mg/m^3。我国杭州硫酸厂排放的尾气中含 SO_2 0.2%～0.5%，SO_3 0.0014%～0.0035%，硫酸雾0.03～0.1g/m^3，用改性缙云沸石吸附处理后，SO_2 仅含20～100μL/L，吸附的 SO_2 解吸后，沸石可回收重新使用。

(4) 活性氧化铝。一般都不是纯的三氧化二铝，而是水合物的无定形凝胶和氢氧化物晶体构成的多孔刚性骨架结构的物质。由铝的水合物加热脱水、活化而制成。水合物的结构和形态以及制备条件都影响产品的性质。活性氧化铝的比表面积约为150～350m^2/g，宜在473～523K温度下再生。氧化铝的晶格构型分为 α 型、γ 型和中间型，其中起吸附作用

的主要是 γ 型氧化铝。

活性氧化铝是没有毒性的坚硬颗粒，对多数气体性质稳定，在水或液体中不溶胀、软化或崩碎破裂，抗冲击和耐磨损的能力强。在气态污染物控制技术中常用于石油气的脱硫及含氟废气的净化。

各种吸附剂可去除的主要污染物质列于表 5-2。

表 5-2 各种吸附剂可去除的主要污染物质

吸附剂	可去除的污染物
活性炭	苯、甲苯、二甲苯、丙酮、乙醇、乙醚、甲醛、苯乙烯、氯乙烯、恶臭物质、硫化氢、氯气、硫氧化物、氮氧化物、氯仿、一氧化碳
浸渍活性炭	烯烃、胺、酸雾、碱雾、硫醇、二氧化硫、氟化氢、氯化氢、氨气、汞、甲醛
活性氧化铝	硫化氢、二氧化硫、氟化氢、烃类
浸渍活性氧化铝	甲醛、氯化氢、酸雾、汞
硅 胶	氮氧化物、二氧化硫、乙炔
分子筛	氮氧化物、二氧化硫、硫化氢、氯仿、烃类

C 催化剂

含有污染物的气体通过催化剂床层进行催化反应，其中的污染物转化为无害或易于处理与回收利用的物质的净化方法称为催化转化法。催化转化法对不同浓度的污染物都有较高的转化率，无需使污染物与主气流分离，避免了其他方法可能产生的二次污染，并使操作过程简化。因此，该方法在大气污染控制中得到较多应用，如将 SO_2 转化为 H_2SO_4 加以回收利用。但催化剂较贵，且污染气体预热需消耗一定能量。

催化剂的种类很多，就其物质组成来看，有的由一种物质组成，有的由几种物质组成。工业催化剂大多是由多种物质组成的复杂体系。按其存在状态可分为气态、液态和固态三类，其中固体催化剂在工业上应用最广泛，亦最重要。

催化剂通常由活性组分、助催化剂和载体组成。活性组分是催化剂的主体，它能单独对化学反应起催化作用，可作为催化剂单独使用。助催化剂本身无活性，但具有提高活性组分活性的作用，如 K_2SO_4-V_2O_5 催化剂中，K_2SO_4 的存在可使 V_2O_5 催化 $SO_2 \rightarrow SO_3$ 的活性大为提高。载体则起承载活性组分的作用，使催化剂具有合适的形状与粒度，从而有大的比表面积，增大催化活性、节约活性组分用量，并有传热、稀释和增强机械强度作用，可延长催化剂使用寿命。常用的载体材料有硅藻土、硅胶、活性炭、分子筛以及某些金属氧化物（如氧化铝、氧化镁等）多孔性惰性材料。助催化剂和活性组分都附于载体上，制成球状、柱状、网状、片状、蜂窝状等。

净化气态污染物的几种常用催化剂见表 5-3。

表 5-3　净化气态污染物所用的几种催化剂的组成

用　途	主活性物质	载　体
有色冶炼烟气制酸，硫酸厂尾气回收制酸等 $SO_2 \rightarrow SO_3$	V_2O_5 含量 6% ~12%	SiO_2（助催化剂 K_2O 或 Na_2O）
硝酸生产及化工等工艺尾气 $NO_2 \rightarrow N_2$	Pt、Pd 含量 0.5%	Al_2O_3-SiO_2
	$CuCrO_2$	Al_2O_3-MgO
碳氢化合物的净化 $CO + HC \rightarrow CO_2 + H_2O$	Pt、Pd、Rh	Ni、NiO、Al_2O_3
	CuO、Cr_2O_3、Mn_2O_3、稀土金属氧化物	Al_2O_3
汽车尾气净化	Pt 含量 0.1%	硅铝小球、蜂窝陶瓷
	碱土、稀土和过渡金属氧化物	α-Al_2O_3、γ-Al_2O_3

5.1.1.2　用于去除烟尘和粉尘的材料和设备

我国大气污染的显著特征就是煤烟型污染。煤炭燃烧释放出烟气、粉尘、SO_2、CO、CO_2 等一次污染物以及产生硫酸、硫酸盐类等二次污染物，造成酸雨污染，严重污染环境。治理燃煤污染，使用的固硫剂是一些含钙、镁、铝、铁、硅和钠的物相，由于在高温下形成的硫酸盐易分解，降低了固硫率。可以通过将某些高温下形成疏松孔道结构的环境矿物材料作为固硫添加剂，营造燃煤内部氧化气氛，有效地阻止硫酸盐分解。膨润土在高温下失去层间水，形成疏松孔道结构，吸附硫化反应产物硫酸盐，同时激活自身层间固硫离子如钙、镁等，有利于促进固硫反应。研究表明，蛭石尾矿具有良好的固硫效果，其固硫活性因燃烧温度而异，在 950℃和 1050℃时，膨胀性能好、活性强。蛭石尾矿在型煤燃烧过程中膨胀产生的疏松结构，不仅能提高燃煤固硫效率，还能为煤中碳质成分的充分燃烧创造条件，降低煤炭因不完全燃烧而形成的碳质飞灰，明显减少烟尘污染。

除尘器是用于从气体中去除或捕集固态或液态微粒的设备。根据主要除尘机理，目前常用的除尘器可分为四类：机械除尘器、电除尘器、过滤式除尘器、湿式除尘器。

（1）机械除尘器通常指利用质量力（重力、惯性力和离心力等）的作用使颗粒物与气流分离的装置，包括重力沉降室、惯性除尘器和旋风除尘器等。其中旋风除尘器结构简单、应用广泛、种类繁多，虽然在除尘原理及结构性能方面的研究论文很多，但由于旋风除尘器内气流和粒子流动状态复杂，准确测定较困难，至今在理论研究方面仍不够完善，许多关键问题尚需试验确定。

（2）电除尘器是含尘气体在通过高压电场进行电离的过程中，使尘粒荷电，并在电场力的作用下使尘粒沉积在集尘极上，将尘粒从含尘气体中分离出来的一种除尘设备。电除尘过程与其他除尘过程的根本区别在于，分离力（主要是静电力）直接作用在粒子上，而不是作用在整个气流上，这就决定了它具有分离粒子能耗小、气流阻力小的特点。由于作用在粒子上的静电力相对较大，所以即使对亚微米级的粒子也能有效地捕集。

（3）过滤式除尘器是使含尘气流通过过滤材料将粉尘分离捕集的装置，采用滤纸或玻璃纤维等填充层作滤料的空气过滤器，主要用于通风及空气调节方面的气体净化；采用廉价的砂、砾、焦炭等颗粒物作为滤料的颗粒层除尘器，是 20 世纪 70 年代出现的一种除尘装置，在高温烟气除尘方面引人注目。采用纤维织物作滤料的袋式除尘器，在工业尾气的除尘方面应用较广。滤料是组成袋式除尘器的核心部分，性能良好的滤料应具有容尘量大、吸湿性小、效率高、阻力低、使用寿命长，同时耐温、耐磨、耐腐蚀、机械强度高等优点。滤料特性除与纤维本身的性质有关外，还与滤料表面结构有很大关系。表面光滑的滤料容尘量小，清灰方便，适用于处理含尘浓度低、黏性大的粉尘，采用的过滤速度不宜过高。表面起毛的滤料容尘量大，颗粒能深入滤料内部，可以采用较高的过滤速度，但必须及时清灰。袋式除尘器的滤料种类较多，按滤料材质分，有天然纤维、无机纤维和合成纤维等；按滤料结构分，有滤布和毛毡两类。随着化学工业的发展，出现了许多新型滤料。尼龙织布的最高温度可达353K，耐酸性不如毛织物，但耐磨性很好，适合过滤磨损性很强的粉尘，如黏土、水泥熟料、石灰石等。奥纶的耐酸性好，耐磨性差，最高使用温度在400K左右。涤纶的耐热、耐酸性能较好，耐磨性能仅次于尼龙，可长期在410K下使用，涤纶绒布在我国是性能较好的一种滤料。针刺呢是我国研制的一种新型滤料，它以涤纶、锦纶为原料制成底布，然后再在底布上针刺短纤维，使表面起绒。这种滤料具有容尘量大、除尘效率高、阻力小、清灰效果好等优点。芳香族聚酰胺、聚四氟乙烯等耐高温滤料的出现，扩大了袋式除尘器的应用领域。此外，国外还出现了耐720K以上高温的金属纤维毡，但价格昂贵，不宜大量采用。几种常用滤料的性能见表5-4。

表5-4　各种滤料性能

滤料名称	直径/μm	耐温/K		吸水率/%	耐酸性	耐碱性	强度
		长期	最高				
棉织物（植物短纤维）	10～20	348～358	368	8	很差	稍好	1
蚕丝（动物长纤维）	18	353～363	373	16～22			
羊毛（动物短纤维）	5～15	353～363	373	10～15	稍好	很差	0.4
尼龙		348～358	368	4.0～4.5	稍好	好	2.5
奥纶		398～408	423	6	好	差	1.6
涤纶（聚酯）		413	433	6.5	好	差	1.6
玻璃纤维（用硅酮树脂处理）	5～8	523		4.0	好	差	1
芳香族聚酰胺（诺梅克斯）		493	533	4.5～5.0	差	好	2.5
聚四氟乙烯		493～523		0	很好	很好	2.5

（4）湿式除尘器是使含尘气体与液体（一般为水）密切接触，利用水滴和颗粒的惯性碰撞及其他作用捕集颗粒或使粒径增大的装置。湿式除尘器可以有效地将直径为0.1～20μm的液态或固态粒子从气流中除去，同时，也能脱除部分气态污染物。它具有结构简单、造价低、占地面积小、操作及维修方便和净化效率高等优点，能够处理高温高湿的气流，将着火、爆炸的可能降至最低。但采用湿式除尘器时要特别注意设备和管道腐蚀以及污水和污泥的处理等问题。湿式除尘过程也不利于副产品的回收。如果设备安装在室外，还必须考虑在冬天设备可能结冻的问题。再则，要使去除微细颗粒的效率较高，则需使液相更好地分散，但能耗较大。根据湿式除尘器的净化机理，可以将其大致分成七类：1）重力喷雾洗涤器；2）旋风洗涤器；3）自激喷雾洗涤器；4）板式洗涤器；5）填料洗涤

器；6）文丘里洗涤器；7）机械诱导喷雾洗涤器。

近年来，为提高对微粒的捕集效率，陆续出现了综合几种除尘机制的一些新型除尘器，如通量力/冷凝（FF/C）洗涤器、高梯度磁分离器、荷电袋式过滤器、荷电液滴洗涤器等。

5.1.1.3 用于净化汽车尾气的材料

20世纪60年代后半期，由于机动车排放的尾气已成为大气污染物质的主要来源之一，因此，美国、欧洲、日本开始提出开发净化汽车尾气的技术，1975年达到实用要求。目前欧洲和美国已经应用的汽车尾气净化催化剂可使汽车尾气达到欧Ⅴ排放标准，而国内目前仅有部分研究机构和企业生产的催化剂可使汽车尾气达到欧Ⅳ排放标准，大部分还只能达到欧Ⅲ排放标准。

迄今为止，机动车尾气净化技术主要还是利用催化技术，在尾气自身的温度和气氛条件下将尾气排放出来的HC和CO进行氧化，将NO_x进行还原，脱除可吸入性颗粒物，从而达到净化治理的目的。早期使用的催化剂为普通金属，如铜、镉、镍等，但由于其催化活性差、活性温度高、易中毒，现已被淘汰。后来使用以贵金属Pt、Pd和Rh为活性组分，以γ-Al_2O_3为载体的三元催化转化装置，能同时净化尾气中的CO、HC和NO_x等有害气体，这些贵金属具有活性高、寿命长、净化效果好等优点，成为目前欧美等国普遍使用的催化剂，在汽车尾气净化中得到了广泛应用。但这种催化剂使用大量贵金属，它们价格昂贵，储量稀少，故很难推广使用。同时，负载活性成分γ-Al_2O_3的热稳定性也受到影响。因此，寻找既能替代贵金属，又能提高γ-Al_2O_3热稳定性，同时能净化尾气中的CO、HC和NO_x的新型催化体系成为研究的热点。目前的研究表明，稀土催化剂已逐渐取代贵金属催化剂成为汽车尾气净化催化的主流。稀土催化剂主要以氧化铈、氧化镨和氧化镧的三元混合物为主，其中氧化铈是主催化剂。

CeO_2-ZrO_2固溶体催化剂可以有效抑制γ-Al_2O_3的高温烧结，提高催化剂的耐热性能、贵金属的分散度、催化剂的抗中毒和耐久性能，并改善催化剂的储氧能力等。另外传统的三效催化剂在富氧条件下虽然仍可催化氧化CO和HC，但对NO_x的还原活性却很低。MnO_x-CeO_2、Cu/Ag/CeO_2-ZrO_2和Pd/Ce0.68Zr0.32O_2等在富氧条件下也具有较好的直接催化还原NO_x的活性。

5.1.2 水污染治理材料

随着我国社会经济的快速发展，城镇化水平不断提高，废水排放量持续增加，水污染问题日益突出。我国人均水资源只有世界平均水平的1/4，水资源短缺已成为未来制约国民经济发展和人民生活水平提高的重要因素。据统计，2007年全国工业废水产生量为738.33亿吨，排放量为236.73亿吨。工业企业废水处理设施140652套，设计处理能力2.35亿吨/日，废水年处理量458.52亿吨。工业废水中主要污染物厂区排放口排放量：化学需氧量715.1万吨，氨氮30.4万吨，石油类6.64万吨，挥发酚0.75万吨，重金属0.21万吨。生活污水排放量343.30亿吨，主要水污染物中化学需氧量1108.05万吨，总氮202.43万吨，总磷13.80万吨，氨氮148.93万吨，石油类（含动植物油）72.62万吨。这些统计数据表明，工业废水及生活污水中的主要污染物为化学需氧量、氨氮、石油类、挥发酚、总磷以及重金属等。目前，主要采用生物法处理废水中有机污染物及氮磷等植物营养元素，采用物理化学法处理重金属等无机物。与之相关的污染治理材料主要有滤料和填料、混凝剂和助凝剂、吸附剂和离子交换剂、萃取剂和沉淀剂以及膜材料等。

5.1.2.1 滤料和填料

A 生物滤池滤料

生物滤池是生物膜法处理污水的传统工艺。滤料是生物滤池中微生物生长栖息的场所，理想的滤料应具备以下六个特性：（1）能为微生物附着提供大量的表面积；（2）使污水以液膜状态流过生物膜；（3）有足够的孔隙率，保证通风（即保证氧的供给）和使脱落的生物膜能随水流出滤池；（4）不被微生物分解，也不抑制微生物生长，有良好的生物化学稳定性；（5）有一定机械强度；（6）价格低廉。早期主要以拳状碎石为滤料，此外，碎钢渣、焦炭等也可作为滤料，其粒径在 3～8cm 左右，孔隙率在 45%～50% 左右，比表面积在 65～100m^2/m^3之间。从理论上讲，这类滤料粒径越小，滤床的可附着面积越大，滤床的工作能力也越大。但粒径越小，孔隙就越小，滤床易被堵塞，滤床的通风也越差，可见，滤料的粒径不宜过小。经验表明，在常用粒径范围内，粒径略大或略小些，对滤池的工作没有明显的影响。

20 世纪 60 年代中期，塑料工业快速发展之后，塑料滤料开始被广泛使用。图 5-1 为两种常见的塑料滤料。环状滤料（图 5-1a）的比表面积在 98～340m^2/m^3之间，孔隙率为 93%～95%；波纹状滤料（图 5-1b）比表面积在 81～195m^2/m^3之间，孔隙率为 93%～95%。国内目前采用的玻璃钢蜂窝状块状滤料，孔心间距在 20mm 左右，孔隙率 95% 左右，比表面积在 200m^2/m^3左右。

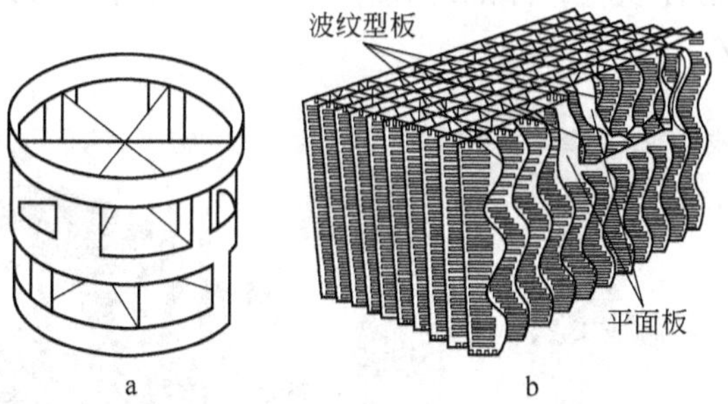

图 5-1 两种常见塑料滤料
（a）环状滤料；（b）波纹状滤料

B 生物接触氧化池填料

生物接触氧化法是在生物滤池的基础上发展演变而来的。目前在国内的污水处理领域，特别在有机工业废水生物处理、小型生活污水处理中得到广泛应用，成为污水处理的主流工艺之一。生物接触氧化池内设置填料，填料淹没在水中，填料上长满生物膜，污水与生物膜接触过程中，水中的有机物被微生物吸附、氧化分解和转化为新的生物膜。对填料的要求是对微生物无毒害、易挂膜、质轻、强度高、耐老化、比表面积大及孔隙率高。目前采用的填料主要有聚氯乙烯塑料、聚丙烯塑料。环氧玻璃钢等可做成蜂窝状（图 5-2a）和波纹板状填料（图 5-1b）、纤维组合填料（图 5-2b）、立体弹性填料（图 5-2c）等。

纤维状填料是用尼龙、维纶、腈纶、涤纶等化学纤维编结成束，呈绳状连接。用尼龙

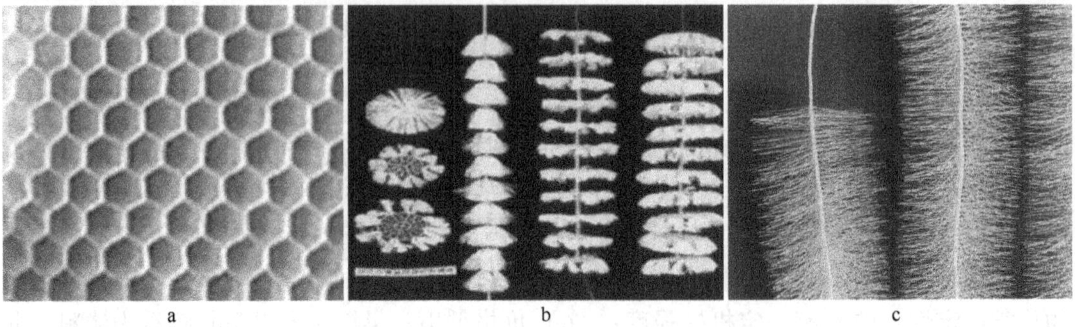

图 5-2 几种常用的生物接触氧化填料

a—蜂窝状填料；b—纤维组合填料；c—立体弹性填料

绳直接固定纤维束的软性填料，易发生纤维填料结团（俗称起球）问题，现在已较少采用。实践表明，采用圆形塑料盘作为纤维填料支架，将纤维固定在支架四周，可以有效解决纤维填料结团问题，同时保持纤维填料比表面积大、来源广、价格较低的优势，得到较为广泛的应用。近年来，国内开发的空心塑料体（聚乙烯、聚丙烯等材料，球状或柱状），如图 5-3 所示，其相对密度接近于 1（并可按工艺要求，在加工制造时调节相对密度），称悬浮填料。运行时，由于悬浮填料在池内均匀分布，并不断切割气泡，可使氧利用率、动力效率得到提高。国家标准 HJ/T246—2006 规定了悬浮填料的种类：（1）环状悬浮填料，标记为 XH；（2）柱状悬浮填料，标记为 XZ；（3）球形悬浮填料，标记为 XQ；（4）组合悬浮填料，标记为 XQZ。

图 5-3 悬浮填料

C 中和滤池滤料

对于酸性和碱性废水，除予以利用外，常用的就是中和法。如果同一工厂或相邻工厂同时有酸性和碱性废水，可以先让两种废水相互中和，然后再用中和剂中和剩余的酸或碱。中和剂能制成溶液或浆料时，可用湿投加法。中和剂为粒料或块料时，可用过滤法。用烟道气中和碱性废水时，可在塔式反应器中接触中和。常用的碱性中和剂有石灰、电石渣、石灰石和白云石等，有时也常用苛性钠或碳酸钠。常用的酸性中和剂有废酸、粗制酸和烟道气等。用石灰石或白云石作中和剂时，常用过滤法，而将它们作为滤料。石灰石的

主要成分是 $CaCO_3$，白云石的主要成分是 $CaCO_3 \cdot MgCO_3$。若废水含硫酸而浓度又较高时，滤料将因表面形成硫酸钙外壳而失去中和作用。因此，以石灰石作滤料时，废水的硫酸浓度不应超过 1 ~2g/L。

5.1.2.2 混凝剂和助凝剂

化学混凝法所处理的对象主要是水中的微小悬浮固体和胶体杂质。

A 混凝剂

用于水处理中的混凝剂应满足如下要求：混凝效果良好，对人体健康无害，价廉易得，使用方便。混凝剂的种类较多，归纳起来主要有无机盐类混凝剂和高分子混凝剂两大类。

（1）无机盐类混凝剂：目前应用最广的是铝盐和铁盐。传统的铝盐混凝剂主要有硫酸铝、明矾等。硫酸铝［$Al_2(SO_4)_3 \cdot 18H_2O$］的产品有精制和粗制两种。精制硫酸铝是白色结晶体。粗制硫酸铝中 Al_2O_3 的含量不少于 14.5% ~16.5%，不溶杂质含量不大于 24% ~30%，价格较低；但质量不稳定，因含不溶杂质较多，增加了药液配制和排除废渣等方面的困难。明矾是硫酸铝和硫酸钾的复盐 $Al_2(SO_4)_3 \cdot K_2SO_4 \cdot 24H_2O$，$Al_2O_3$ 含量约 10.6%，是天然矿物。硫酸铝混凝效果较好，使用方便。但铝盐使用 pH 值范围较窄（6.5 ~7.5），水温低时，硫酸铝水解困难，形成的絮凝体较松散，效果不及铁盐。传统的铁盐混凝剂主要有三氯化铁、硫酸亚铁和硫酸铁等。三氯化铁是褐色结晶体，极易溶解，形成的絮凝体较紧密，易沉淀，使用 pH 值范围较宽（6.0 ~8.4），但三氯化铁腐蚀性强（调制和加药设备必须考虑耐腐蚀器材），易吸水潮解，不易保管。硫酸亚铁 $FeSO_4 \cdot 7H_2O$ 是半透明绿色结晶体，解离出二价铁离子 Fe^{2+}，如单独用于水处理，一般在 pH 值大于 8.5 且水中有足够的溶解氧的条件下使用，若溶解氧不足，可加氯或漂白粉，将二价铁氧化成三价铁。因为残留在水中的 Fe^{2+} 会使处理后的水带色。

（2）高分子混凝剂：高分子混凝剂分无机和有机两类。近年来，高分子无机聚合混凝剂的发展非常迅速，聚合氯化铝（PAC）和聚合硫酸铁（PFS）是目前国内研制和使用比较广泛的无机高分子混凝剂。实际上，目前我国使用的混凝剂中，无机聚合混凝剂的用量已占 80% 以上，基本上代替了传统混凝剂。硫酸铝投入水中后，主要是各种形态的水解聚合物发挥混凝作用。但由于影响硫酸铝化学反应的因素复杂，要想根据不同水质控制水解聚合物的形态是不可能的。人工合成的 PAC 则是在人工控制的条件下预先制成最优形态的聚合物，投入水中后可发挥优良的混凝作用。它对各种水质适应性较强，适用的 pH 值范围较广（5 ~9），且处理后水的 pH 值和碱度下降小，对低温水效果也较好，形成的絮凝体粒大而重，所需的投量约为硫酸铝的 1/2 ~1/3。PFS 是一种高效的无机高分子混凝剂。它可以用酸洗废液作为原料，在催化剂作用下，将二价铁氧化成三价铁，再加碱剂调制而成。使用时投药量小，絮体生成快，对水质的适应范围广，比三氯化铁腐蚀性小而混凝效果良好。

有机高分子混凝剂有天然的和人工合成的两类。这类混凝剂都具有巨大的线性分子。每一大分子有许多链节组成。链节间以共价键结合。天然高分子混凝剂如淀粉、动物胶、树脂等，由于其存在电荷密度小、相对分子质量较低、容易降解而失去活性等问题，所以应用较少。我国当前使用较多的是人工合成的聚丙烯酰胺（PAM），分子结构为：

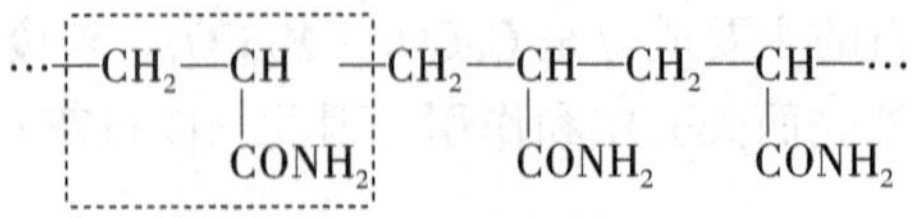

链节

PAM 的聚合度可多达 $2\times10^4\sim9\times10^4$，相应的相对分子质量高达 $150\times10^4\sim600\times10^4$。凡有机高分子混凝剂的链节上含可解离基团，解离后带正电的称为阳离子型，带负电的称为阴离子型。如果链节上不含可解离基团的称非离子型。PAM 为非离子型高聚物，但它可以通过水解构成阴离子型，也可通过引入基团构成阳离子型。

有机高分子混凝剂由于分子上的链节与水中胶体微粒有极强的吸附作用，混凝效果优异。即使是阴离子型高聚物，对负电胶体也有强的吸附作用。但对于未经脱稳的胶体，由于静电斥力有碍于吸附架桥作用，通常作助凝剂使用。阳离子型的吸附作用尤其强烈，且在吸附的同时，对负电胶体有电中和的脱稳作用。

有机高分子混凝剂虽然效果优异，但制造过程复杂，价格较贵。另外，由于聚丙烯酰胺的单体——丙烯酰胺有一定的毒性，因此它们的毒性问题引起人们的注意和研究。近年来，铝、铁、硅复合型无机高分子混凝剂的研制已成为热点。它作为一种新型的水处理药剂，克服了传统无机盐类和聚合高分子混凝剂水解的不稳定性问题，减小了粒度，改善了混凝性能。铝盐混凝剂的大量使用，将不可避免地给环境和生物体带来影响。目前，国内用铝盐混凝剂制得的饮用水中铝含量比原水一般高出 1~2 倍。近几年来，人们已经认识到了自来水中铝残留量对人体的影响。如何在提高混凝剂效能的同时，有效地减少水中残留的铝含量，则是当前研制铝盐混凝剂时值得注意的问题。

B　助凝剂

当单用混凝剂不能取得良好效果时，可投加某些辅助药剂以提高混凝效果，这种辅助药剂称为助凝剂。助凝剂可用以调节或改善混凝的条件，例如当原水的碱度不足时可投加石灰或重碳酸钠等；当采用硫酸亚铁作混凝剂时可加氯气将亚铁离子 Fe^{2+} 氧化成三价铁离子 Fe^{3+} 等。助凝剂也可用以改善絮凝体的结构，利用高分子助凝剂的强烈吸附架桥作用，使细小松散的絮凝体变得粗大而紧密，常用的有聚丙烯酰胺、活化硅酸、骨胶、海藻酸钠、红花树等。

5.1.2.3　沉淀剂和萃取剂

A　沉淀剂

化学沉淀法是向废水中投加某种化学物质，使与废水中的一些离子发生反应，生成难溶的沉淀物而从水中析出，以达到降低水中溶解污染物的目的。废水处理中，常用化学沉淀法去除废水中的阳离子如 Hg^{2+}、Ca^{2+}、Pb^{2+}、Cu^{2+}、Zn^{2+}、Cr^{2+} 等，阴离子如 SO_4^{2-}、PO_4^{3-} 等。溶解盐类发生沉淀的必要条件是其离子的浓度积大于溶度积。因此，化学沉淀法的实质主要是向水中投加某种适当的化学物质，以使投入的离子与水中的有害离子形成溶度积很小的难溶盐和难溶氢氧化物而沉淀析出。溶度积是常数，其数值可参阅有关的化学手册。当能结合成难溶盐的两种离子的浓度之积超过此盐溶度积时，该盐将析出，而这两种离子的浓度将下降，需要去除的离子就与水分离。易溶与难溶是相对的，我们可用较难溶的物质作为沉淀剂去除能构成更难溶盐的某一离子。例如难溶盐 $CaSO_4$ 的溶度积是 2.45×10^{-5}，但 $BaSO_4$ 的溶度积是 0.87×10^{-10}，较 $CaSO_4$ 更低，可以用 $CaSO_4$ 作为沉淀剂，沉

淀 Ba^{2+}。

B 萃取剂

萃取是将一种选定的溶剂加入到待分离的液体混合物中，由于混合物中各组分在该溶剂中溶解度不同，可以将原料中所需分离的一种或数种成分分离出来。该法具有适用浓度范围广、传质速率高、适于连续操作、产品纯度高、能量消耗少等优点，因此在污染物治理和资源回收工程中广泛应用。

萃取剂的优劣对于萃取过程的技术经济指标有着直接的影响。一种好的萃取剂，要求具有如下性能：(1) 选择性好。选择性好即该萃取剂对被萃取组分溶解能力大而对非被萃取组分溶解能力小，这样能使萃取剂用量减少，产品质量提高。(2) 萃取剂与原料液的密度差大。密度差异越大，两相就越容易分层分离。(3) 萃取剂的表面张力大。一般希望萃取剂的表面张力大一些，这样不易产生乳化现象。但是表面张力过大则因不易分散而使两相接触不好，影响传质。(4) 萃取过程的能耗低。萃取剂的汽化潜热和比热容要小，与被萃取物的沸点差要大，使过程能耗低。(5) 萃取剂的化学稳定性好。萃取剂要求化学稳定性和热稳定性好，无毒，无腐蚀，不易燃烧等。(6) 萃取剂的价格低。萃取剂要价格低廉易得，资源充足。

煤气厂、焦化厂煤气冷却时形成的冷凝液中含有很多焦油、氨和酚，称为“氨水”。氨水在脱氨以后含有酚 1～3g/L。为了回收有用的酚和避免含酚废水污染环境，常利用本厂的产品重苯作为萃取剂进行脱酚。

某铜矿矿石厂废水含铜 0.3～1.5g/L，含铁 4.5～5.4g/L，含砷 10～300mg/L，pH = 0.1～3。该废水用 N-510 作复合萃取剂，用萃取器进行六级逆流萃取。含铜的萃取剂用 H_2SO_4进行反萃取，再生后重复使用。

5.1.2.4 氧化剂和还原剂

在化学反应中，如果发生电子的转移，参与反应的物质所含元素将发生化合价的改变，称为氧化还原反应。失去电子的过程称氧化，失去电子的物质被氧化；得到电子的过程称还原，得到电子的物质被还原。在水处理中，可采用氧化或还原的方法改变水中某些有毒有害化合物中元素的化合价以及改变化合物分子的结构，使剧毒的化合物变为微毒或无毒的化合物，使难于生物降解的有机物转化为可以生物降解的有机物。

A 氧化剂

具体如下：

(1) 常用氧化剂。氧化法废水处理中常用的氧化剂有氯、臭氧等。

氯系氧化剂包括氯气、次氯酸钠、漂白粉、漂白精等。通过在溶液中电离，生成次氯酸根离子，然后水解、歧化，产生氧化能力极强的活性基团，用于杀菌、分解有机污染物。氯系氧化剂的氧化性较强，且与 pH 值有关，在酸性溶液中其氧化性更强。氯系氧化剂还可通过光辐射或其他辐射方法来增强其氧化能力。氯系氧化剂最重要的氧化成分是二氧化氯。气态的二氧化氯极不稳定，容易爆炸，但它的水溶液相当稳定。二氧化氯在水中的溶解度大，是氯的 5 倍。加热、光照及某些催化剂的催化作用可促使二氧化氯溶液分解。二氧化氯遇水迅速分解，能生成多种强氧化剂，如次氯酸、氯气、过氧化氢等。这些强氧化剂组合在一起，产生多种氧化能力极强的活性基团，能激发有机环上的不活泼氢，通过脱氢反应生成自由基，成为进一步氧化的诱发剂。自由基还能通过羟基取代反应，将有机芳烃环上的一些基团取代下来，从而生成不稳定的羟基取代中间体，其易于开环裂解，直至完全分解为无机物。氯氧化法在废水处理中，除用于去除氰化物、硫化物、酚、醇、醛、油类等污染物外，还用于水或废水的消毒、脱色、除臭。

臭氧是一种理想的环境友好型水处理剂。臭氧的氧化性很强，对水中有机污染物有较好的氧化分解作用。另外，对污水中的有害微生物，臭氧还有强烈的消毒杀菌作用。用臭氧处理难以生物降解的有机污染物，使其转化成容易降解的有机化合物，在污水处理中已开始广泛应用。对某些工业废水，如炼油废水、重油裂解废水、高炉煤气洗涤水等，虽经过了某些生物方法处理，但废水中的污染物如酚、氰以及色度等仍较高，还不能达标排放或加以回用，此时可用臭氧氧化进行深度处理。臭氧的制备方法很多，有化学法、电解法、紫外光法、高能射线辐射法、电晕放电法等。工业上大多采用无声放电法制取，即用干燥空气经无声放电来制取臭氧。近年来，由于氯氧化法用于给水、循环水处理和废水处理有可能产生三氯甲烷（THMs）等“三致”物质而受到限制，使臭氧在给水处理中的作用受到了更多的关注。但臭氧应用于废水处理还存在着一些问题，如臭氧的发生成本高，而利用率偏低，使臭氧处理的费用高；臭氧与有机物的反应选择性较强，在低剂量和短时间内臭氧不可能完全矿化污染物，且分解生成的中间产物会阻止臭氧的进一步氧化。因此，提高臭氧利用率和氧化能力就成为臭氧高级氧化法的研究热点。

此外，空气中的氧气是一种较强的氧化剂，且在介质的pH值较低时，其氧化性增强，有利于用空气氧化法处理污水。此法主要用于含硫废水的处理，石油炼制厂、石油化工厂、皮革厂、制药厂等都排出大量含硫废水。从环境协调的角度看，利用空气中的氧或纯氧处理废水中的有机污染物，是一种环境友好型的污水处理方法。在空气氧化的基础上，又发展形成了湿式氧化的方法。湿式氧化是在较高的温度和压力下，用空气中的氧来氧化废水中溶解和悬浮的有机物及还原性无机物的一种方法。与一般方法相比，湿式氧化法具有适用范围广、处理效率高、二次污染低、氧化速度快、装置小、可回收能量和有用物料等优点。但是，用空气中的氧进行氧化反应时活化能很高，反应速度很慢，在常温、常压、无催化剂的条件下，空气氧化法所需反应时间很长，使其应用受到限制。如能通过催化方法断开氧分子中的氧—氧键，如采用高温、高压、催化剂等辅助处理，氧化反应速度将大大加快。用“湿式氧化法”处理含大量有机物的污泥和高浓度有机废水，就是利用高温（200～3000℃）、高压（30～150atm，大致相当于3～15MPa）的强化空气氧化处理技术。由于高压操作难度较大，目前的空气湿式氧化法的发展方向是向低压发展。

（2）高级氧化剂。随着水污染问题的日益突出以及人们对水质要求的提高，对于那些难以生物降解或对生物有毒害作用的有机污染物的处理问题引起人们极大的重视。但是，这些污染物不仅难以生物降解，也很难用一般的氧化剂加以氧化、去除。1987年，Glaze等提出了以自由羟基（·OH）作为主要氧化剂的高级氧化工艺（advanced oxidation processes，AOPs）。这种工艺采用两种或多种氧化剂联用发生协同效应，或者与催化剂联用，提高·OH的生成量和生成速率，加速反应过程，提高处理效率和出水质量。·OH是最具有活性的氧化剂之一，它的氧化电位要比普通氧化剂，如氯气、过氧化氢和臭氧等高得多，在高级氧化工艺中起主要作用。·OH作为氧化反应的中间产物通常由以下反应产生：自由基链式反应分解水中的O_3；光分解H_2O_2；水合氯、硝酸盐、亚硝酸盐或溶解的水合亚铁离子；Fenton反应或离子化辐射反应等。

B 还原剂

废水中的有些污染物，如六价铬 Cr^{6+} 毒性很大，可投加硫酸亚铁和石灰将其还原成毒性较小的三价铬 Cr^{3+}，再使其生成 $Cr(OH)_3$ 沉淀而去除。又如一些难生物降解的有机化合物（如硝基苯），有较大的毒性并对微生物有抑制作用，且难以被氧化，但可以采用金属铁还原法，在适当的条件下，将其还原成另一种化合物（如苯胺），进而改善了可生物降解性能和色度。金属铁还原法可以是铁粉法（用较细的铁粉以增加反应表面积）、铁屑法（利用廉价的铁屑）或铁碳法（碳可以用活性炭、石墨、炉渣等）。目前，国内外已有不少关于用金属铁还原法处理难生物降解工业废水和提高硝基苯类废水的可生物降解性方面的研究和工程实践报道。但在工程实践中，也存在以下一些局限性，严重影响到这一方法的推广应用：(1) 铁粉的特点是粒度小，比表面积大，有较高的表面反应活性。但铁粉的成本较高、容易流失、循环再生的利用率较低，而且容易板结成块，影响使用。(2) 铁屑法和铁碳法处理废水时，为了提高效率，要在酸性条件下进行，且要曝气充氧。对 pH 值的调节，要消耗酸、碱，提高了处理成本，增加了工艺流程的复杂性，而且增大了铁的消耗和沉淀污泥的产生。(3) 铁屑法和铁碳法处理废水在酸性充氧条件下进行，使铁屑处理装置运行一段时间后，形成大量铁泥，结块板结，产生腐蚀钝化，处理效果大幅下降。

为了克服金属铁还原法的局限性，近年来，同济大学等开发了新型的 Cu/Fe 催化还原法，成功地应用于多种难生物降解工业废水的处理过程。

5.1.2.5 吸附剂和离子交换剂

A 吸附剂

废气吸附处理过程中使用的吸附剂（见 5.1.1.1B）均可用于污水处理吸附过程。另外，一些天然矿物质、吸附树脂和腐殖酸等也可用作废水处理的吸附剂。

(1) 活性白土、漂白土、硅藻土等天然矿物质：其主要成分是 SiO_2、Al_2O_3、Fe_2O_3。经适当加工活化处理后即可作为吸附剂使用，虽然吸附容量不大，选择吸附分离能力低，但这些天然材料来源广泛。

(2) 吸附树脂：吸附树脂是具有巨大网状结构的合成大孔径树脂。由苯乙烯、丙烯酯、吡啶等单体和乙二烯共聚而成。这些大孔径树脂有非极性到高极性多种类型，价格较活性炭贵，但物理化学性能稳定，品种较多，可按不同的需求选择使用。

(3) 腐殖酸类吸附剂：主要有天然的富含腐殖酸的风化煤、泥煤、褐煤等，它们可以直接使用或经简单处理后使用；将富含腐殖酸的物质用适当的黏合剂处理可制备成腐殖酸系树脂。腐殖酸是一组芳香结构的，性质与酸性物质相似的复杂混合物。它含的活性基团有酚羟基、羧基、醇羧基、甲氧基、羰基、醌基、氨基、磺酸基等。这些活性基团有阳离子吸附性能。腐殖酸对阳离子的吸附，包括离子交换、螯合、表面吸附、凝聚等作用。腐殖酸类物质能吸附工业废水中的许多金属离子，如汞、铬、锌、镉、铅、铜离子等。腐殖酸类物质在吸附重金属离子后，可以用 H_2SO_4、HCl、NaCl 等进行解吸。目前，这方面的应用还处于试验、研究阶段，还存在吸附（变换）容量不高，适用的 pH 值范围较窄，机械强度低等问题，需要进一步研究和解决。

此外，已有研究人员将拜耳法赤泥进行活化制成吸附剂，用于吸附处理水中的 Pb^{2+}、Cr^{6+}、As^{5+}、As^{3+} 等重金属离子以及 F^-、NO_3^-、PO_4^{3-} 等阴离子，取得了较好的效果。

B　离子交换剂

离子交换法是水处理中软化和除盐的主要方法之一。在污水处理中，主要用于去除污水中的金属离子。离子交换的实质是不溶性离子化合物（离子交换剂）上的交换离子与溶液中的其他同性离子的交换反应，是一种特殊的吸附过程，通常是可逆性化学吸附。

水处理中用的离子交换剂主要有磺化煤和离子交换树脂。磺化煤是以天然煤为原料，经浓硫酸磺化处理后制成，但交换容量低，机械强度差，化学稳定性较差，已逐渐为离子交换树脂所取代。

离子交换树脂是人工合成的高分子聚合物，由树脂本体（又称母体或骨架）和活性基团两部分组成。最常见的生产离子交换剂的树脂母体是苯乙烯的聚合物，是线性结构的高分子有机化合物。在原料中，常加上一定数量的二乙烯苯作交联剂，使线状聚合物之间相互交联，成立体网状结构。树脂的外形呈球状颗粒，粒径有0.6～1.2mm（大粒径树脂），0.3～0.6mm（中粒径树脂），或0.02～0.1mm（小粒径树脂）。树脂本身不是离子化合物，并无离子交换能力，需经适当处理加上活性基团后，才具有离子交换能力。活性基团由固定离子和活动离子（或称交换离子）组成。固定离子固定在树脂的网状骨架上，活动离子则依靠静电引力与固定离子结合在一起，二者电性相反、电荷相等。

离子交换树脂按树脂的类型和孔结构的不同可分为：凝胶型树脂、大孔型树脂、多孔凝胶型树脂、巨孔型（MR型）树脂和高巨孔型（超MR型）树脂等。离子交换树脂按活性基团的不同可分为：含有酸性基团的阳离子交换树脂，含有碱性基团的阴离子交换树脂，含有胺羧基团等的螯合树脂，含有氧化还原基团的氧化还原树脂及两性树脂等。其中，阴、阳离子交换树脂按照活性基团电离的强弱程度，又分为强酸性（离子性基团为—SO_3H）、弱酸性（离子性基团为—COOH）、强碱性（离子性基团为—NOH）和弱碱性（离子性基团有—NH_3OH、—NH_2OH、—NHOH）树脂。表5-5列出了离子交换法在废水处理方面的某些应用。

表5-5　离子交换法在废水处理方面的某些应用

废水种类	有害离子或化合物	离子交换树脂类型	废水出路	再生剂	再生液出路
电镀（铬）废水（镀件清洗水）	CrO_4^{2-}	大孔型阴离子交换树脂	循环使用	食盐或烧碱	用氢型阳离子交换树脂除钠后回用于生产
电镀废水	Cr^{3+}、Cu^{2+}	氢型强酸性阳离子交换树脂	循环使用	18%～20%硫酸	蒸发浓缩后回用
含汞废水	Hg^{2+}、$HgCl_x^{(x-2)-}$	氯型强碱性大孔型阴离子交换树脂	中和后排放	盐酸	回收汞
黏胶纤维废水	Zn^{2+}	强酸性阳离子交换树脂	中和后排放	硫酸	回收用于生产
氯苯酚废水	氯苯酚	弱碱性大孔型离子交换树脂	排放	2% NaOH、甲醇	回收酚及甲醇

5.1.2.6 膜材料

膜析法是利用天然或人工合成膜以外界能量或化学位差作推动力对水溶液中某些物质进行分离、分级、提纯和富集的方法的统称。目前有扩散渗析法（渗析法）、电渗析法、反渗透法和超滤法等。

人们早就发现，一些动物膜，如膀胱膜、羊皮纸（一种把羊皮刮薄做成的纸），有分隔水溶液中某些溶解物质（溶质）的作用。例如，食盐能透过羊皮纸，而糖、淀粉、树胶等则不能。起渗析作用的薄膜，因对溶质的渗透性有选择作用，故叫半透膜。近年来半透膜有很大的发展，出现很多由高分子化合物制造的人造薄膜，不同的薄膜有不同的选择渗析性。半透膜的渗析作用有三种类型：(1) 依靠薄膜中“孔道”的尺寸分离大小不同的分子或离子。(2) 依靠薄膜的离子结构分离性质不同的离子，例如用阳离子交换树脂做成的薄膜可以透过阳离子，叫阳离子交换膜（图5-4）；用阴离子树脂做成的薄膜可以透过阴离子，叫阴离子交换膜。(3) 依靠薄膜有选择地溶解分离某些物质，例如醋酸纤维膜有溶解某些液体和气体的性能，而使这些物质透过薄膜。一种薄膜只要具备上述三种作用之一，就能有选择地让某些物质透过而成为半透膜。在废水处理中最常用的半透膜是离子交换膜。

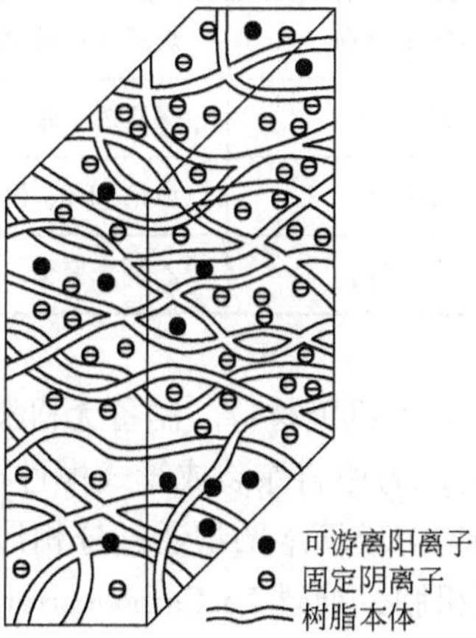

图5-4　阳离子交换膜示意图

在膜析法中，物质透过薄膜需要动力，目前利用的有三种动力：(1) 分子扩散作用；(2) 电力；(3) 压力。依靠分子自然扩散的是扩散渗析法，简称渗析法。用压力的是反渗透法和超滤法。用电力的是电渗析法。

根据制膜材料的不同可以将膜材料分为有机膜和无机膜。

(1) 有机膜材料。有机膜的材料有多种，分类详见表5-6。

在有机膜的实际应用中，反渗透膜材料以醋酸纤维素类为主，芳香族聚酰胺类为次，其他还有聚苯并咪唑、磺化聚磺酸盐、聚乙烯腈等。超滤膜材料一般是醋酸纤维素、聚酰亚胺、聚丙烯腈、聚醋酸乙烯、两性离子交换膜和芳香族高聚物等。微滤膜材料则是聚酯、纤维素及聚四氟乙烯等一系列物质。有机膜应用广泛，工业废水的处理、饮用水的处理、生物技术、食品发酵等行业都普遍采用了有机膜。

表5-6　有机膜材料的分类

有机膜材料的分类	常见产品
纤维素衍生物类	再生纤维素 Cellu、硝酸纤维素 CN、醋酸纤维素类 CA、乙基纤维素类 EC
聚砜类	双酚 A 型聚砜 PSF、聚芳醚砜 PES、酚酞型聚醚砜 PECC、聚芳醚酮
酰胺类	脂肪族聚酰胺、芳香族聚酰胺、聚砜酰胺、反渗透用交联芳香含氮高分子
聚酰亚胺类	脂肪族二酸聚酰亚胺、全芳香聚酰亚胺、含氟聚酰亚胺

续表 5-6

有机膜材料的分类	常 见 产 品
乙烯类聚合物	聚丙烯腈 PAN、聚乙烯腈 PVA、聚氯乙烯 PVC
含硅聚合物	聚二甲基硅氧烷 PDMS、聚三甲基硅丙炔 PTMSP
含氟聚合物	聚四氟乙烯 PTFE、聚偏氟乙烯 PVDF
聚烯烃类	聚乙烯、聚丙烯、聚 4-甲基戊烯 PMP
聚酯类	涤纶 PET、聚对苯二甲醇丁二醇酯 PBT、聚碳酸酯 PC
甲壳素类	乙酰壳聚糖、胺基葡聚糖、甲壳胺

（2）无机膜材料。制备无机膜材料的方法较多，金属膜是以金属粉末（如 Pd 或 Pd-Ag 合金）为原料涂装成管式模件再通过烧结而成。玻璃膜则是某种由 SiO_2、B_2O_3、Na_2O 组成的均匀玻璃熔融物通过分相形成两相，然后在酸中浸制而成的。碳膜一般为非对称结构的无机膜，通过 Le Carboneorraine 工艺将非常精细的碳微粒形成分离层或通过 Techsep 工艺将石墨膏挤制成管式膜，然后再使精细微粒沉积在这种对称结构上而制得的。陶瓷膜以热稳定性最好著称，主要有 Al_2O_3、ZrO_2膜。制取无机膜的方法分为以下几种：

1）溶胶-凝胶法。它是制备无机膜最重要的一种方法。一般以醇盐为原料，如 $Si(OC_2H_5)_4$、$Si(OCH_3)_4$、$Zr(OC_3H_7)_4$、$Ti(OC_3H_7)_4$、$Al(OC_3H_7)_3$、$Al(OC_4H_9)_3$等，制备 SiO_2、TiO_2、ZrO_2、Al_2O_3、ZrO_2-SiO_2、TiO_2-SiO_2 和 ZrO_2-TiO_2-SiO_2 等系统的超滤膜、微滤膜。

2）分相法。分相法就是制备玻璃膜的方法。因 R_2O-B_2O_3-SiO_2 系列玻璃存在高分相现象，所以利用这一原理将 R_2O-B_2O_3-SiO_2 系玻璃分成 R_2O-B_2O_3 相和 SiO_2 相，而 R_2O-B_2O_3 相和 SiO_2 相在酸中的溶解度相差很大，这样就可以利用酸将溶解度高的 R_2O-B_2O_3 浸出，留下的 SiO_2 形成多孔玻璃膜。

3）固态粒子烧结法。这是一种在传统多孔陶瓷膜烧结法基础上发展起来的工艺，可以制备多种材料的陶瓷膜。

4）阳极氧化法。将金属薄片（如铝和锆）在酸性电解质中进行阳极氧化，从而制得分离膜，如 Al_2O_3 膜。

5.1.3 其他污染控制材料

5.1.3.1 固体废物污染控制材料

固体废物是指在生产建设、日常生活和其他活动中产生的污染环境的固态、半固态废弃物质。固体废弃物问题是伴随着人类文明的发展而发展的。在人烟稀少、生产力低下的原始社会，人类遇到的固体废弃物问题主要是生活过程中产生的垃圾。随着生产力的迅猛发展，人口的快速增长，消费水平的不断提高，更多的产品被生产出来，它们又更快地变为垃圾，工业、农业和生活垃圾等固体废弃物的产生量剧增，大量的固体废弃物排入环境，造成严重的环境污染，成为当今社会的主要环境问题之一。

废弃物是一个相对的概念，在某一条件下是废弃物，在另一条件下可能成为宝贵的资源。所以有人称固体废弃物是“放错了地方的原料”。如煤矸石是煤炭行业的固体废弃物，由于其中含有大量的氧化铝，是非常宝贵的铝资源；随着高分子合成材料、塑料以及各种包装材料的大量使用，固体废物中可利用的资源越来越多。固体废弃物经过物理处理（压实、破碎、分选等）、化学处理（氧化、还原、中和、沉淀等）、生物处理（好氧处理、厌氧处理、兼性厌氧处理等）、热处理（热解、焚烧、焙烧等）和固化处理等过程将其中可以资源化的成分和物质进行回收利用。

上述处理方法中，物理处理、生物处理和热处理需要借助各种处理机械和设备来完成，而化学处理和固化处理则需要添加一些化学药剂或材料。化学处理中使用的氧化剂、还原剂、中和剂和沉淀剂与废水处理相同（见 5.1.2 节）。固化处理是采用固化基材将废弃物固定或包裹起来，以降低其对环境的危害。固化处理的对象主要是危险性固体废弃物和放射性固体废弃物。固化所用的惰性材料称为固化剂，经固化处理后的固化产物称固化体。对固化剂及固化体的基本要求包括：（1）有毒废物经固化处理后所形成的固化体应具有良好的抗渗透性、抗浸出性、抗干湿性、抗冻融性及足够的机械强度，最好能作为资源加以利用，如作为建筑材料和路基材料等；（2）固化过程中材料和能量消耗要低，增容比要低；（3）固化工艺过程简单，便于操作；（4）固化剂来源丰富，价廉易得；（5）处理费用低。常用的固化剂主要有水泥、沥青、塑料、玻璃、石灰等。

除了不断提高回收利用率和加大资源化力度以外，还有相当一部分残渣需要排放，这些残渣往往含有大量的有害组分，长期保留在环境中，是一种潜在的污染源，且是危险性较大的污染源。为了控制其对环境的危害，必须进行最终处置，使之最大限度地与生物圈隔离。最终处置的总目标是确保废弃物中的有毒有害物质，无论现在还是将来都不至于对人类及生态环境造成不可接受的危害。处置的基本要求是废弃物的体积尽可能小，处置场地适宜，设施结构合理。

在目前技术条件下，我国固体废弃物的最终处置主要采用填埋法，垃圾填埋场的建造中最关键的技术是防止垃圾物中的重金属离子以及有害有机物质渗入地下水中产生二次污水下渗，从而污染地下水水源。因此，对垃圾填埋场进行防渗漏处理是十分必要的。在垃圾和危险废物填埋场中添加适量的能够起到防止水体与无机物和有机物下渗的防渗材料，成为有效控制填埋场中渗滤液渗漏的关键所在。垃圾填埋场底部防渗衬里材料可以分为无机天然防渗材料、天然与有机复合防渗材料以及人工合成有机材料等三大类，其中无机天然防渗材料应用最为广泛。无机天然防渗材料主要包括黏土、膨润土、伊利石和高岭石等，另外还包括一些添加剂，如沸石、粉煤灰等。理想的防渗衬里，除具备较低的渗透性外，还需要具备吸附和降解渗滤液中有机物质的能力。无机天然防渗材料价格低廉，施工方便，研究相对较多。例如，Kayabali 等用膨润土改性天然沸石作垃圾填埋场底部衬里材料；郭晓东等用沸石改性天然黏土作垃圾填埋场衬里材料；Kalkan 等采用赤泥和水泥混合料作垃圾填埋场防渗材料等。常用的有机材料有沥青、橡胶、聚乙烯、聚氯乙烯等。图 5-5为具有浸出液收集系统的双衬里系统示意图。这种设计是考虑到当处置场地不能满足低渗透性设计要求时，为避免浸出液释出而采取的安全措施。该衬里系统的主衬里为人工合成有机衬里（如高密度聚乙烯），辅助衬里为人工合成有机薄膜和黏土构成的复合衬里。主衬里浸出液收集系统为砂或砾石层，内铺多孔浸出液收集系统及排水管；上部为铺有无纺布的过滤层；在侧面及顶部的过滤层上还铺有一层保护土壤。浸出液通过集排水管汇集到集水坑中，定期送到废水处理厂处理。

根据安全土地填埋场的设计要求，顶部覆盖系统要和填埋场的底部及四周的防渗衬里配套设计及建造。顶部防渗覆盖层材料的选择及设计施工要同防渗衬里一致，使填埋场形成一个完整的封闭式结构，把填埋的废弃物同环境完全屏蔽隔离。图 5-6 为典型的安全土地填埋场顶部覆盖系统结构示意图。该覆盖系统由五部分组成。填埋的废弃物之上为由黏土和高密度聚乙烯膜构成的顶部防渗覆盖层，黏土层厚 60cm，高密度聚乙烯膜厚 0.5mm；防渗覆盖层之上为由砂和砾石构成的排水层，厚度为 30cm；排水层之上为无纺布过滤层；过滤层之上为 60cm 厚的顶部土壤；最上部为植被。

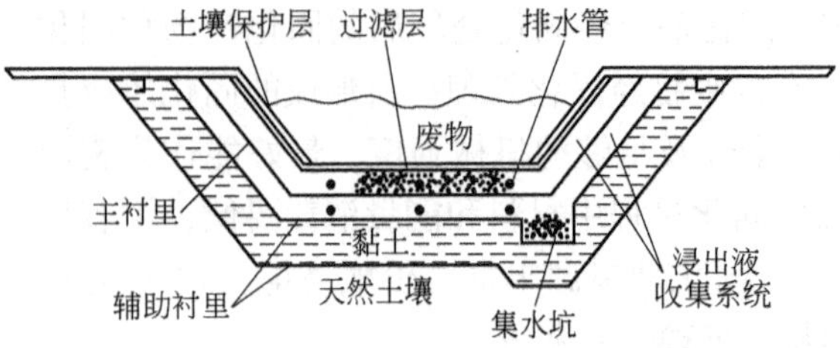

图 5-5　双衬里系统示意图

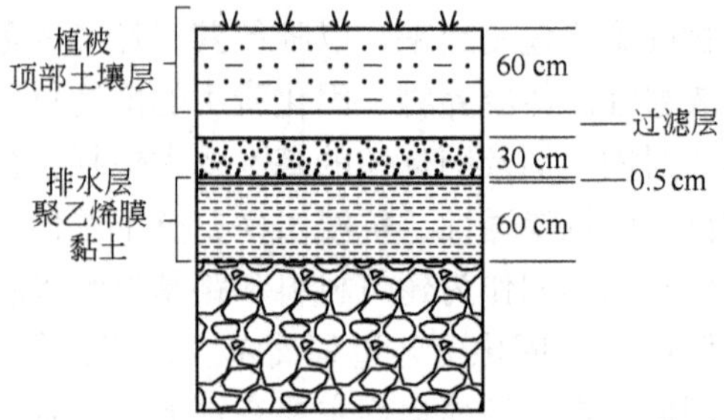

图 5-6　顶部覆盖系统

5.1.3.2　噪声污染控制材料

人们无时无刻不生活在有声的世界中。声音可以给人们的工作、学习和生活带来便利、愉悦和享受，也可能对人体健康和环境产生危害。人们通常将物体无规律振动产生的，由不同频率和不同强度的声音组合在一起的嘈杂之声叫做噪声。噪声是世界公认的公害之一，它直接危害到人们的身体健康。噪声的种类繁多，来源广泛。人们通常按来源将噪声分为两类：工业交通噪声和生活噪声，从噪声的危害和影响来看，工业交通噪声远大于生活噪声。按噪声产生的机理，工业交通噪声可分为机械性噪声、空气动力性噪声和电磁性噪声。

A　吸声材料

人耳接收到的噪声可能是从噪声源经空气媒介直接传播过来的直达声，也可能是经过各种物体表面反射回来的混响声。吸声就是通过在噪声源周围设置吸声材料或吸声结构吸收声能，降低噪声声波继续直线传播或反射传播的强度。吸声材料是具有大量通达表面的连续气孔，并对声音有较大吸收能力的材料。当声波到达材料表面时，部分声波直接射入微孔，部分声波遇到吸声材料的阻碍，并在边缘发生衍射现象，经衍射进入微孔。声波的进入，引起吸声材料孔隙内空气分子和构成材料中细小纤维的振动。由于空气和孔隙内壁之间的摩擦阻力，空气分子之间的黏滞阻力以及空气与吸声材料之间的热能交换，使大部分声能不断转化为热能而消耗，结果使反射出去的声波能量大大降低。常见的吸声材料有玻璃棉、矿物棉、软质纤维板、木丝板、聚氨酯泡沫塑料、水泥膨胀珍珠岩、岩棉板等。

多孔材料的低频吸声系数小，增加材料的厚度可提高吸声系数，但超过一定频率时，随着材料厚度的增加，吸声系数几乎无显著变化。因此，在某些情况下，通过增加吸声材料厚度的办法，既不经济，也达不到预期的吸声效果。这时若采用共振结构吸声能获得较好的低频吸声效果。共振是指振动体在周期性外力的作用下，当外力的频率与振动体的固有频率很接近或相等时，振幅急剧增大的现象。目前根据共振原理设计的共振结构有薄板共振吸声结构、单个空腔共振吸声体、穿孔薄板等。

B 隔声材料

隔声是用围护构件阻断声波的传播途径，减少声波传递效果的措施。在声波传播的途径中设置屏蔽物，使大部分入射声波反射回去，阻断声波的传播途径，我们把这种具有隔声功能的屏蔽物叫做隔声构件。常用的隔声构件包括隔声室、隔声罩和隔声屏等。

隔声室是用隔声效果较好的建筑材料建造的建筑物。设计隔声室时，需要考虑构件的结构、制造构件所用的材料的性质及入射声波的频率、入射角等因素对构件隔声量的影响。目前常用的隔声结构有单层隔声结构、双层隔声结构和用多层轻质复合材料（可以是金属或非金属）建造的隔声结构。制造构件所用材料包括金属、非金属板材，土木建筑材料等。

隔声罩通常由罩板、板内衬吸声材料构成。为使隔声罩能有较好的隔声效果，罩板应选择隔声性能优良的多层轻质复合材料制造；罩板内衬应选择吸声系数高的吸声材料。

隔声屏通常用于广泛区域内的噪声控制，如交通噪声。隔声屏的隔声效果与隔声屏的平面几何尺寸和形状、厚度、制造材料的声学性能、声波的波长有关。据测量，在道路两边安装防噪墙板，可使交通噪声降低 10dB 以上。世界上许多城市市区的高架路都安装了防噪墙板，有效地控制了交通噪声污染。这种防噪墙板是声学和材料学的有机组合，既要求有最低的声反射，又要有较强的吸声能力。一般都是由多孔无机复合材料制成。

另外，对公路路面摩擦产生的交通噪声，通过改变路面材料成分也可降低。例如，水泥路面比柏油路面产生的噪声要高，破损的路面比完好的路面产生的噪声要高。国外已有在路面材料中添加粉碎的废弃玻璃钢材料来改善路面质量的应用，也有通过改善路面的粗糙度来减小交通噪声的研究。另外，将废旧轮胎粉碎，添加到路面材料中，不但降低噪声，还大大改善路面质量。

5.2 环境污染修复材料

对于已经进入生态圈的污染物，采用常规手段已不能取得效果，必须应用环境修复技术。通过物理的、化学的、生物的方法将土壤、地下水、海洋中的有毒有害污染物吸收、转化或分解，从环境中去除的技术，就是污染修复技术。

多环芳烃类（PAHs）、多氯联苯类（PCBs）等有机污染物以及重金属等无机污染物由于在人工环境（如工厂、污水厂）没有得到有效去除，这样它们不仅存在于地表水中，而且通过径流和潮汐渗透进入到土壤和地下含水层中，如大量使用化肥和农药，工业废水的不达标排放，固体废弃物，特别是有毒有害的固体废弃物的堆放和填埋所引起的有毒物质泄漏，工业和交通中的事故性排放，都造成污染和二次污染。目前环境修复的工作主要是对污染水体和污染土壤进行研究。在污染水体中利用一些超能富集水生植物对水体中的污染物质进行吸附和富集，而在污染土壤中主要是利用物理/化学和生物的方法使污染物去除或转化，生物的方法是利用超富集生物进行污染物的去除。环境修复过程中用到的环境材料范围比较广泛，植物、微生物、土壤动物、天然矿物质、表面活性剂、微生物表面活性剂等都可作为环境修复材料来应用。

5.2.1 微生物修复

在已知的修复实例和正在进行的修复研究中，修复工具一般是微生物。修复工程中，微生物的种类、数量与活性都是决定生物修复效果的主要因素。

5.2.1.1 好氧微生物群

（1）无色杆菌属。有时也将其分类为不动杆菌属。该属细菌能够在以铵盐为氮源和以乙酸盐、丁酸盐或丙酮酸盐为碳源的简单培养基中生长。无色杆菌广泛存在于土壤和水体中，典型菌株为从原油污染的海滨分离得到的 Achromobacter sp. ATTC21910，具有将原油分散并降解的能力。

（2）芽孢杆菌属。芽孢杆菌大部分是革兰氏阳性菌，最适生长温度范围很广。能产生多种水解酶，具有很强的分解有机物的能力，在自然界特别是土壤中分布广泛。

（3）假单孢菌属。假单孢菌是革兰氏阴性菌，最适生长温度在30℃左右。许多假单孢菌具有降解芳香族化合物的能力，因此是污水处理和修复工程的主要细菌种类。

（4）动胶杆菌属。动胶杆菌是在活性污泥及生物膜中形成絮体结构的一类细菌的统称，它对反应器中的生物团的稳定起着重要的作用。

5.2.1.2 厌氧微生物群

在生物修复工程中，地下水和土壤内大部分处于缺氧状态和厌氧状态，厌氧微生物群对有机物的厌氧分解即在这样的环境下进行。对于复杂的大分子有机物，降解的第一步是要将它们水解为能够为微生物利用的小分子物质，这也是影响污染物降解或转化的关键。丁酸梭菌、乳杆菌、乳酸链球菌和一部分的芽孢杆菌等在水解过程中不可或缺。例如据报道，对六六六降解最为活跃的细菌是梭菌属的一种，这种细菌很容易在厌氧条件下降解 γ-六六六和 α-六六六。而在产甲烷阶段，各种产甲烷细菌则起着决定性的作用。它们一般为甲烷杆菌属、甲烷球菌属、甲烷微菌属。

5.2.1.3 降解有毒有害有机物的特殊微生物

20 世纪 70 年代以来，人们从腐烂的木材中分离得到了能降解木质素的微生物，主要是那些被称为白腐菌的真菌。同时也从它们的培养液中分离鉴别出了对木质素以及有一定结构相似性的多环芳烃降解真正起作用的酶。最重要的，也是目前研究与应用的最多的是黄孢原毛平革菌及其产生的木质素过氧化酶和锰过氧化酶。白腐菌所产生的能够降解木质素的酶系有一个显著特点，这就是它们对底物的非特异性。它们能够将结构和性质存在很大差异的化合物降解，如芳香卤化物、杀虫剂、燃料等。白腐菌也能降解脂肪类、醚类化合物。白腐菌仅是能够降解难降解有机化合物的微生物中的一种，表 5-7 给出了一些典型的这种微生物。

表 5-7 降解污染物的微生物

有机化合物	微生物
2，2-二氯丙酸	恶臭假单孢菌
氯乙烯	分支杆菌属
2-氯乙醇	假单孢菌

续表 5-7

有机化合物	微生物
二氯甲烷	好氧菌 DM1，生丝微菌属
反 1，2-二氯乙烯	甲基单孢甲烷菌，甲基球菌
氯代苯类	芽孢杆菌，短杆菌，产碱菌，厚单孢菌
	洋葱假单孢菌
	硝化假单孢菌属的氨氧化菌
三氯乙烯	不动杆菌属的好氧菌 G4
	苯诱导假单孢菌
	分支杆菌属丙烷氧化菌

5.2.1.4 能够转化或固定重金属的微生物

重金属污染的微生物修复包括两方面的技术：生物吸附；利用微生物改变重金属离子的氧化还原状态来降低环境的重金属水平。

一些微生物以重金属为营养元素，另一些能够吸附重金属，见表 5-8。

表 5-8 能够吸附重金属的微生物

微生物种类	菌 种	金 属	吸附量/$mg \cdot g^{-1}$
细菌	动胶菌	Cu	170
放线菌	S. loogwoodensis	U	440
霉菌	产黄青霉	Zn	100
	米曲霉	Cu	11
藻类	普通小球藻	Au	90
	褐藻	Co	100

在有毒金属离子的转化方面，以铬污染的微生物修复研究较多。在好氧或厌氧条件下，已知有许多异养微生物催化 $Cr^{6+} \rightarrow Cr^{3+}$ 的还原反应。Hauera selenatis 可以除去污水中 98% 以上的硒；铁还原细菌如 Geobacter metallireducens 和 Shewanella putrefaciens 可把高度水溶性的 Tc^{7+} 还原成难溶的形态；另一些铁还原菌可以把 Co^{3+}-EDTA 中的 Co^{3+} 还原成 Co^{2+}，这有较大的实用价值，因为放射性 Co^{3+}-EDTA 的水溶性很高，而 Co^{2+} 与 EDTA 结合较弱，可使钴的移动性降低。

5.2.2 化学药剂修复

5.2.2.1 土壤污染的化学修复

土壤污染的化学修复是用表面活性剂或有机溶剂来清洗土壤中的有机污染物。化学清洗的效率与清洗剂本身的物理化学性质及土壤对有机污染物、化学清洗剂的吸附作用有关。

由于表面活性剂能改进憎水性有机化合物的亲水性和生物的可利用性，因而被广泛应用于土壤及地下水有机污染物的化学与生物修复中。常用于污染土壤清洗修复的表面活性剂有：非离子表面活性剂（如乳化剂OP，Triton X-100，平平加，AEO-9等）、阴离子表面活性剂（十二烷基苯磺酸钠LAS、AES等）、阳离子表面活性剂（如溴化十六烷基三甲铵CTMAB）。由微生物、植物或动物产生的天然表面活性剂称为生物表面活性剂，它们通常比合成表面活性剂的化学结构更为复杂和庞大，单个分子占据更大的空间，因而临界胶束浓度（CMC，即表面活性剂分子在溶剂中缔合形成胶束的最低浓度）较低，清除土壤有机污染物效果较好，且生物表面活性剂更易降解。阴-非离子混合表面活性剂具有协同增溶作用，与单一表面活性剂溶液相比，吸附作用和沉淀作用均降低，从而作用于油类等有机物的有效浓度也相应提高，用于清除土壤中有机污染物的效果更好。除表面活性剂外，有机溶剂也可用来清除土壤中的有机污染物。

5.2.2.2 地下水污染的化学修复

地下水污染的化学修复主要有两种方式。一种是在地下水的原位修复（是指将污染物在其所在位置进行处置，无须将被污染的介质进行转移）中，向污染区域注入表面活性剂，增加疏水性有机物的溶解温度及生物可利用性。另一种如图5-7所示，是利用土壤和含水层中含有的黏土，在现场注入季铵盐阳离子表面活性剂，使其形成有机黏土矿物，用来截住或固定有机污染物，防止地下水进一步污染，并配合生物降解等手段，永久地消除地下水污染，用有机黏土现场修复地下水污染。

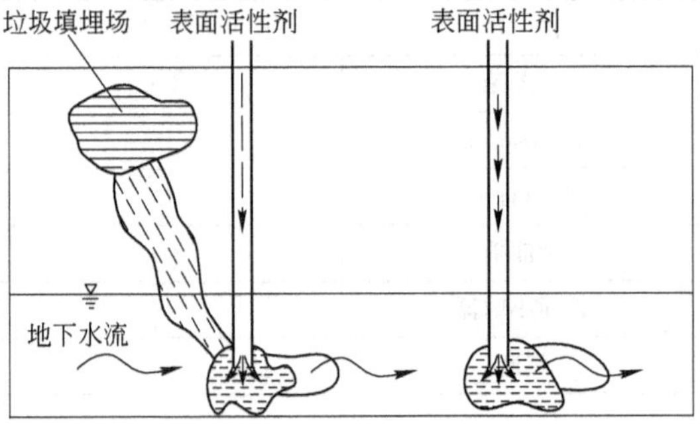

图5-7 地下水污染的化学修复

5.2.3 植物修复

植物修复是一个更经济更容易的污染修复方法，它适用于大面积、低浓度污染。植物修复对环境中重金属的去除效果最为明显。植物对重金属污染位点的修复有三种方式：

（1）植物固定。即利用植物及一些添加物质使环境中的金属流动性降低，生物可利用性下降，使金属对生物的毒性降低。在这一过程中，土壤的重金属含量并不减少，只是形态发生变化。

（2）植物挥发。即利用植物去除环境中的一些挥发性污染物，植物将污染物吸收到体内后又将其转化为气态物质，释放到大气中。

（3）植物吸收。即利用能耐受并能积累金属的植物吸收环境中的金属离子，将它们输送并储存在植物体的地上部分。

此外，核试验以及核反应堆的运行使核裂变副产物成为环境中的一类重要污染物。这些放射性核素长期存在于土壤和水体中，对人类及生物的健康带来很大的威胁。植物可从土壤中吸收并积累大量的放射性核素，用植物去除环境中的放射性核素已经有许多成功的实例。

5.2.4 环境矿物材料修复

天然矿物具有表面效应、孔道效应、结构效应、离子交换效应、结晶效应、溶解效应、水合效应、氧化还原效应、半导体效应、纳米效应、矿物生物交换效应等诸多效应，表现出独特的环境净化功能。天然矿物环境材料是指由矿物及其改性产物组成的与生态环境具有良好协调性或直接具有防治污染和修复功能的一类矿物材料。这些材料的原料是天然矿物，与环境有很好的相容性，且具有环境修复、环境净化和环境替代等功能。环境矿物材料的种类较多，目前研究较为广泛的主要有硅藻土、海泡石、蒙脱石、沸石、黄铁矿等。

A 硅藻土

硅藻是一种单细胞的藻类，其个体很小。当这种水生植物死亡后，其残骸在海洋或湖泊中沉积，形成硅藻土。硅藻土的成分80%以上为 $SiO_2 \cdot nH_2O$，也含有少量的Al、Fe、Ca、Mg、Na、K、P等，各地硅藻土矿的成分不同，含量也不同。硅藻土是一种多孔、密度小、比表面积大、吸附性好、耐酸、耐碱、绝缘的非金属矿。硅藻土比表面积大，堆积密度小，孔体积大，表面被大量硅羟基所覆盖，通常其颗粒表面带有负电荷，这样使其对重金属离子拥有良好的交换性和选择吸附性。硅藻土具有独特的纳米微孔结构，经过人工改性后，是一种理想的微孔吸附剂。用硅藻土处理重金属污染的方法不但简便、有效而且成本低，并且重金属在解吸时的释放率较低。

B 海泡石

海泡石属斜方晶系，为链层状水镁硅酸盐或镁铝硅酸盐矿物，主要化学成分是硅和镁。晶体结构具有两层硅氧四面体，中间一层为镁氧八面体。这种独特的结构使海泡石具有较大的比表面积和较强的离子交换能力，以及存在着物理吸附和化学吸附作用。较大的比表面积和多微孔结构，是海泡石具有较强吸附能力和分子筛功能的直接原因。海泡石可以分出3种吸附活性中心：（1）硅氧四面体中的氧原子；（2）在八面体侧面与镁离子配位的水分子；（3）在四面体外的表面由Si—O—Si键破裂而产生的Si—OH离子团。这些Si—OH离子团能与海泡石外表吸附的分子相互作用，并具有形成共价键的能力。吸附实验表明，海泡石和酸处理海泡石对重金属离子的吸附能力，以物质的量计算，其大小顺序为：Cu > Pb > Cd。对重金属 Cd^{2+} 和 Cu^{2+} 的吸附机制主要为同晶置换和表面配合作用；对重金属 Pb^{2+} 的吸附机制除离子交换、表面配合吸附外，在吸附溶液呈弱碱性时，还伴随表面沉淀发生。

C 蒙脱石

蒙脱石是典型的2∶1型层状结构硅酸盐矿物，具有巨大的比表面积和表面能。蒙脱石每个单位晶胞由两个硅氧四面体与一个铝氧八面体平行链所组成，在每个晶体构造层间吸附和放出水分子。蒙脱石具有较高的阳离子交换性能，表现出较强的吸附性，且容易使颗粒分裂成很细的带电粒子。大量的研究和试验表明，天然或经过适当改性的蒙脱石在处理重金属污染等方面效果良好。蒙脱石原土对重金属离子具有一定的吸附能力，若用蒙脱石吸附-絮凝法，即用蒙脱石-聚合氯化铝交联处理废水中的重金属，可使低浓度废水中 Pb^{2+} 等离子的去除率达93.1%，蒙脱石对 Cr^{3+} 的最大饱和吸附量为0.47mg/g，石灰或阴离子的加入会增加其对铬化合物的吸附容量，对 Cr^{6+} 的吸附能力大于 Cr^{3+}，α-蒙脱石可以交换吸附环境污水或污染土壤中 Cu、Pb、Zn 和 Cd 等重金属离子。

D 沸石

沸石是一类含水结晶质铝硅酸盐的沸石族矿物的总称。沸石按孔道体系特征分为一维、二维、三维体系。其空间网架状结构中充满了空腔与孔道，具有较大的开放性和巨大的内表面积，孔中有可交换的碱、碱土金属阳离子及中性水分子，脱水后结构不变，因而具有良好的选择性吸附、离子交换和分子筛等功能。离子交换性是沸石的重要性质之一。沸石晶格内部有很多大小均一的孔穴和通道，孔穴之间通过开口的通道彼此相连，并与外界沟通，孔穴和通道的体积占沸石晶体体积的50%以上。沸石含水量的多少，可随外界温度和湿度的变化而变化。在沸石晶格空腔（孔穴）中的 Na^{+}、K^{+}、Ca^{2+}离子和水分子与格架结合得不紧，具有较高的交换选择性，极易与其周围水溶液里的重金属阳离子发生交换作用，交换后的沸石晶格结构并不被破坏，水合离子半径越小的离子越容易进入沸石格架进行离子交换。沸石具有很大的比表面积因而能产生较大的扩散力。

E 黄铁矿

黄铁矿是地表最丰富的硫铁矿石之一，其化学成分是 FeS_2，是提取硫、制造硫酸的主要矿物原料。其晶体属等轴晶系，常有完好的晶形，呈立方体、八面体、五角十二面体。集合体呈致密块状、粒状或结核状，浅黄（铜黄）色。黄铁矿在一定条件下可溶解释放出 S^{2-}、Fe^{2+}和 Fe^{3+}等离子，S^{2-}与重金属离子结合生成难溶硫化物，发生沉淀转化、氧化还原和水解絮凝等复合作用而从废水中去除，初始酸度越高越有利于这一过程的进行。同时黄铁矿（FeS_2）在一定酸性条件下，表面易溶解，释放出 S^{2-}、Fe^{2+}、Fe^{3+}等具有还原性离子。在降低酸度时，铁经历了一个由溶出到产生絮凝吸附沉淀的过程，进一步促进重金属离子的沉淀完全。正是由于铁的硫化物矿的上述环境化学属性，国内外学者在运用黄铁矿控制废水或土壤中的 Cr^{6+}污染方面也已进行了较多研究。

此外，天然半导体矿物如天然含钒金红石等在紫外光或太阳光的作用下，可以被激发产生电子和空穴，同时半导体矿物晶体中往往富含各种金属离子，使其光谱响应范围拓宽，从而具有优良的光催化性能，这种光催化性能可将有机污染物完全矿化为无污染的小分子无机物。

可见，环境矿物材料这一新兴事物在处理重金属污染上具有易获得、成本低、效果好且不易出现二次污染和可循环利用等优势，应成为寻求成本低廉的环保技术、减少二次污染的重点研究方向之一。环境矿物材料必将在人类治理重金属污染与环境修复中发挥不可替代的作用。但同时我们也应该看到，环境矿物材料从实验室走向重金属污染治理的实际应用上还有许多问题有待研究。开发“资源型”环保矿物材料既可以扩大矿物资源的综合利用领域，又可大幅度降低环境污染治理成本，产生明显的经济效益和社会效益，这将是今后具有良好应用前景的研究发展方向。

5.3 环境替代材料

5.3.1 高环境负荷原料的替代材料

如果一个化学品的原料具有较高的环境负荷，则该化学品也很可能对环境具有较高的环境负荷。因此，寻找低环境负荷的原料是环境材料的研究内容之一。

5.3.1.1 碳酸二甲酯

碳酸二甲酯是近年来受到国内外广泛关注的一种用途广泛的基本有机合成原料，被誉为有机合成的“新基块”。碳酸二甲酯（dimethylcarbonate，简称 DMC）是一种常温下无色、微毒、略带香味、透明的可燃液体。其分子式为 $C_3H_6O_3$，结构式为 $CH_3OCOOCH_3$，相对分子质量为 90.08，相对密度为 1.073，闪点为 21.7℃（开口杯）和 16.7℃（闭口杯），黏度为 0.664mPa·s（20℃），常压沸点为 90.2℃。碳酸二甲酯微溶于水，但能与水形成共沸物，可与醇、醚、酮等几乎所有的有机溶剂混溶；对金属无腐蚀性，可用铁桶盛装贮存；微毒（LD_{50} =12900mg/kg，而甲醇的 LD_{50} =3000mg/kg）。碳酸二甲酯合成方法可分为三种：光气法、甲醇氧化羰基化法、酯交换法，后两种方法将成为未来碳酸二甲酯的主要生产方法。

由于碳酸二甲酯分子中含有甲氧基、羰基和羰甲基，具有很好的反应活性，可与醇、酚、胺、肼、酯等发生化学反应，故可衍生出一系列重要化工产品；其化学反应的副产物主要为甲醇和 CO_2。与光气、硫酸二甲酯（DMS）等反应的副产物盐酸、硫酸盐或氯化物相比，碳酸二甲酯副产物的危害相对较小。

碳酸二甲酯属于无毒或微毒化工产品。以碳酸二甲酯为原料，还可以开发、制备多种高附加值的精细专用化学品，在医药、农药、合成材料、染料、润滑油添加剂、食品增香剂、电子化学品等领域广泛应用。另外，其非反应性用途如作为溶剂、溶媒和汽油添加剂等也正在或即将实用化。碳酸二甲酯的发展将对煤化工、甲醇化工、一碳化工起到巨大的推动作用。1992 年碳酸二甲酯在欧洲通过了非毒性化学品的注册登记，被称为绿色化学品。碳酸二甲酯有望在诸多领域全面替代光气、DMS、氯甲烷及氯甲酸甲酯等剧毒或致癌物，进行羰基化、甲基化、甲酯化及酯交换等反应，生成多种重要化工产品。化工生产向无毒化和精细化发展，为碳酸二甲酯及其衍生物开发了许多新用途，并形成了一碳化学的重要分支。预计不久将形成一个以碳酸二甲酯为核心包含其众多衍生物的新型化学群体。

5.3.1.2 二氧化碳

二氧化碳问题是当今世界的热门课题，一方面是由于大气中二氧化碳浓度增加形成的“温室效应”等环境问题；另一方面是由于大量消耗煤、石油、天然气等燃料，引起的资源短缺，这两方面问题是相互影响和互相牵制的。为彻底解决上述问题，人们将二氧化碳作为“潜在的碳资源”加以综合利用。二氧化碳是化学上不活泼的惰性小分子，是氧化反应的最终产物。近年来为实现固定二氧化碳的目标，采用了各种方法，例如：生物化学方法（植物光合作用）、模拟生物化学方法（人工光合作用）、电化学还原法、半导体光电极固定法、催化活化方法（过渡金属配位催化活化法）等。采用过渡金属配合物作催化剂，尤其是金属钯的配合物或金属镍的配合物作为催化剂，可以有效活化二氧化碳，使它能与不饱和烃类（炔烃、烯烃、二烯烃等）反应，合成一系列不饱和内酯（是聚酯树脂的重要单体）和羧酸，这是一种新型固定二氧化碳的方法，有的反应产率高达 96%，是精细有机合成中少见的，可以说这是一种行之有效的方法。

二氧化碳的催化有机合成研究十分活跃。由于过渡金属配合物的形成，改变了配位体的反应活性，创造了有利的反应构型和空间条件，从而能在温和条件下实现以二氧化碳为基础原料的工业有机合成，有可能代替石油和煤作为有机合成的碳源。

今后的研究是进一步提高过渡金属配合物催化剂的活性与选择性，继续探究固定二氧化碳反应的各种控制因素；开拓烯烃类的新型基团与二氧化碳的反应过程，尽快形成新的生产能力，大力开发不饱和内酯的新用途。二氧化碳将作为潜在碳资源，为有机合成工业提供丰富的基本原料，合成许多有机化工产品，造福于人类。

5.3.1.3 过氧化氢

过氧化氢（H_2O_2）是一种强氧化剂，广泛应用于化工、医药、食品、电子、环保等领域，近年来，随着环保要求的提高，它作为一种“清洁氧化剂”越来越受到人们的关注。从原子经济性上讲，H_2O_2几乎是一种理想的氧化剂，提供一个氧，自身变为水，用它可一步制取许多化合物，使现有生产工艺大大简化。尤其是钛硅分子筛催化剂的开发成功，使H_2O_2参与的选择性氧化过程选择性高、无污染，且不会深度氧化。目前H_2O_2参与的反应主要有环氧化、羟基化、酮化、肟化（氨氧化）等，在替代原有工艺上表现出越来越大的优越性，其中苯酚羟基化制苯二酚和环己酮氨氧化制环己酮肟已有工业化生产。

邻苯二酚和对苯二酚是高价值的重要化学品，有着十分广泛的用途。20 世纪 60 年代邻苯二酚的制造方法有邻氯苯酚水解法和焦油裂解法，对苯二酚的合成方法有苯胺氧化法和对二异丙苯氧化法。20 世纪 70 年代有苯酚羟基化法，主要以 Cu^{2+}、Cr^{3+}、Fe^{3+}和 Co^{2+} 等金属离子或强无机酸为催化剂，以 H_2O_2 为氧化剂进行均相催化反应，得到邻苯二酚和对苯二酚的混合物，从而使成本下降，但所用 H_2O_2 浓度高，单程转化率比较低。20 世纪 80 年代以后，无铝钛硅沸石 TS-1 和 TS-2 出现，对很多有机化合物的选择性氧化反应具有优良的催化性能，引起人们的广泛重视。特别是在以稀 H_2O_2为氧化剂使苯酚直接羟基化生成邻、对苯二酚的反应中，表现出了很高的催化活性，具有反应条件温和、苯酚转化率和 H_2O_2有效利用率高、苯二酚选择性高、成本低、产品易分离和环境污染少等优点。

环己酮肟是生产尼龙-6 的重要原料，目前采用的环己酮肟合成方法均产生大量的硫酸铵，污染大。为了克服传统工艺造成的环境污染和有大量盐生成的缺点，实现环境友好，人们开发出了 TS-1 催化环己酮氨氧化反应工艺，该工艺具有反应条件温和、副产物少、能耗低、污染低及选择性高等特点。

环氧丙烷是一种无色，具有醚类气味的低沸点易燃液体，它是有机合成的重要原料，是除聚丙烯和丙烯腈之外丙烯的第三大衍生物。环氧丙烷主要用于生产聚醚、丙二醇、聚氨酯等，也是第四代洗涤剂非离子表面活性剂、油田破乳剂、农药乳化剂等的主要原料。已生产的下游产品近百种，是精细化工产品的重要原料，发展前景广阔。工业化生产环氧丙烷的方法主要是共氧化法和氯醇法，两者生产能力大约各占世界年生产能力的一半。共氧化法产生的“三废”较少，易于处理，基本上无腐蚀，是污染较轻的生产方法。但共氧化法生产工艺长，不适合中小规模经营，要求投资额大。传统氯醇法生产环氧丙烷，首先是使用氯水和丙烯发生氯醇化反应，生成中间体氯丙醇，然后用石灰乳进行皂化。每生产 1t 环氧丙烷需要消耗氯气 1.35～1.85t；产出副产物二氯丙烷 50～150kg，废渣 $CaCl_2$约 2t，含有机物的废水 40～80t。该方法的原料氯气是有毒气体，并腐蚀设备；同时，生产中伴随的低价值副产品以及废水和废渣，不仅浪费资源，也对环境造成了严重的污染。可见，现有的生产方法都存在缺陷，因此研究者们一直致力于开发一种流程简单、副产品少和无污染的绿色环氧丙烷制造工艺，新催化材料 TS 沸石分子筛的成功开发，给由丙烯和 H_2O_2反应合成环氧丙烷带来了希望。使用较廉价而安全的稀 H_2O_2作为氧化剂，在 TS-1 沸石催化剂作用下，丙烯环氧化反应条件温和，反应速率快，选择性极高，过程无污染，被誉为环氧丙烷的洁净生产技术。

在精细有机合成中，过氧化氢也是被经常使用的氧化剂。例如对羟基乙酰苯经氨氧化反应生成羟基苯乙酮肟，经 Beckmann 重排得到止痛药物——4-乙酰氨基酚；再如氧化偶氮类化合物，尤其是在液晶领域应用的具有芳基和烷基的氧化偶氮类化合物。

5.3.1.4 生物质资源

淀粉和纤维素是生物质资源最主要的两类。目前，将淀粉降解成葡萄糖，再以葡萄糖为原料，用细菌发酵和（或）酶进行催化，生产出我们所需的化学物质的方法，已经有一定的基础。纤维素是生物圈中最丰富的有机物，探索如何用它们来生产便宜的化学原料，是将来用生物质代替煤和石油的关键之一。与淀粉一样，纤维素也可以用来生产葡萄糖，但是更困难。目前以生物质资源生产的化学品数量还不足化学品年生产量的 2%，应大力开发生物质资源的利用技术。

A 微生物发酵法生产 1,3-丙二醇

1,3-丙二醇（PDO）是一种重要的化工原料，一般应用于聚酯和其他有机化合物的合成中，也可作为有机溶剂用于耐高压润滑剂、染料、油墨、防冻剂等行业。PDO 的迅速发展主要是因为它是合成聚对苯二甲酸丙二醇酯（PTT）的重要单体，而 PTT 是继 20 世纪 50 年代的聚对苯二甲酸乙二醇酯（PET）、20 世纪 70 年代的聚对苯二甲酸丁二醇酯（PBT）之后新研发出的一种极有发展前途的新型聚酯高分子材料，1998 年被美国评为六大石化新产品之一。与 PET、PBT 相比，PTT 具有高弹性、良好的连续印染特性、抗紫外线、抗内应力、低吸水性、低静电以及良好的生物降解性、可循环利用等多种优良特性，因此在地毯工业、服装材料、工程热塑料等众多领域应用前景十分广阔。

PTT 纤维生产的关键在于单体原料 PDO 的来源，其成本直接影响了 PTT 的工业化生产和应用规模。目前，仅有 DuPont 和 Shell 公司采用化学合成法进行 PDO 的小规模工业化生产，技术路线分别是德国 Degussa 公司的丙烯醛合成法专利技术和 Shell 公司自行开发的环氧乙烷合成法。化学合成法设备投资大、工艺要求严格、操作条件苛刻、副产物多、产品提取难度大、“三废”处理成本高。此外，化学合成法的最初原料是不可再生的石油，使得 PDO 的成本随石油资源的减少、油价的上升而上升。而微生物发酵法生产 PDO 以可再生资源——淀粉（糖）为原料，具有操作简便、反应条件相对温和、副产物少、污染少且容易处理等优点，引起了国内外相关企业和研究单位的高度重视。近年来德国生物工程研究中心（GBF），美国 DuPont、Genencor 公司，我国清华大学、大连理工大学、抚顺石油化工研究院等单位对生物法生产 PDO 进行了广泛深入的研究，研究工作集中在菌种代谢机理、关键酶、动力学特性、基因工程菌构建等方面，目标是使发酵法生产 PDO 这一先进工艺早日工业化。美国 DuPont 公司因在微生物发酵法生产 PDO 的出色工作，获得了 2003 年美国“总统绿色化学挑战奖”。

B 由可再生资源制备表面活性剂

目前，全球表面活性剂市场消费量约为 1080 万吨，主要为石油基产品，如烷基苯磺酸盐（LAS）、烷基酚醚、合成脂肪酸及其衍生物等。这些产品的用量在工业化国家中占表面活性剂用量的 70% ~75%，其中美国为 65%。美国目前有机化学品中的 10% 源于可再生资源，并计划在 2020 年和 2090 年分别达到 25% 和 90%。从产品的生物降解性和环境相容性来看，部分石油基表面活性剂的生物降解性差，如支链烷基苯磺酸盐、壬基酚聚氧乙烯醚等，长期使用会对环境造成危害，在发达国家已被禁止使用。相对于石油基表面活性剂而言，由可再生资源，如油脂和淀粉等制备的表面活性剂不仅生物降解性好，而且在对人体的毒性和刺激性等安全性方面明显优于石油基产品。因此，无论是从资源的易得性，还是从对环境和人体的安全性、相容性及可持续性发展方面考虑，研究和开发以天然可再生资源制备表面活性剂是十分必要的。

C 利用纤维素原料生产单细胞蛋白

纤维素质原料是自然界中存在量最大的一类可再生资源，由于这类资源含木质纤维素高，含蛋白质少，一般动物不易消化吸收，长期以来大都被烧掉或还田。为了充分、合理、有效地利用纤维质资源，使其转化为营养价值较高的饲料，许多国家都致力于研究其加工处理的方法，其中利用该类资源生产单细胞蛋白已成为开辟蛋白质资源最有发展前景的途径。

高酶活单细胞蛋白是用生物技术生产的具有较高酶活性、高蛋白质含量和多种生物活性物质的新型饲料添加剂，具有提高畜禽体重明显、节省饲料消耗、减少动物疾病等功效。

D 甲壳素/壳聚糖

自然界的有机物，数量最大的是纤维素，其次是蛋白质，排在第三位的是甲壳素，估计每年生物合成甲壳素100亿吨。纤维素来自植物，甲壳素主要来自动物，纤维素和甲壳素都是天然多糖。人们利用纤维素已有数千年的历史，而对甲壳素的利用和研究还只是近百年的事情，甲壳素真正引起人们的重视从20世纪70年代开始，现在已是热门的研究领域之一。

甲壳素是一种天然高分子化合物，属于碳水化合物中的多糖，其学名是β-（1→4）-2-乙酰氨基-2-脱氧-D-葡萄糖，是由N-乙酰氨基葡萄糖以β-1，4糖苷键缩合而成的。甲壳素结构式中糖基上的N-乙酰基大部分被去掉，就是甲壳素最为重要的衍生物——壳聚糖。甲壳素广泛存在于甲壳纲动物虾、蟹的甲壳，昆虫的甲壳，真菌（酵母、霉菌）的细胞壁和植物（如蘑菇）的细胞壁中。

甲壳素是一种无色、无毒、无味、耐晒、耐热、耐腐蚀、不怕虫蛀的结晶或无定形物。不溶于水、有机溶剂、稀酸和稀碱，可溶于浓硫酸、浓盐酸、85%磷酸，同时发生降解，相对分子质量由 $100\times10^4\sim200\times10^4$ 明显降至 $30\times10^4\sim70\times10^4$。在pH值为3时，壳聚糖的氨基可完全质子化。甲壳素可溶于一些特殊溶剂中，如二甲基乙酰胺-氯化锂、N-甲基吡咯烷酮-氯化锂等混合溶剂。

甲壳素、壳聚糖的化学结构与纤维素极其相似。纤维素是葡萄糖以β-1，4糖苷结合形成的多糖。当纤维素葡萄糖环2位置的羟基被乙酰胺基取代时就是甲壳素，被氨基取代则为壳聚糖。甲壳素中的乙酰胺基通常不易完全脱除，工业壳聚糖分子链通常含15%～20%的乙酰胺基。甲壳素分子排列在高度结晶微纤维的晶格中，这种微纤维位于无定形多糖或蛋白质机体中。甲壳素按晶体结构分为α型、β型和γ型三种，其中α型最为稳定，并在自然界中广泛存在。壳聚糖相对分子质量为 $1\times10^5\sim3\times10^5$，脱乙酰度80%～90%，是甲壳素最重要的衍生物，外观为白色或灰白色，微具金属光泽，溶于1%乙酸溶液后形成透明黏稠的壳聚糖胶体溶液。

甲壳素含有多种官能基团，极具反应活性，可进行交联、接枝、磺化、酰化、羧甲基化、烷基化、硝化、卤化、氧化、还原、配合等多种反应，生成不同的衍生物，其性质不同，用途也不同。

壳聚糖分子内含游离的氨基和羟基，反应活性比甲壳素还强，用途更为广泛。壳聚糖的吸湿性高于甲壳素，仅次于甘油，优于山梨醇和聚乙二醇。壳聚糖可通过螯合、离子交换作用吸附许多重金属离子、蛋白质、氨基酸和染料，对一些阴离子和农药也有吸附力。壳聚糖的主链可发生水解反应，β-1，4 苷链断裂，生成氨基葡萄糖。利用这一特性可制备一些难于直接制备的葡萄糖胺衍生物。

壳聚糖发生酰化反应可生成二丁酰甲壳素和对甲苯磺酰甲壳素等衍生物，这些衍生物可溶于多种溶剂。室温时壳聚糖在甲醇稀释的乙酸水溶液中能和酸酐发生 N-酰化反应。壳聚糖与醛作用生成亚胺基团在室温水介质中氢化还原，可实现 N-烷基化。壳聚糖在室温的 NaOH 溶液中与伯胺直接烷基化生成季铵盐。用 NaOH 处理壳聚糖在有机溶剂中的悬浮液可进行羧甲基化。壳聚糖可进行羟乙基化、氧化、氰乙基化、酯化等反应，在 γ-射线或催化剂作用下，能与丙烯酸类乙烯基单体交联或接枝共聚等。

甲壳素/壳聚糖作为低环境负荷原料，其应用领域主要有：纺织染整行业（制备纤维和纺织整理剂等）；可降解塑料；分离用膜材料；生物医学（人造皮肤、壳聚糖无纺布、壳聚糖流涎膜和壳聚糖涂层纱布等）；其他领域（化妆品中的发型固定剂、毛发保护剂、柔软剂、增稠剂和乳化稳定剂等）；在造纸业，甲壳素、壳聚糖可用于开发复合施胶剂、纸张增强剂、抗溶剂、纸张表面改性等；将甲壳素、壳聚糖用于水处理剂，可处理印染废水，既可捕集铜、铬等重金属，又可凝集废水中的染料；此外，甲壳素、壳聚糖可用作水果保鲜剂、酶固定剂、医用微型胶囊、牙科材料、隐形眼镜、饲料添加剂及色谱分离中的填充剂等。

甲壳素/壳聚糖作为一种性能优良的高分子材料，其多功能性、生物相容性、生物降解性是其他合成功能高分子无法比拟的。甲壳素高分子链的两个羟基和壳聚糖高分子中的两个羟基和氨基，能发生多种化学反应，生成极有开发价值的新功能材料，广泛用于高附加值新产品的开发。甲壳素/壳聚糖及衍生物作为低环境负荷原料，其开发潜力和应用前景是相当巨大的。

5.3.1.5 生态建筑原料

A 非金属矿产品

非金属矿产品具有一系列优异性能，是研究、开发和生产生态建材不可缺少的重要原材料。例如，采用硅灰石作为陶瓷原料时，可使陶瓷制品的素烧温度从 1280℃ 降低至 1090℃，釉烧温度从 1170℃ 降低至 1050℃，素烧时间从 50h 减少至 18h，从而节省能耗 30% ~40%。采用玄武岩粉代替黏土生产水泥时，烧成温度可降低 70 ~ 100℃，节煤 20%。又例如，20 世纪 80 年代兴起的免烧砖是以各种矿山尾砂、工业废渣为主要原料，加一定量的胶结剂和活性剂，经高压成型，自然养护而成的一种新型房屋建筑墙体材料。这种免烧砖与传统的黏土实心砖相比，节省能耗 70% ~80%，且生产过程中无废气、废水、废渣产生。既利废，又节能，也没有环境污染。

石棉是一种重要的非金属矿物，它具有耐热、隔热、绝缘、耐化学腐蚀、吸附性强、机械强度高等优良性能，但对人体有害。因此一些发达国家限制或禁止使用石棉。最近日本科学家研究出一种利用城市垃圾和石棉生产新型建材的技术，他们将垃圾灰与石棉按一定比例混合，进行高温煅烧，使其形成玻璃液相，其中不同元素进行化学反应，石棉转化为无害物质，进而形成强度高、硬度大的烧结体。这种烧结体是一种多孔物质，不仅可以作为建筑材料，还可以作为吸附材料和触媒载体，从而实现了垃圾资源化，石棉无害化。

此外，一些非金属矿物和岩石（如沸石、硅藻土、石盐、石膏、滑石、方解石、白云母、水镁石、蛇纹石、雄黄、雌黄、硼砂、辰砂、明矾石、麦饭石等）具有吸附有害物质的功能，是研究、开发和生产保健型生态建材的重要原材料。例如，硅灰石质的纯天然无机涂料具有发荧光、抗静电、消毒、除臭、净化空气等功能。瑞典研究的一种硅藻土涂料，能吸附带臭味的分子，而这些分子难以靠通风来排除，从而达到净化空气的目的。

B 秸秆墙材与板材

秸秆是纤维组分含量很高的农作物残留物，包括玉米、水稻、小麦、棉花、马铃薯等的秸秆。据联合国环境规划署报道，世界上种植的各种谷物，每年可提供秸秆 1.7×10^9t。据联合国粮农组织统计，全世界农作物秸秆纤维有66%直接还田或作为生活能源而被烧掉，19%作为房屋建筑材料或蔬菜生产覆盖材料等，12%作为草食家畜的饲料，另有3%左右作为手工艺业的原料。真正形成工业化规模生产的秸秆纤维资源化利用技术项目不多。我国是一个农业大国，秸秆资源非常丰富。在全国不少地区，大量的秸秆纤维没有得到充分利用，多数在田间付之一炬。这种处理方法，不但浪费资源，而且造成了严重的环境污染。

近年来，秸秆纤维复合材料及其制品成了复合材料研究的热点之一。现阶段秸秆纤维复合材料及其制品在建筑材料方面主要用作建筑和土工材料，包括：(1) 建筑用膜材：屋顶防水材料、道路施工材料、水利工程材料、环保工程材料等；用特种专用纤维生产的高级油毡复合材料，其性能大大超过传统的沥青油毡，寿命长5～10倍。(2) 建筑用结构或亚结构材料：围栏和护栏、门窗型材；正在开发中的用途有百叶窗、墙板等，将来还有可能用作建筑物的屋面板。

C 生态水泥

在废渣利用上，水泥工业的成绩非常显著。水泥材料是多组分的混合物，从理论上讲，凡是可以提供 CaO、SiO_2、Al_2O_3、Fe_2O_3的物质，均可作为水泥原料。传统的水泥生产采用石灰石、砂岩等天然矿物作原料，但从本质上讲，完全可以用其他含有类似成分的物质代替，如电石渣、煤矸石、粉煤灰、炉渣、铜矿渣、铜尾矿等。某些工业废渣的加入，不仅能够有效地节省水泥熟料，更重要的是能够改善和提高水泥的性能，如经过加工的矿渣可以提高硅酸盐水泥的抗渗、抗硫酸盐侵蚀等性能。近年来随着混凝土技术水平的不断提高，矿渣、粉煤灰等工业废渣在作混凝土掺和料方面的应用更广泛。由于水泥生产工艺过程具有高温、稳定和气固相热交换充分等特点，利用水泥生产过程焚烧处理可燃的工业废弃物及生活垃圾中的可燃物的方法，与其他的处理方法如填埋或采用焚烧炉焚烧相比有独特的优势，水泥回转窑窑内气体温度高达1800℃，物料温度1450℃，可保证有机物焚烧完全；气体在窑内停留时间4s以上，物料停留时间超过30min，有充分的焚烧时间；窑内高温气体湍流强烈，使废弃物焚烧更加彻底。同时水泥窑系统高效的除尘设备保证了废气的净化，限制了粉尘的排放。焚烧废弃物的残渣参与了水泥熟料的形成过程，避免了二次处理。

5.3.2 有毒有害化学品的替代品

5.3.2.1 氟里昂替代品

氟里昂（CFCs）是氯氟烃类化合物的商业名称，主要用于制冷剂、溶剂、塑料发泡剂、气溶胶喷雾剂及电子清洗剂等，当制冷系统破裂、渗漏或更换、清洗时均有可能造成CFCs的外漏。

CFCs的性质非常稳定，且其密度要大于空气，这些化合物在对流层几乎是化学惰性的，在大气中可以存在60～130年，经过一两年的时间，这些化合物会在全球范围内的对流层均匀分布，然后主要在热带地区上空被大气环流带入到平流层，风又将它们从低纬度地区输送到高纬度地区，从而在平流层内混合均匀。在平流层内，强烈的紫外线照射使CFCs分子发生解离，释放出高活性原子态的氯自由基，氯原子自由基是破坏臭氧层的主要物质。据估算，一个氯原子自由基可以破坏多达10^4～10^5个臭氧分子。然而更令人忧虑的是，CFCs具有很长的大气寿命，一旦进入大气就很难去除，这意味着它们对臭氧层的破坏会持续一个漫长的过程，臭氧层正受到来自人类活动的巨大威胁。

为保持臭氧层，使人类免受太阳紫外线的辐射及维护地球生态系统的平衡，联合国1985年制订了《保护臭氧层维也纳公约》，1987年又制订了《关于消耗臭氧层物质的蒙特利尔议定书》，对破坏臭氧层的物质提出了禁止使用的时限和要求，发达国家已于1996年1月1日，全部停止CFCs的生产和使用。作为CFCs生产和消费大国，我国已加入了上述两个公约，1993年，国务院正式批准了《中国逐步淘汰消耗臭氧层物质国家方案》。我国政府承诺，到2010年全国范围内全面停止对CFCs的生产、销售和使用。2002年1月1日起，我国率先在汽车空调禁用CFCs制冷剂，使用含CFCs制冷剂空调的汽车将不得生产和进口。

为减轻因CFCs的生产、使用限制而造成的影响，国际上自20世纪70年代以来就积极开展关于CFCs替代物的研制、生产和相关应用技术的研究。美、英、日、德等发达国家动用了大量人力和物力，投入了巨额资金，开展了CFCs替代物的研究。

CFCs是人工合成化合物，由氟、氯等元素取代烃中的氢原子，形成稳定结构，如甲烷的卤族衍生物CFC-11（$CFCl_3$），CFC-12（CF_2Cl_2）；乙烷的卤族衍生物CFC-113（$CF_2ClCFCl_2$），CFC-114（CF_2ClCF_2Cl）等。由于CFCs品种多、性能优越、应用面广，这给寻找CFCs替代物的研究工作带来一定的困难。一般而言，选择CFCs替代物的要求为：(1) 符合环境保护的要求；(2) 符合使用性能的要求；(3) 满足实际可行性的要求。从环境保护的角度来看，要求CFCs替代物的消耗臭氧潜能值（ODP）和温室效应潜能值（GHP）都应该小于0.1。从使用性能要求来看，必须考虑到替代物的热力学性质和应用物性等，能符合制冷、发泡、清洗等性能要求。特别是替代物必须满足可行性的要求，尽量避免可燃性的问题，生产工艺成熟可行及销售价格用户可以接受等。

A 代替CFC-12作为制冷剂的替代物

HFC-134a（1，1，1，2-四氟乙烷）是美国杜邦公司首先开发的一种代替CFC-12用作制冷剂的替代物。由于它具有与CFC-12相近的性质，其ODP值为零，是目前最具发展前景的替代物，各国化学公司正竞相开发工业化生产技术。国际上已建和在建的HFC-134a生产吨位已达年产约15万吨，是目前最具规模的CFC-12替代物品种。

HFC-134a 的合成主要是以三氯乙烯为原料的气相氟化法及以四氯乙烯为原料的多步合成法。

HFC-152a（1，1-二氟乙烷）与 HFC-134a 一样，对臭氧层无危害，它的工业合成工艺是成熟的，即用乙炔与无水氟化氢在催化剂存在下反应得到 HFC-152a。近年来开发出了用氯乙烯为原料合成 HFC-152a 的新技术，减少了“三废”并降低了能耗，使 HFC-152a 的生产也更趋合理。HFC-152a 的性能与 CFC-12 相近，可直接灌注家用冰箱。但由于它有一定的可燃性，在家用冰箱上的使用尚有争议。

HCFC-22（二氟氯甲烷）作为氟塑料原料早已是工业化产品又是家用空调器用的制冷剂。它是由氯仿与无水氟化氢在五氯化锑催化氟化下制备的。由于空调设备的大量生产和使用，使 HCFC-22 的年生产量达几万吨。由于 HCFC 类化合物也属于被禁用之列，但还可使用到 2030 年，故 HCFC-22 的生产量近几年有增无减。除用于家用空调器作制冷剂外，它也是许多混合工质的主要成分，用作不同场合的制冷剂。由于 HCFC-22 分子中仍然含有氯原子，对大气臭氧层有一定程度的破坏作用，这就存在代替 HCFC-22 的替代物问题。到目前为止，还没有发现单纯的化合物可用来替代 HCFC-22。有希望作为 HCFC-22 替代物的是由 HFC-32，HFC-125 和 HFC-134a 三者按一定配比组成的混合工质，这种替代物可在对现行空调设备不作大改动的前提下，获得较好的可用性。

B　代替 CFC-11 作为发泡剂的替代物

HCFC-123（1，1，1-三氟-2，2-二氯乙烷）是美国杜邦公司提出的用以替代 CFC-11 作为发泡剂的替代物。它有多种合成路线，主要是以四氯乙烯为原料出发的合成路线。四氯乙烯与氟化氢反应，先生成 CFC-113，再经重排生成 CFC-113a（1，1，1-三氟三氯乙烷），最后氢化得到 HCFC-123。这几步反应都是成熟的，但反应步骤多。使用铬类化合物作催化剂，由四氯乙烯与氟化氢用气相氟化法反应，可一步得到 HCFC-123 产物，产率近 70%，目前认为也是可行的制备方法。此外，以三氯乙烯与氟化氢反应制得的 HCFC-133a，再经氯化也可得到 HCFC-123 产品。

近年对 HCFC-123 进行毒性试验，发现大鼠内脏出现良性肿瘤，虽未见存活率下降，然而 HCFC-123 作为发泡剂的应用受到一定的限制。但这并不影响 HCFC-123 作为制冷剂在大型制冷机组中的应用。

HCFC-141b（1，1，1-二氯氟乙烷）是当前国际上生产量最大的 CFC 替代物品种之一，其沸点为 32℃，与 CFC-11 相似。以偏氯乙烯与无水氟化氢反应是制备 HCFC-141b 的简便方法。

目前，HCFC-141b 作为 CFC-11 的主要替代物，用作聚氨酯泡沫塑料生产的发泡剂。经试验证明，与 CFC-11 相比，其发泡效率提高 15%，但保温性略差。由于其气体有可燃性，所以要注意使用过程中的安全问题。

C　代替 CFC-113 作为清洗剂的替代物

清洗剂主要用于电子工业的各种组件及产品的清洗和精密仪器制造工业的零件及精密机械部件的清洗。日本旭硝子公司开发的 HCFC-225 被认为是有希望的 CFC-113 替代物。

HCFC-225 是 HCFC-225ca 和 HCFC-225cb 的混合物。其沸点分别为 51.1℃和 56.1℃，与 CFC-113 的 47.6℃相近。其合成方法可以是氯仿和四氟乙烯反应，再经氟化氢氟化而得。

从性能上来说，HCFC-225 可作为 CFC-113 的替代物，生产上也不会有大的困难，毒性试验正在积极进行之中。国际社会也认为是一种有希望的 CFC-113 替代物。但考虑到化学结构中仍然含有氯原子，所以不是长久使用的替代物。因此，为了降低 CFC-113 的污染程度，在其中添加 50% 水的清洗替代技术仍在不断开发和改进之中。

HFCs 与 HCFCs 均为易挥发，不溶于水的烃类衍生物。与 CFCs 相比，HFCs 和 HCFCs 含有一个或更多的 C—H 键，因而在低大气层（对流层）中，HFCs 和 HCFCs 容易受到 OH 的进攻。HFCs 不含氯，所以不具有与已证实存在的氯催化有关联的臭氧消失的可能性。虽然 HCFCs 含有氯，存在不容忽视的臭氧减少可能性，但研究表明其散发到平流层中的氯相对较少，它在对流层中就已降解，而臭氧层主要存在于大气平流层中。这些降解产物的大气浓度都非常低，目前认为，这些浓度极低的化合物不会对环境产生不良影响。所有产物的最终消除过程是渗入雨、海、云的水中并发生水解，因此对环境是友好的。

5.3.2.2 可降解塑料

随着塑料用量的与日俱增，废弃塑料所造成的“白色污染”已成为世界性公害，而其固有的不可降解性是造成环境污染的主要原因。目前废弃塑料的回收利用率很低，从而造成资源的巨大浪费，传统的以末端治理为主的塑料垃圾处理方法虽然能在一定程度上减轻塑料垃圾的污染，但代价昂贵，且易造成二次污染。因此，在人类环境保护意识日益提高的今天，研制与开发可降解塑料，减轻污染已是当务之急，势在必行。

A 生物降解塑料

生物降解塑料是指在自然环境中通过微生物的生命活动能很快降解的高分子材料。它是最重要的一类降解塑料。按照其降解特性可分为完全生物降解塑料和生物破坏性塑料。按照其来源则可以分为天然高分子材料、微生物合成材料、化学合成材料、掺混型材料等。

（1）天然高分子型生物降解塑料。天然高分子型生物降解塑料是利用淀粉、甲壳质、纤维素、蛋白质等天然高分子材料制备的生物降解塑料。其原料来源丰富，成品可完全生物降解，而且产物安全无毒性，因而日益受到重视。

天然高分子材料具有完全生物降解性，但是它的热学、力学性能差，往往不能满足工程材料的性能要求，因此目前的研究方向是通过对天然高分子改性，得到有使用价值的天然高分子降解塑料。

（2）微生物合成高分子型生物降解塑料。微生物合成高分子型生物降解塑料是由生物发酵方法制得的一类材料，主要包括微生物聚酯和微生物多糖，其中以前者研究较多。微生物聚酯易被栖生在大地、海洋、污泥等各种环境中的微生物分解。通过改变共聚聚酯的共聚成分，可以制成从类似晶体一样坚硬的塑料到富有弹性的橡胶等一系列材料，既可加工成结实的线，也可做成透明柔软的薄膜，呈现出多种多样的特性，其作为一种很有希望的材料在世界各国得到研究和开发。目前可用于合成微生物聚酯的细菌约有 80 多种，发酵底物主要为 $C_1 \sim C_5$ 的化合物。

这类产品有较高的生物分解性，且热塑性好，易成型加工，但在耐热和机械强度等性能上还存在问题，而且其成本太高，还未获得良好的应用，现正在尝试改用各种碳源以降低成本。

（3）化学合成型生物降解塑料。化学合成型生物降解塑料大多是在分子结构中引入酯基结构的脂肪族聚酯，在自然界中其酯基易被微生物或酶分解。目前已开发的主要产品有聚乳酸（PLA）、聚已内酯（PCL）、聚丁二酸丁二醇酯（PBS）等。其中，PLA 是以乳酸为单体聚合而成，但由于乳酸的提取、精制均较困难，生产成本较高。聚乳酸熔点为 175℃，稍高于熔点时即分解，它们在适宜的环境条件下可分解成低分子，再被微生物降解成二氧化碳和水。聚乳酸在生物体内可在酸碱催化作用下水解成乳酸和乙酸，并经酶代谢为二氧化碳和水，因此，目前作为医用材料已经商品化。聚乳酸经拉伸等二次加工还可制得力学性能优异的纤维和薄膜，强度几乎与尼龙纤维和聚酯纤维相同，柔软性优异，可作为新的纤维材料用于妇女的内衣和长筒袜等。但是，聚乳酸在室温下长期保存时，物性会降低，所以需要研究保存和稳定聚乳酸的方法。

（4）掺混型降解塑料。掺混型降解塑料是将两种或两种以上的高分子共混聚合，其中至少有一种组分为生物可降解的，该组分多采用淀粉、纤维素等天然高分子，其中又以淀粉居多。

淀粉作为微生物繁殖和发育生长的养分，在适宜温度和湿度环境条件下，淀粉颗粒被微生物吞食，在塑料制品中留下了许多微孔，造成制品的力学性能下降，制品开始崩裂、破碎，整体比表面积增大，更有利于微生物的分解和自然分解；同时在制品加工过程中添加不饱和脂肪酸类助剂，它可与土壤或水中金属离子反应生成过氧化物起到自动氧化的作用，能切断塑料分子主链，使相对分子质量变小，当相对分子质量下降到某一值时能被自然界中某些微生物分解，最终转变成水和二氧化碳，进入大自然循环。

B 光降解塑料

光降解是指高分子材料受到光照而发生包括物理力学性能变化、化学键断裂以及化学结构变化的过程或现象。在自然阳光或其他光源照射下，可引起光化学反应而降解的塑料称为光降解塑料。

a 共聚型光降解塑料

具体如下：

（1）一氧化碳共聚物。CO 与乙烯基化合物可发生共聚反应生成聚酮，聚酮分子链中含有大量的羰基，能发生和小分子酮类似的光化学反应，吸收太阳光中波长范围在 280～290nm 的紫外光，故聚酮类高分子材料在室外容易发生光降解，而在室内较稳定，聚酮受到紫外光照后，常温下主要发生 Norrish Ⅱ反应。

目前 DowChemical 和 DuPont 等公司进行了 CO 与乙烯共聚酮（E/CO）的工业规模生产，聚合过程通常需要高压高温，条件苛刻。E/CO 结构较为规整，熔点高，结晶性类似于 PE，其降解速度与链所含酮基数量直接相关，含量越高，降解速度越快。为了提高光降解速度，可在共混物中加入二氧化钛等。与淀粉、纤维素等生物材料共混可得到光和生物双重降解的高分子材料。低酮基含量的 E/CO 直接作为降解塑料，高酮基含量的 E/CO 常用于制作母料，与非光降解性聚合物共混制造光降解塑料。

除 E/CO 之外，丙烯、对叔丁基苯乙烯、降冰片烯等可与 CO 形成交替结构的聚酮。这些不同的结构，改变其降解速度及程度，可得到不同性能的光降解产品。

（2）乙烯基酮类共聚物。乙烯基单体如乙烯、丙烯、氯乙烯、苯乙烯、丙烯腈、甲基丙烯酸酯等，与乙烯基酮共聚，可以形成侧链含酮基的聚酮，采用的乙烯基酮可以是甲基乙烯基酮、苯乙烯基乙烯酮、甲基异丙烯基酮等。乙烯基单体-乙烯基酮类共聚物因主链为 C—C 结构，在加工条件下相当稳定，而在自然界光的作用下则易发生降解，其光降解以 Norrish I 型降解为主。

乙烯基酮与乙烯、丙烯的共聚物，以加拿大 Ecoplastics 公司的 Ecolyte 产品为代表，可用做杯子、盘、碟、垃圾袋、杂物包装袋等，其光降解性能优于 E/CO。这类聚合物的缺点是一在光的作用下，就开始发生降解，几乎没有诱导期，故常加抗氧剂达到调节诱导期的目的。

b 添加型光降解塑料

添加型光降解塑料是在聚乙烯、聚苯乙烯等通用塑料中添加光敏性添加剂，用机械混合的方法制得光降解性母料，再将其按比例添加到通用塑料中制成各种光降解塑料制品。

光敏剂是在紫外光区至红外区均有强吸收的有色化合物，这些物质能有效地吸收紫外光并生成自由基或者能将吸收的能量传递给大分子，诱导聚合物光降解。

用于制造添加型光降解塑料的树脂品种主要有聚乙烯、聚丙烯和聚苯乙烯等通用性聚合物，它们是大量使用的购物袋、垃圾袋等一次性包装以及某些农业用制品，如农用地膜等的原料。常用的光敏性添加剂有 N，N-二丁基二硫代氨基甲酸铁、二硫代氨基甲酸镍、乙酰水氧酸铁、乙酰水氧酸钴、乙酰水氧酸锰、二苯甲酮、乙酰苯酚、蒽醌等，用量约在 1% ~3%（质量分数）范围内。

添加型光降解塑料成本低，生产工艺简单，科研成果较多，也做过大田规模化应用试验和推广，做覆盖地膜使用效果较好。但其降解效果并不十分理想，一般曝光面降解比较彻底，而埋在土壤里的部分则降解较差。这类光降解塑料的降解诱导期可控制在两个月以上，但降解时间可控性较差。光降解塑料只有在光照下才能降解，受地理环境、气候制约性很大，且降解的准确时控性难度大，埋地部分和进入垃圾填埋系统的部分不能降解。由于存在上述问题，光降解塑料的大面积推广应用仍受到一定限制。

性能优良的光敏剂必须具有以下的综合功能：（1）热氧效应；（2）避光继续氧化降解；（3）可控光敏化；（4）光敏化能量能储存，从而实现突变释放等。国内外文献中已有硬脂酸铈、月桂酸铈、辛酸铈光敏剂用于聚乙烯、聚丙烯、聚苯乙烯等可控光降解塑料的报道。

C 光-生物双降解塑料

光-生物双降解塑料是结合光和生物双降解作用以达到完全降解的目的，它是目前国内外可降解塑料的主要研究、开发方向之一。其制备方法是采用在通用高分子材料（如聚乙烯）中添加光敏剂、促氧化剂、抗氧剂和作为微生物培养基的生物降解增敏剂等的添加型技术途径。光-生物双降解塑料可分为淀粉型和非淀粉型两种类型，目前采用淀粉作为生物降解助剂的技术比较普遍。

淀粉型光-生物双降解塑料是淀粉等添加剂首先被生物降解，削弱了聚合物的基质，使聚合物母体变得疏松，增大表面积与体积之比。同时日光、热、氧等条件引发光敏剂、促氧化剂和生物降解增敏剂的光氧化和自氧化作用等，导致聚合物的氧化、断裂，使聚合物分子降解到能被微生物所消化的程度，最终变成二氧化碳和水，被农作物吸收。

光-生物双降解塑料的生产工艺和设备都比较复杂，其中淀粉的细化和结构水的脱除以及温度控制是关键。由于其设备投资大、工艺复杂，进行市场化、产业化的推广不容易，从而限制了它的发展，又由于淀粉的细化成本较高，使得其生产成本相对较高。

D 复合降解塑料

复合降解塑料是集光降解、生物降解和化学助剂诱导性降解为一体的一种环境友好型可降解塑料。它是将价廉的碳酸钙粉、滑石粉等与光敏剂、化学助剂、聚乙烯（PE）等原料交联后制造而成的。此种塑料原料易得，生产工艺简单，加工成本低廉，降解快而彻底，对环境无污染，还能提高土壤肥力。

碳酸钙的添加量为60%～70%，由于其价格远远低于淀粉，使生产成本大幅度降低，使用碳酸钙做基料具有如下优点：制品的加工性能良好，热合性优良，抗撕裂强度提高，具有保温、保墒、保鲜功能，降解快且彻底，降解后可与土壤融为一体，对土壤无毒无害，对环境无污染，促进农作物增产，废弃制品可回收再利用，可沿用通用塑料的加工工艺和设备。

复合降解塑料的降解首先是通过诱导性光降解，使聚合物的大分子降低到能被微生物侵蚀、吞噬的相对分子质量以下，最后通过生物侵蚀性降解，达到快速彻底的降解目的，使源自自然的物质重新回到大自然当中。

复合降解塑料的生产工艺简单，首先对无机基质进行预处理，再与聚烯烃进行混炼交联，整个生产过程在双螺杆挤出机中一次完成。该法生产成本低，产品理化性能好，降解诱导期可控。此类塑料已在我国投入生产。

5.3.2.3 无磷洗衣粉

家用洗衣粉属于化学合成洗涤剂，其成分主要是表面活性剂和辅助组分。洗涤剂常用的表面活性剂主要有阴离子和非离子表面活性剂两类。

阴离子表面活性剂中，以直链烷基苯磺酸钠应用最为普遍，约占90%，其中应用最广的是十二烷基苯磺酸钠（$R\text{-}C_6H_4\text{-}SO_3Na$，LAS）。非离子表面活性剂中应用最广泛的是聚氧乙烯醚类，如脂肪醇聚氧乙烯醚（AEO-7和AEO-3）、烷基酚聚氧乙烯醚（TX-10）等。阳离子和两性表面活性剂去污力较弱，但可作辅助原料——助剂，起到杀菌、柔软、乳化、润湿、发泡、消泡、抗静电等作用。

辅助组分包括软水剂、碱剂、填充剂、漂白剂、酶制剂、荧光增白剂、羟甲基纤维素钠和香精、色素等。其中，软水剂又称金属配合剂，当水的硬度较大时，溶液中存在的钙、镁离子会影响表面活性剂的去污能力。软水剂可与钙、镁离子形成稳定的配合物，防止阴离子表面活性剂失活，提高表面活性剂利用率。实验室里常用的螯合剂是乙二胺四乙酸（EDTA），在实际生产中则主要使用三聚磷酸钠（$Na_5P_3O_{10}\cdot 6H_2O$，STPP）。作为最常用的一种配合助剂，三聚磷酸钠不仅有优异的软化水质、分散污垢、缓冲碱剂及抗结块等性能，而且价廉易得，性价比很高。当溶液pH值在4.3～14范围内，加入的磷酸盐对酸碱性有缓冲作用，不致因碱量的增减使pH值发生大幅度的变化；磷酸盐在洗涤剂配方中所占的比例很大，其用量常超过表面活性剂的量。磷酸盐的加入不仅使硬水软化，而且可以提高溶液起泡力和泡沫稳定性。此外，由于三聚磷酸钠含6个结晶水，不易吸收水分，可使洗衣粉保持良好的流动性与颗粒度，使成品干爽，便于包装，不致产生粉尘、吸潮、黏结等不良现象。

可见，磷酸盐是传统洗衣粉中的主要助剂，而洗衣粉作为洗涤衣物最主要的洗涤剂会导致大量含磷废水进入水体，这部分废水产生的最直接的危害就是水体含磷量超标，造成水体的污染。

由于三聚磷酸钠对环境的污染日益严重，出于对生态和环境的考虑，人们不断地研究和开发三聚磷酸盐的替代品，取得了不少成果，其中比较有效的助剂有：有机螯合助剂，如二乙胺四醋酸（EDTA）、氨基三乙酸（NTA）、酒石酸钠、柠檬酸盐、葡萄糖酸盐等；高分子电解质助剂，如聚丙烯酸盐；以及无机助剂人造沸石和层状硅酸盐等。目前普遍认为，无机助剂人造沸石和层状硅酸盐是比较有发展前途的洗涤助剂。

A　4A 沸石［$(Na_2O)_{12}(Al_2O)_{12}$］$\cdot xH_2O$

4A 沸石是具有多孔多穴结构的水合铝硅酸钠，其结构为三维立体硅（铝）氧骨架，由于其孔径为 4Å，故称之为 4A 沸石。由于钙离子的直径也为 4Å，4A 沸石可将钙离子吸附，而对镁离子的结合很微弱，因此它的软化水能力是有限的。4A 沸石 pH 值是中性，因此应在洗衣粉中添加一定的碱才能满足洗衣粉所需要的碱性。另外，4A 沸石不溶解于水，而且易与污物结合生成壳状水不溶物（即钙沉积），造成衣物的二次污染，漂洗困难，为此需要加入柠檬酸钠等作为分散剂。另外，洗涤剂行业所消耗排放掉的 4A 沸石，会在地表面形成新的堆积物，如造成排水管道堵塞，在河流中沉积形成污泥等，这对于生态、环境也将是一个负担，并有可能形成新的环境问题。中国于 20 世纪 90 年代就已开发研制出 4A 沸石并已工业化生产，目前国内的无磷洗衣粉大都采用 4A 沸石作为助洗剂，每年要消耗 4 万吨，但该种无磷洗衣粉的洗涤效果仍逊于含磷洗衣粉，特别是在水的硬度较大的北方地区更加明显。

B　偏硅酸钠 Na_2SiO_3

偏硅酸钠是可溶性硅酸盐系列，有带 9 个结晶水或 5 个结晶水的偏硅酸钠以及无水偏硅酸钠三种产品。因 Na_2SiO_3 可与水中的 CaO 结合生成 $CaSiO_3$，所以它对水中钙离子有较好的结合效果，但对镁离子结合效果很微弱。尽管偏硅酸钠生产工艺简单，生产成本较低，但性能达不到对助洗剂的要求，因此不能完全替代三聚磷酸钠。

C　层状硅酸钠（简称层硅）

层状硅酸钠是以硅酸钠（泡花碱）、氢氧化钠为原料在高温下制成 δ 型层状分子结构的可溶性硅酸盐，故称层硅。它首先由德国赫司特公司于 20 世纪 90 年代初开发研制成功，并已工业化生产，以 SKS-6 商品名在国际市场上销售。

层硅的分子结构为层状，其间距恰好是钙、镁离子的直径，所以它能有效地结合钙、镁离子，而且捕捉钙、镁离子的速度比三聚磷酸钠还要快，是优良的软水剂。在中等硬度的水中，1L 水投入 1.5g 层硅就可使水软化 1 个硬度。层硅由于是二硅酸钠，其水溶液为碱性。当 1L 水中含有 1g 层硅时，水溶液的 pH 值可达到 9.5～12，因此可以提供和保持洗涤过程中所需的稳定的碱度，使洗涤用品充分发挥洗涤效能。层硅的水溶性非常好，由于层硅水解以后成为配阴离子结构，使水中钙、镁离子不会聚积成大颗粒而沉淀，因此层硅具有抗再沉淀性能，对污垢微粒和油渍具有较好的悬浮作用。另外，层硅对稳定洗衣粉中的漂白剂作用显著，它不仅可以提高漂白剂的贮存寿命，而且有很好的协同效果，对表面活性剂也有较好的吸附作用，因此它更适用于浓缩洗衣粉的生产。层硅不含水，不会与洗涤剂中其他原料发生水解，所以能长久贮存而不失效。

层硅的主要成分是 SiO_2，无毒、无污染，用层硅生产的洗涤剂排放后，它的排放物也完全符合生态学、毒理学的要求，不会造成水质富营养化、污染环境等问题。可见，层状硅酸钠是一种非常理想的洗涤助剂产品，可完全代替三聚磷酸钠。

5.3.2.4 生物农药

化学农药是人类研制出来的用来消灭病虫害的有效药物。据统计，如果停止使用化学农药，作物产量将减产30%，水果将减产78%，蔬菜将减产54%，可见，农药是实现农业增产的重要手段，是农业生产不可缺少的生产资料，农药的使用对农业的发展是非常重要的。但是，大量传统化学农药在造福人类的同时，也给人类赖以生存的环境带来了严重的危害，并在很大程度上影响了我们的生活。由于化学农药的大量使用，空气、水源和土壤受到了污染，进而潜入农作物，残留在粮食、蔬菜、水果等食品中，或通过饲料、饮用水进入畜体，继而又通过食物链或空气进入人体，并在人身体中蓄积，危害人类健康。

传统农药的环境替代品应该是高效、低毒、安全、无残留、无公害的天然新型农药，对人、畜禽、作物和环境均无害。在众多的新型农药中，生物农药无疑是替代传统农药的首选品种。生物农药是指直接利用生物产生的生物活性物质或生物活体作为农药，人工合成的与天然化合物结构相同的农药，也叫生物源农药。与传统化学农药相比，它具有选择性强、无污染、靶标生物不易产生抗药性、对人体和家畜都没有副作用、生产原料广泛等优点。主要包括微生物农药、植物源农药、生物化学农药等。

A 微生物农药

微生物农药是指利用微生物本身或其代谢产物来防治植物病、虫、草害的制剂。具体包括微生物杀虫剂、农用抗生素和微生物除草剂。

(1) 微生物杀虫剂。微生物杀虫剂是目前应用最多的生物农药，约占整个生物防治剂的90%以上，已报道的有近1700种，包括细菌、真菌、病毒、立克次氏体和原生动物。已经商品化的微生物杀虫剂有三类：细菌杀虫剂、真菌杀虫剂和病毒杀虫剂。

细菌杀虫剂是利用对某些昆虫有致病或致死作用的杀虫细菌所含有的活性成分或细菌本身制成的，用于防治和杀死目标昆虫的生物杀虫制剂。如苏云金杆菌、球形芽孢杆菌等。

真菌是最早被发现引起昆虫疾病的微生物，也是首先被研制成杀虫剂的微生物。白僵菌是一种比较典型的真菌微生物杀虫剂，对防治松毛虫、玉米螟和水稻害虫黑尾叶蝉有特效。

在自然界，昆虫病毒可以感染许多农业害虫。目前已发现的昆虫病毒大约有1200种，我国分离出的昆虫病毒有近200种，其中很多都具有生物防治潜力。目前已有40多种病毒用于防治农林害虫，已列入商品生产的有棉铃虫病毒、甘蓝夜蛾病毒、黏虫病毒、松叶蜂病毒和松毛虫病毒等。

昆虫病毒可分为四类，即核型多角体病毒、颗粒体病毒、质型多角体病毒和昆虫痘病毒。

(2) 农用抗生素。也称为微生物杀菌剂，抗生素是微生物代谢产物，最初是用来治疗人类的细菌性疾病的，后来发现某些抗生素能抑制植物病原菌而无药害，现在已经有多种商品化农用抗生素用于农业生产。如井冈霉素（也称有效霉素）和多氧霉素等。

(3) 微生物除草剂。微生物除草剂是指从植物的致病微生物（真菌、线虫、病毒）中提取具有除草活性的物质来防治田间杂草。主要有杂草菌素（用于防除水田稗草等禾本科杂草）、细交链孢霉素、茴香霉素等。

近年来，从微生物代谢产物中开发新型除草剂最成功的有双丙氨酰膦和草胺膦，双丙氨酰膦是从 Streptomyces hydrossopius 发酵液中分离的一种有机磷双肽化合物，德国赫司特公司又以双丙氨酰膦为模板，人工合成开发出草胺膦，双丙氨酰膦和草胺膦都为非选择性内吸输导型高效除草剂，广泛用于果园、苗圃、橡胶园等，可防除多种一年生和多年生禾本科杂草及阔叶杂草。

B　植物源生物农药

植物源生物农药是从植物体内提取某种化合物或混合物而制成的，据 Ahmed1985 年资料，全世界已报道过 1600 多种具有控制有害生物的高等植物，其中具有杀虫活性的 1005 种，杀螨活性的 39 种，杀线虫活性的 108 种，杀鼠活性的 109 种，杀软体动物活性的 8 种，对昆虫具有拒食活性的 384 种，忌避活性的 279 种，引诱活性的 28 种，引起昆虫不育的 4 种，调节昆虫生长发育的 31 种，抗真菌的 94 种，抗细菌的 11 种，抗病毒的 17 种。

植物源农药主要有除虫菊素、烟碱、鱼藤酮、苦皮藤、印楝、川楝、苦参碱、茴蒿素等杀虫剂，赤霉酸、芸苔素、脱落酸、乙烯衍生物、激动素等植物生长调节剂。其中吡虫啉主要用于防治果树上的梨木虱、黄粉虱、黄蚜、桃蚜、潜叶蛾；各种作物上的蚜虫；蔬菜上的蓟马、美洲斑潜蝇、白粉虱；棉花上的苗蚜、伏蚜；水稻上的稻飞虱等。10% 的吡虫啉粉剂每亩只需 5～20g，持效期长达 25 天以上，每亩成本仅需 1 元左右，具有广谱、高效、低毒、价廉、低残留，害虫不易产生抗性，对人、畜、植物和天敌安全等特点。印楝是一种原产于印度的亚热带经济树种，是目前世界上公认的理想的杀虫植物。印楝素（azadirachtin，AZ）是从印楝树种里提取的一种生物杀虫剂，是一类高度氧化的柠檬素，它带有许多相似的官能团。印楝制剂施于土壤，可被棉花、水稻、玉米、小麦、蚕豆等作物根系吸收，输送到茎叶，从而使整株植物具有抗虫性。目前，已知印楝素制剂对 400 余种昆虫表现出不同程度的生物活性。可有效地防治舞毒蛾、日本金龟甲、烟芽夜蛾、谷实夜蛾、斜纹夜蛾、菜蛾、潜叶蝇、草地夜蛾、沙漠蝗、非洲飞蝗、玉米螟、稻褐飞虱等多种害虫，是世界公认的广谱、高效、低毒、易降解、无残留的杀虫剂。

C　动物源生物农药

动物源生物农药是提取动物产生的对农业有害生物具有毒杀、调节和抑制作用的组分而制成的生物活性物质制品。

（1）昆虫内源激素。昆虫内源激素是昆虫的内分泌器官或某些组织所分泌的具有特殊作用的生理活性物质或特殊化学物质，只在昆虫体液中流动，不排至体外，主要包括保幼激素和蜕皮激素两类，它们具有调节昆虫生长发育的功能。

保幼激素是由昆虫咽侧体分泌，抑制昆虫器官正常生长发育使其保持幼虫形态特征的激素。化学家已合成了上千种具有保幼激素活性的物质，作为农药注册登记并实际投入大面积使用的有烯虫酯、蒙-512、双氧威等。

蜕皮激素是由昆虫胸腺分泌产生的激素，可控制昆虫的蜕皮过程。当保幼激素存在时，主要起蜕皮作用；当保幼激素不存在时，蜕皮激素可促使幼虫脑神经以及中肠等内部器官分化，发生变态。蜕皮激素的主要成分属类固醇化合物，现已能人工合成。此种激素可使昆虫发生反常的蜕皮，并引起死亡，故可作防治害虫之用。1954 年从家蚕肾中分离出了第一种蜕皮激素，至今已从昆虫中分离鉴定出了 10 余种蜕皮激素，如近年来 RhomHass 公司开发成功的抑食肼（RH-5849）。

（2）昆虫信息素。昆虫信息素是由昆虫的某种组织或器官分泌，能在体外散布，借空气、水或其他媒介传送的外激素。信息素的种类很多，不同昆虫通过信息素的释放向种内和种间昆虫传送各种信息，主要有性信息素、产卵忌避素、报警激素、集合信息素及跟踪信息素。其中用来诱杀和干扰昆虫正常行为的昆虫性信息素是治理害虫的一个重要手段，如巴基斯坦通过使用棉铃虫性信息素防治棉铃虫达到了100%干扰交配，节省农药50%的效果。

（3）原生动物。在原生动物中，微孢子虫作为微生物杀虫剂使用广泛，它的宿主范围广，包括鳞翅目、直翅目、鞘翅目、半翅目、膜翅目和蜉蝣目的多种昆虫。常用的有蝗虫微孢子虫、行军微孢子虫和云杉卷叶蛾微孢子虫等。近年来，我国采用蝗虫微孢子虫饵剂防治东亚飞蝗、亚洲际小东蝗、宽须蚁蝗、白边痂蝗、皱膝蝗等优势种蝗虫，每年防治面积达$8\times10^8\sim10\times10^8 m^2$。

（4）昆虫忌避剂。据报道，昆虫和其他节肢动物产生的昆虫忌避剂有296种，但昆虫忌避剂目前仅限于卫生害虫的防治，如避蚊胺、避蚊醇，在农业方面迄今未有成功的报道。

（5）节肢动物毒素。这一类型毒素是节肢动物（包括昆虫）产生的用于保卫自身、抵御敌人、攻击猎物的天然产物，如沙蚕毒素、斑蝥素、蜂毒、蝎毒等。例如从异足索蚕中分离的沙蚕毒素难以用沙蚕活体培养，但通过对其结构分析表明，沙蚕毒素的化学结构简单，可以人工合成。经仿生改造后，活性大为提高，开发出如杀螟丹、杀虫双、杀虫单、巴丹等一系列沙蚕毒素类商品化杀虫剂，现已成为防治水稻螟虫、潜叶蝇等的重要药剂。

5.3.3 环境友好型能源材料

5.3.3.1 环境友好型燃料

A 清洁汽油

汽油是汽车最常用的燃料。汽油和空气混合后被吸入发动机汽缸中，通过压缩使气体混合物升压，达到一定的程度后点火便会剧烈燃烧，但一部分汽油不等点火就超前发生了爆炸式燃烧，这种不能控制的燃烧过程，称为爆震。汽油的爆震既损失能量、浪费燃料，又损坏汽缸。爆震现象与汽油的化学组成有关，汽油中直链烷烃在燃烧时发生的爆震程度比较大，而芳香烃和带有支链的烷烃则不易发生爆震。经比较发现，汽油中以正庚烷的爆震程度最大，而异辛烷的爆震程度最小。人们把衡量爆震程度大小的标准叫做辛烷值，把正庚烷的辛烷值定为0，异辛烷的辛烷值定为100。汽油的辛烷值越高，汽油的抗爆性能越好。四乙基铅是最常用的汽油抗爆剂，只需少量的四乙基铅就能大大提高汽油的辛烷值，从1921年起，四乙基铅作为有效而又经济的汽油抗爆剂被广泛使用。

四乙基铅［$(CH_3CH_2)_4Pb$］是一种带有水果味、具有毒性的油状液体，它的毒性要比铅及铅的化合物大100倍。由于汽油中添加了四乙基铅，导致铅随汽车尾气被排放到大气中，污染环境。此外，铅的存在还可使汽车尾气净化装置中的催化剂“中毒”而失去净化效果，使机动车排放大量氮氧化物、一氧化碳等二次污染物。因此，早在1972年12月，美国就宣布逐步淘汰含铅汽油，到1996年1月1日，美国已实现全面禁止含铅汽油。日本1985年也实现了普通汽油无铅化。我国于20世纪90年代初，在北京、上海、广州等少数大城市首先使用无铅汽油，目前全国范围已实现车用汽油的无铅化。

所谓无铅汽油，是指提炼过程中没有添加含铅抗爆剂的汽油，代替铅的添加剂是甲基叔丁基醚（MTBE）。这种组分沸点低，可以改善汽油的蒸发性能，对汽车的启动、加速以及提高发动机的功率有利。无铅汽油还可以减少汽车尾气中一氧化碳和氧化氮的含量，大大减轻了对环境的污染。无铅汽油虽然基本上消除了汽车尾气的铅污染，但并没有从根本上解决汽车尾气的其他污染问题。无铅汽油在燃烧时仍可能排放有害气体、颗粒物和冷凝物，对环境、人体健康的危害依然存在。

世界各国非常重视提高燃料的质量，推荐使用清洁汽油。美国1990年通过了清洁空气法修正案，即美国环境保护署提出使用新配方汽油（RFG）的要求。RFG规定的指标为：氧含量，最低2.1%（质量分数）；芳烃，最高25%（体积分数）；苯，最高1.0%（体积分数）；烯烃12%（体积分数）；蒸汽压，44～68.9kPa。中国国家环保总局也已于1999年颁布了《车用汽油有害物质控制标准》，该标准要求氧含量不小于2.7%；硫含量不大于0.08%（质量分数）；苯含量不大于2.5%（体积分数）；芳烃含量不大于40%（体积分数）；烯烃含量不大于35%（体积分数）。新标准的实行将使我国汽车尾气污染大幅度下降。配合采用电喷发动机（电子控制汽油喷射式发动机）和三元催化装置，将使燃油更充分地燃烧，可使尾气污染减少。

B 天然气及液化石油气

天然气、液化石油气（LPG）是常用的工业及民用燃料，也可以作为汽车代用燃料，天然气的主要成分为甲烷，纯度较高，含甲烷80%，其他烷烃约占15%。LPG的主要成分是丙烷、丙烯、丁烷、丁烯等化合物。利用天然气、液化石油气代替汽油作为机动车燃料具有以下优点：（1）资源丰富，污染小；（2）抗爆性能好，燃料经济；（3）技术成熟；（4）使用安全；（5）延长汽车发动机寿命。

目前天然气的储存方法中应用最广的是压缩天然气（CNG）技术，它是将天然气压缩至储气瓶内，其压力大约为20MPa，在汽车上经过减压设备减压后供内燃机燃烧。另一种大有前途的天然气的储存技术是吸附天然气（ANG），它是在气瓶内加入特殊的吸附剂，可在较低的压力下存储天然气，存储密度与CNG相当，目前优良的吸附剂还有待开发。

利用天然气作为汽车燃料的主要不足是动力性低，燃料容器耐压性、密封性等要求高，加气站建设投资大，发动机混合与控制技术要求高等缺点。汽车以天然气为燃料时，发动机功率下降20%以上。我国长安大学2003年3月以汽油机汽车改装的天然气汽车，由功率不足原车的80%达到原车的95%以上，加速性能也大幅提高，运行总能耗下降14.6%。

C 二甲醚（DME）

二甲醚也是一种较理想的汽车代用燃料。二甲醚的分子式为CH_3OCH_3，在常温、常压下为无色、无味气体，常温下蒸气压为0.5MPa，相同温度下，二甲醚的饱和蒸气压低于液化气，极易压缩液化，储存运输比液化石油气更安全。

二甲醚主要用作溶剂、制冷剂、抛射剂和合成其他化工产品的中间体。由于二甲醚分子中自身含氧，组分单一，因此燃烧性能好，热效率高，燃烧过程无残留物、无黑烟，CO、NO_x排量低，是公认的清洁能源，近年来许多国家已将其作为代替柴油、液化石油气的潜在能源来开发和应用。

（1）替代柴油发动机的燃料。使用柴油发动机的汽车的主要问题是尾气中氮氧化物和黑烟的排放。研究表明，二甲醚是柴油发动机理想的替代燃料。二甲醚十六烷值大于55，具有优良的压缩性，非常适合于压燃式发动机，可用作柴油机的代用燃料。

（2）替代液化石油气作民用清洁燃料。二甲醚的物理性质与液化石油气相似，可替代液化石油气作为民用清洁燃料。二甲醚作民用清洁燃料有5个优点：1）可燃性好，二甲醚本身就是含氧燃料添加剂，其燃烧充分、完全，无碳析出，几乎无残留物，废气无毒，符合卫生标准；2）液化压力低，常温下二甲醚蒸气压力约为0.5MPa，低于液化气和天然气，在室温下就可压缩成液体，可用液化气储罐灌装，能确保运输安全，同时因其常温下为气体，不需预热，随用随开，快捷方便；3）无毒性，二甲醚对人体呼吸道、皮肤有轻微刺激作用，但对人体无毒性反应；4）安全可以控制，其爆炸下限比液化气高1.3倍，爆炸隐患大大缩小；5）燃烧值高。

5.3.3.2 燃料电池

由于一次能源的匮乏和环境污染的影响，国际上要求开发利用新的清洁再生能源的呼声日益提高。燃料电池由于具有能量转换效率高、环境污染小等优点而受到世界各国的普遍重视。燃料电池是唯一同时兼备无污染、高效率、适用广、无噪声、具有连续工作和积木化的动力装置。预期燃料电池会在国防和民用的电力、汽车、通信等多领域发挥重要作用。

按照燃料电池的电解质不同，可将燃料电池分为以下五类：

（1）碱性燃料电池（AFC）。AFC采用氢氧化钾溶液作为电解液，这种电解液效率很高（可达60%～90%），但对影响纯度的杂质，如二氧化碳很敏感，因而运行中应采用纯态氢气和氧气，必须使用Pt、Au、Ag、Ni、Rh等贵金属做催化剂，价格昂贵。电解质的腐蚀严重，寿命较短。

（2）质子交换膜燃料电池（PEMFC）。PEMFC采用专门合成的极薄的质子交换膜作为其电解质，用Pt作催化剂，在50～100℃下工作，但在该温度下Pt对CO极其敏感。这种电解质具有高的功率/重量比和低的工作温度，目前通用的是由美国杜邦公司生产的全氟磺酸型质子交换膜。这种电池具有启动快、耐腐蚀、能量密度大、寿命长、运行可靠等优点，是理想的可移动电源，是电动汽车、潜艇、航天器等移动工具电源的理想选择之一。

（3）磷酸燃料电池（PAFC）。PAFC采用200℃高温下的磷酸作为其电解质，采用酸性电解液可克服生成的CO_2的成盐反应，对燃气（煤气、天然气）和助燃气的纯度要求较低，可使用普通空气作助燃气，但磷酸在高温下腐蚀性强，需使用耐腐蚀的电极材料。这种电池发电效率高、清洁、噪音小，很适合于分散式的中小型热电联产系统。

（4）熔融碳酸盐燃料电池（MCFC）。MCFC采用熔融碳酸盐（$KLiCO_3$）作为工作电解质，其工作温度可达650℃，使用Ni作催化剂。此类燃料电池以CO为燃气，可采用丰富的煤炭为原料，经转化为煤气后输入到燃料电池中发电，这种电池的效率很高，但电解质对电极材料的腐蚀严重，适宜建设区域性分散电站。

（5）固体氧化物燃料电池（SOFC）。SOFC采用的是固体氧化物（如氧化锆）作电解质，工作温度约为1000℃。尽管工作温度很高，但这种固体氧化物不腐蚀电极材料，电池的寿命较长（已达到70000h），可使用煤气、天然气作为燃料，发电效率很高，适宜建设大中型固定电站。

近20多年来，燃料电池经历了碱式、磷酸、熔融碳酸盐和固体电解质等几种类型的发展阶段。美、日等国已相继建立了一些磷酸燃料电池电厂、熔融碳酸盐燃料电池电厂、质子交换膜燃料电池示范电厂，并已开始作为汽车、潜艇等的动力进行应用。

燃料电池与其他动力相比具有如下一些特点和优势：（1）能量转换效率高；（2）污染小、噪声低；（3）可靠性高；（4）比能量或比功率高；（5）适用能力强。

5.3.3.3 氢能

许多科学家认为21世纪最有前途的能源有两种：一种是氢能，另一种是受控核聚变能。而这两种能源都与氢元素息息相关，前者直接利用氢，后者则利用氢的同位素——氘。

氢位于元素周期表之首，它的原子序数为1，在常温常压下为气态，在超低温高压下又可成为液态。在所有元素中，氢的质量最轻，在标准状态下，它的密度为0.0899g/L；在-252.7℃时，可成为液体，若将压力增大到数百个大气压，液氢就可变为金属氢。氢广泛蕴藏于浩瀚的海洋之中。海洋的总体积约为$13.7\times10^{8}km^{3}$，若把其中的氢提炼出来，约有$1.4\times10^{17}t$，所产生的热量是地球上矿物燃料的9000倍。此外氢还广泛存在于各种矿物燃料（煤、石油、天然气）及各种生物质中。

氢是一种极为优越的新能源，其主要优点有：（1）燃烧热值高，每千克氢燃烧后能放出142.35kJ的热量，约为汽油的3倍，酒精的3.9倍，焦炭的4.5倍，是所有化石燃料、化工燃料和生物燃料中最高的；（2）清洁无污染，燃烧的产物是水，对环境无任何污染；（3）资源丰富，氢气可以由水分解制取，而水是地球上最为丰富的资源；（4）适用范围广，既可以通过燃烧产生热能，在热力发动机中产生机械功，又可以作为能源材料用于燃料电池；（5）用氢代替煤和石油，不需对现有的技术装备作重大的改造，现在的内燃机稍加改装即可使用。

开发氢能的关键技术包括两方面：一方面要解决制氢问题；另一方面要解决氢的贮存及运输问题。

目前制氢工艺主要有：（1）利用太阳能发电和水力发电等提供电力电解水；（2）以水为原料，利用热化学循环分解水制氢；（3）光化学制氢，即以水为原料，光催化分解制取氢气；（4）以煤、石油及天然气为原料制取氢气；（5）用矿物燃料制氢；（6）煤地下气化方法制氢。

上述制氢方法中，第（4）种方法仍是当今制取氢气最主要的方法，但其储量有限，且制氢过程会对环境造成污染。制得的氢气主要作为化工原料，如合成氨、合成甲醇等。用矿物燃料制氢的方法包括含氢气体的制造，气体中CO组分变换反应及氢气提纯等步骤。该方法在我国具有成熟的工艺，并建有工业化生产装置。煤地下气化方法近年来已为人们所重视，地下气化技术具有煤资源利用率高及减少或避免地表环境破坏等优点。

目前，高压容器贮氢是贮存氢气的主要方法，贮氢压力为12～20MPa，一般一个充气压力为20MPa的高压钢瓶贮氢重量只占其中的1.6%，无论单位体积贮氢能力还是能量密度均较低，当然还有安全性差的问题。因此，利用一般的高压容器贮氢作为汽车、飞机等交通工具的燃料，无论在经济上还是在安全性上都不太适合。当前最有希望的贮氢方法是利用金属氢化物方式贮氢，研究证明，某些金属具有很强的捕捉氢的能力，在一定的温度和压力条件下，这些金属能够大量“吸收”氢气，与金属反应生成金属氢化物，氢原子贮存于金属结晶间隙，同时放出热量。将这些金属氢化物加热，它们又会分解，将贮存在其中的氢释放出来。这些会“吸收”氢气的金属，称为贮氢合金。目前研究发展中的贮氢合金，主要有钛系贮氢合金、锆系贮氢合金、铁系贮氢合金、镁系贮氢合金及稀土系贮氢合金。其中接近实用化的有：钛铁合金、镧镍合金和镁镍合金等。

世界著名的汽车厂商为发展环保型汽车，加紧更新传统的车用燃料，纷纷决定采用氢能，掀起了一场氢能汽车开发的热潮。除汽车外，2001 年开始，美国、欧洲和日本已开展在飞机上推广氢燃料的研究。

不远的将来，氢能汽车将驰骋于高速公路上，氢能飞机将翱翔于蓝天，氢能飞船将穿梭于星际，人类将迎来一个洁净、高效的明天。

5.3.3.4 太阳能

太阳能作为一种可再生能源，具有其他能源不可比拟的优点，如取之不尽、用之不竭、绝对安全、无污染、不受地理条件的限制等。太阳每年向地球辐照的能量大约是 3×10^{24}J，是目前人类可利用能源的 1×10^{4} 倍，即使地球上一小部分的太阳能得到利用，许多能源问题也都可以迎刃而解。因此，太阳能的利用备受各国关注。

太阳能的利用形式主要有：

(1) 太阳能热利用技术。太阳能热利用是将太阳辐射能量通过各种集热部件蓄成热能后被直接利用，太阳能集热器可以用空气或液体（水或防冻液）作为传热介质。其吸热方式可以是直接吸收太阳辐射，也可以是将太阳辐射会聚后集中照射。在太阳能集热器的基础上，可建成太阳能节能建筑。此外，还有太阳能热发电技术，这是利用太阳能产生热能，再转换成机械能的发电过程。

(2) 光化学利用技术。光化学是研究光和物质相互作用引起的化学反应的一个化学分支。光化学电池是利用光照射半导体和电解液界面，发生化学反应，在电解液内形成电流，并使水电离直接产生氢的电池。

(3) 太阳能光电技术。太阳能的光电转换是指太阳的辐射能光子根据半导体的光伏效应原理进行光电转换，通常叫做“光生伏打效应”，太阳能电池就是利用这种效应制成的。

利用太阳能的研究和应用受到世界各国的重视，其中，太阳能电池是世界各国政府最重视的研究课题之一。太阳能电池根据所用材料的不同可分为：硅太阳能电池、多元化合物薄膜太阳能电池、聚合物多层修饰电极型太阳能电池、染料敏化太阳能电池四大类。硅太阳能电池可分为单晶硅太阳能电池、多晶硅薄膜太阳能电池和非晶硅薄膜太阳能电池三种。单晶硅太阳能电池在实验室里的最高转换效率为 23%，规模生产时的效率为 15%，但由于单晶硅成本价格高，不便于大规模生产；多晶硅薄膜太阳能电池与单晶硅相比，成本虽然降低但转换效率不高，同时在多晶硅生产过程中存在高污染、高能耗的问题；非晶硅薄膜太阳能电池成本低、重量轻、转换效率较高，但受制于其材料引发的光电效率衰退效应，稳定性不高，直接影响了它的实际应用。多元化合物薄膜太阳能电池可分为：砷化镓、硫化镉和铜铟硒薄膜电池等。硫化镉多晶薄膜电池的转换效率为 16.4%，但因镉有剧毒，对环境有严重的污染性，不适合生产利用；砷化镓化合物电池的转化效率为 28%，但价格昂贵；铜铟硒薄膜电池，因其铟和硒都是稀有金属，所以也被限制应用。聚合物多层修饰电极型太阳能电池以有机聚合物代替无机材料，在太阳能电池的制造过程中处于刚起步阶段，转化效率和使用方面还需进一步研究。20 世纪 60 年代，德国 Tributsch 发现染料吸附在半导体上并在一定条件下可产生电流的机理，成为染料光电化学电池的重要基础。

1991 年，以瑞士洛桑高等工业学院 M. Gratzel 教授为首的研究小组采用高比表面积的纳米多孔 TiO_2膜作为半导体电极，以过渡金属 Ru 以及 Os 等的有机化合物作染料，并选用适当的氧化还原电解质，研制出一种纳米晶光电化学太阳能电池，其光电转换效率由原来的不到 1% 提高到 7.1% ~7.9%，接近了多晶硅电池的转换效率，而成本仅为硅光电池的 1/10 ~1/5，使用寿命可达 15 年以上。这一重大突破使得有机染料敏化太阳能电池（DSSC）向实用阶段迈进了一大步。1998 年，Gratzel 等人进一步研制出全固态纳米晶体光电池，利用固体有机空穴传输材料替代液体电解质，单色光电转换效率达到 33%，引起了全世界的关注。纵观各种太阳能电池的优缺点，染料敏化太阳能电池被认为是最具应用前景的一类太阳能电池。

5.3.3.5 生物质能

生物质能是仅次于煤炭、石油、天然气的第四大能源，在整个能源系统占有重要地位。采用新技术生产的各种生物质替代燃料，主要用于生活、供热和发电。

A 沼气

沼气是由有机物质如人畜粪便、秸秆、杂草、污泥、工业有机废水等，在厌氧条件下，通过各类厌氧微生物的分解作用而产生的。它是一种多成分混合气体，其主要成分为甲烷和二氧化碳，并含有少量的一氧化碳、氢气、氧气、硫化氢和氮气等。其中甲烷约占所产生气体的 60% ~80%。每立方米沼气的发热量约为 20800 ~23600J，约相当于 0.7kg 无烟煤提供的热量。沼气可以像天然气一样由管道输送，是一种清洁、便捷、便宜的能源，特别适合农村地区使用，对于欠发达的发展中国家更是如此。

B 燃料乙醇

乙醇俗称酒精，它以玉米、小麦、薯类、糖蜜或植物等为原料，经发酵、蒸馏而制成，将乙醇进一步脱水再经过不同形式的变性处理后成为变性燃料乙醇。燃料乙醇可加入汽油中作品质改善剂。车用乙醇汽油中，乙醇既是一种能源，又是一种良好的汽油增氧剂和高辛烷值调和组分，用以代替四乙基铅和 MTBE。用乙醇作增氧剂可显著降低汽车尾气中的有害物质，可以降低一氧化碳排放量约 30% ~38%，起到净化空气的功效。更重要的是乙醇是太阳能的一种表现形式，在整个自然界大系统中，乙醇的整个生产和消费过程可形成无污染和非常清洁的闭路循环过程，是一种非常理想的绿色能源。

C 生物柴油

生物柴油是以含油植物或动物油脂为原料，经反应改性成为可供内燃机使用的一种燃料，是典型的"绿色能源"。生物柴油的研究最早始于 20 世纪 80 年代，1988 年德国的聂尔公司以菜籽油为原料，首次提炼出生物柴油并应用。生物柴油以其突出的环保性和可再生性，引起了世界发达国家，尤其是资源贫乏国家的重视，目前，有十几个国家和地区生产销售生物柴油。

生物柴油是优质的石油、柴油替代品。它和传统的柴油相比，具有润滑性能好，储存、运输、使用安全，抗爆性好，燃烧充分，环保及可再生等优良性能。

目前生物柴油的主要生产方法为化学法，即以菜籽油和豆油等植物油或动物油脂、废餐饮油为原料，与甲醇或乙醇在酸性或碱性催化剂作用下，于 230 ~250℃温度下进行酯化反应，生成相应的脂肪酸甲酯或乙酯，再经洗涤干燥获得生物柴油。甲醇或乙醇在生产过程中可以循环使用，生产设备与一般制油设备相同，生产过程中还可以获得 10% 左右的副产品甘油。

化学法生产生物柴油的主要问题是生产成本高，与普通柴油相比，生物柴油价格要高1倍左右。生物柴油制备成本的75%是原料成本。因此采用廉价原料及提高转化率，进而降低成本是生物柴油能否实用化的关键。美国已开始通过基因工程方法研究高油含量的植物，日本采用工业废油和废煎炸油作原料，欧洲在不适合种植粮食的土地上种植富油脂的农作物。此外，也有研究人员开始研究生物酶法等其他合成生物柴油的方法。

在我国石油储备严重不足和环境保护的双重压力之下，加快开发高效清洁的生物柴油是解决问题的方法之一。

思 考 题

5-1 主要大气污染物有哪些？与之相应的治理材料有哪些？

5-2 水污染治理材料有哪些种类？它们分别用于处理哪些污染物？

5-3 哪些化学药剂用于修复土壤和地下水污染？

5-4 可用于环境修复的矿物材料有哪些？

5-5 通过查阅资料了解清洁汽油的生产技术有哪些？

5-6 哪些环境替代材料属于清洁燃料？

5-7 通过查阅资料了解还有哪些氟利昂的替代材料？

参 考 文 献

[1] 祝方．环境友好材料及其应用［M］．北京：化学工业出版社，2009.

[2] 钱晓良，刘石明．环境材料［M］．武汉：华中科技大学出版社，2006.

[3] 冯奇，马放，冯玉杰．环境材料概论［M］．北京：化学工业出版社，2007.

[4] 郑正．环境工程学［M］．北京：科学出版社，2004.

[5] 沈玉龙，魏利滨，曹文华，等．绿色化学［M］．北京：中国环境科学出版社，2004.

[6] 芈振明，高忠爱，祁梦兰，等．固体废物的处理与处置［M］．北京：高等教育出版社，1992.

[7] 张锁江，吕兴梅．离子液体：从基础研究到工业应用［M］．北京：科学出版社，2006.

[8] 邓友全．离子液体：性质、制备和应用［M］．北京：中国石化出版社，2006.

[9] 黄学光，贺玉贞，王压烈．华北海泡石矿——产状、成因和用途［M］．北京：地质出版社，1995.

[10] 张铨昌，杨化，韩城．天然沸石离子交换性能及应用［M］．北京：科学出版社，1986.

[11] 翟林智，钟秦，杜红彩，等．醇胺类离子液体合成及其烟气脱硫特性［J］．化工学报，2009，60（2）：450～454.

[12] 靖向党，阮文军，代国忠．垃圾填埋场防渗技术的现状［J］．长春工程学院院报（自然科学版），2006，7（1）：1～4.

[13] 郭晓冬，赵勇胜，董军．沸石在城市垃圾填埋场衬里中的应用［J］．非金属矿，2009，28（5）：48～49.

[14] 鲁安怀．矿物法——环境污染治理的第四类方法［J］．地学前缘，2005，12（1）：196～205.

[15] 崔国治，张高科．海泡石除臭剂研制［J］．非金属矿，1990，3（24）：24～25.

[16] 徐应明，梁学峰，孙国红．海泡石表面化学特性及其对重金属 $Pb^{2+}/Cd^{2+}/Cu^{2+}$ 吸附机理的研究［J］．农业环境科学学报，2009，28（10）：2057～2063.

[17] 朱立中，陈宝梁．有机膨润土在废水处理中的应用及进展［J］．环境科学进展，1998，6（3）：53～61.

[18] 邵涛，姜春梅. 膨润土对不同价态 Cr 的吸附研究 [J]. 环境科学研究，1999，12 (6)：47~49.
[19] 孙胜龙，龙振永，蔡保丰. 非金属矿物修复环境机理研究现状 [J]. 地球科学进展，1999，14 (5)：475~481.
[20] 石俊仙，鲁安怀，陈洁. 天然黄铁矿除 Cr (Ⅵ) 中 Cr_2S_3 物相的发现 [J]. 岩石矿物学杂志，2005，24 (6)：539~542.
[21] 袁楚雄. 生态建材——21 世纪中国非金属矿产品的重要应用领域 [J]. 中国建材，1997，(8)：40~41.
[22] 戴民华，施荣忠，施惠生. 发展生态水泥保护生态环境 [J]. 上海建材，2006，(6)：23~25.
[23] 毛建儒. 太阳能的优点及开发 [J]. 太阳能学报，1998，18：811.
[24] 孙世国，徐勇前，时磊，等. 染料敏化纳米晶体光电池 [J]. 当代化工，2004，33 (1)：47~50.
[25] 戴瑞，郑水林，贾建丽，等. 非金属矿物环境材料的研究进展 [J]. 中国非金属矿工业导刊，2009，(6)：3~9.
[26] 高俊杰，梁锦，徐丽，等. 环境矿物材料对重金属污染的修复研究 [J]. 中山大学研究生学刊 (自然科学、医学版)，2010，31 (1)：52~59.
[27] 邓华，敖宁建，孙蓉，等. 利用秸秆纤维制备环境材料的研究进展 [J]. 高分子材料科学与工程，2009，25 (12)：169~172.
[28] 戴春爱，刘博，颜鲁婷，等. 铈作为环境材料的研究及应用 [J]. 稀有金属材料与工程，2009，38 (增刊1)：357~360.
[29] 聂祚仁. 循环型社会的生态环境材料 [J]. 中国材料进展，2009，28 (5)：38~44.
[30] An D，Wu L，Li B G，et al. Synthesis and SO_2 absorption/desorption properties of poly (1，1，3，3-tetramethylguanidine acrylate) [J]. Macromolecules，2007，40 (9)：3388~3393.
[31] Kuroda K，Hiraguri K，Komori Y，et al. An acentric arrangement of p-nitroaniline molecules between the layers of kaolinite [J]. Chem. Commun.，1999，22：2253~2254.
[32] Gupta V K，Gupte M，Sharma S. Process development for the removal of lead and chromium from aqueous solutions using red mud——an aluminium industry waste [J]. Water. Res.，2001，35 (5)：1125~1134.
[33] Altundogan H S，Altundogan S，Tmen F，et al. Arsenic adsorption from aqueous solutions by activated red mud [J]. Waste Management，2002，22：357~363.
[34] Huang Weiwei，Wang Shaobin，Zhu Zhonghua，et al. Phosphate removal from wastewater using mud [J]. J. Hazard. Mater.，2008，158 (1)：35~42.
[35] Cengeloglu Y，Kir E. Removal of fluoride from aqueous solution by using red mud [J]. Sep. Purif. Technol.，2002，28：81~86.
[36] Cengeloglu Y，Tor A. Removal of nitrate from aqueous solution by using red mud [J]. Sep. Purif. Technol.，2006，51：374~378.
[37] Wu W，Han B，Gao H，et al. Desulfuriz at ion of flue gas：SO_2 absorption by an ionic liquid [J]. Angew. Chem. Int. Ed.，2004，43 (18)：2415~2417.
[38] KayabaliK. Engineering aspects of a novel landfill linermaterial bentonite-amended natural zeolite [J]. Engineering Geology，1997，46：105~114.
[39] Kalkan E. Utilization of red mud as a stabilization material for the preparation of clay liners [J]. Engineering Geology，2006，87：220~229.
[40] Lu Anhuai，Liu Juan，Zhao Donggao. Photocatalysis of V-bearing rutile on degradation of halohydrocarbons [J]. Catalysis Today，2004，90：337~342.
[41] Patterson. Reduction of hexavalent chromium by a morphous iron sulfide [J]. Environ Sci Technol. 1997，

31: 2039 ~2044.

[42] KIM B N, HIRAGA K. Superplastic Ceramic Deformable at High Strain Rates [J] . Chem. Eng. Technol., 2002, 25 (10): 1021 ~1023.

[43] PRASAD B M, SAIN M M. Mechanical properties of thermally treated hemp fibers in inert atmosphere for potential composite rein-forcement [J] . Materials Research Innovations, 2003, 7 (4): 231 ~238.

冶金工业出版社部分图书推荐

书　名	定价（元）
环境工程微生物学	45.00
化验师技术问答	79.00
矿山过程废水处理与利用	26.00
氮氧化物减排技术与烟气脱硝工程	29.00
环境保护及其法规（第2版）	45.00
环保知识400问（第3版）	26.00
二氧化硫减排技术与烟气脱硫工程	56.00
膜法水处理技术（第2版）	32.00
工业水处理技术的系统方法	14.00
三废治理与利用	60.00
环保工作者实用手册（第2版）	118.00
高浓度有机废水处理技术与工程应用	69.00
除尘与分离技术	36.00
环境污染控制工程	49.00
焦化废水无害化处理与回用技术	28.00
含砷难处理金矿石的生物氧化工艺及应用	25.00
袋式除尘技术	125.00
矿山通风与环保	16.00
微生物湿法冶金	33.00
现代除尘理论与技术	26.00
除尘技术手册	78.00
工业除尘设备——设计、制作、安装与管理	158.00
钢铁工业废水资源回用技术与应用	68.00
电炉炼钢除尘	45.00
钢铁冶金的环保与节能	39.00
工业防毒技术	28.00
烟尘纤维过滤理论、技术与应用	45.00